Microcontroller Based Applied Digital Control

마이크로제어기를 이용한

디지털 제어

박전수 역
Dogan Ibrahim

WILEY

A-JIN 도서출판 아진

Microcontroller Based Applied
Digital Control

Dogan Ibrahim

"나의 가는 길은 오직 그가 아시나니 그가 나를 단련하신 후에는
내가 정금같이 나오리라 (욥23 : 10)"

Translation from the English language edition:
Microcontroller Based Applied Digital Control by Dogan Ibrahim

Translation by Ajin Publishing Company Translated Edition ISBN: 978-89-5761-240-8
Printed in Korea

저자 서문

오늘날 컴퓨터는 실시간 제어 시스템의 중요한 부분을 담당한다. 지난 십 수 년 동안에 마이크로프로세서와 마이크로제어기가 함께 개발되면서 제어의 응용 측면에서 컴퓨터의 사용은 계속 증가해 왔다. 마이크로제어기는 칩 하나로 구성된 컴퓨터로 시스템을 실시간으로 제어할 때 사용하고, 이때 이를 임베디드 실시간 제어기(embedded real-time controller)라 한다. 마이크로제어기는 값도 싸고 프로그램도 하기 쉽다는 것이 장점인데 옛날처럼 어셈블리 언어를 사용하는 것이 아니라 BASIC이나 PASCAL, C와 같은 고급 언어로 프로그램 할 수 있어 더욱 그렇다. 그래서 아주 복잡한 제어 알고리즘을 고급 언어로 개발하여 마이크로제어기에 이식하는 일도 조금만 노력하면 쉽게 이룰 수 있다.

이 책은 마이크로제어기를 이용한 자동 제어 시스템의 이론과 실무를 함께 다룬다. 마이크로제어기에 대한 하드웨어 및 소프트웨어의 배경 지식은 필요치 않지만 컴퓨터 프로그래밍 언어는 알고 있으면 있을수록 큰 응원이 될 것이다. 1장에서는 제어 시스템을 간략히 소개하고 컴퓨터를 이용한 제어 시스템의 기본 요소에 대해 다루는데 연속 시간 제어 시스템의 이론을 알고 있으면 여러 모로 도움을 받을 수 있다. 시스템의 모델링은 2장에서 공부한다. 제어 공학의 시작이 동적 시스템의 모델을 찾는 일부터 한다는 사실을 생각해 보면 이 장의 중요성을 가늠할 수 있을 것이다. 따라서 여기서는 기계, 전기, 유체, 열 따위와 같은 여러 영역의 시스템을 소개하고 이를 직접 모델링하기로 한다.

3장의 초점은 오늘날 상업 및 산업용으로 가장 흔히 쓰는 마이크로제어기 중의 하나인 PIC 계열의 기본 구조이다. 각 계열에 속한 모델 하나하나에 대한 특징과 기본적인 응용 방법 등을 살피게 될 것이다. 또, 이 책은 이런 마이크로제어기에 이식할 프로그램을 PICC Lite라는 이름으로 시중에 나와 있는 C 언어를 사용할 것인데 이는 4장에서 자세히 다룬다. 디지털 제어를 위한 하드웨어 부분의 마지막 장인 5장에서는 마이크로제어기를 이용할 때 요긴하게 쓸 수 있는 여러 도구를 소개한다. 프로젝트 개발 단계에서 일의 진행을 매끄럽게 이끌려면 꼭 살펴보아야 할 것이다.

이산 시간 시스템의 해석 공부는 6-7장인데 여기서 쓰는 용어 중에서 이산 시간 시스템이나 샘플 데이터 시스템, 디지털 제어 시스템은 모두 뜻이 비슷하기 때문에 서로 섞어 써도 좋다. 샘플링 과정이나 z-변환, 이산 시스템의 시간 응답 따위와 같이 설명할 내용이 많기 때문에 특별히 두 장을 마련했다는 것을 기억해 주길 바란다. 8장에서 다룰 제어 시스템의 안정도는 제어 공학에서 가장 중요한 주제 중의 하나이다. 디지털 제어 시스템의 안정도를 해석할 수 있는 해석적 및 도해적 도구를 소개하고 이를 예제와 함께 풀어 보도록 한다.

디지털 제어기의 설계 부분을 위해 알고리즘 개발은 9장에서, 그리고 이를 하드웨어에 이식하는 문제는 10장에서 다루기로 한다. 신경을 많이 써야 할 부분인 만큼 제어기 설계 방법을 새로 소개할 때마다 예제를 붙여 쉽게 이해할 수 있도록 꾸몄고, 또 실현 구조를 설명할 때는 여러 방법의 장단점을 함께 제시하여 선택의 안목을 키울 수 있게 하였다. 끝으로, 여태껏 학습한 내용을 종합적으로 검토하고 따라 해볼 수 있도록 사례 연구라는 장을 따로 마련하였다. 비록 수위 조절 시스템이라는 간단한 예이지만 실무적인 측면에서 고려해야 할 모든 문제를 포함하였으니 이 역시 큰 도움이 될 것이다.

이 책을 만드는데 많은 분의 도움을 받았다. 특히, 근동 대학교(Near East University)의 컴퓨터 공학과 학생들과 교직원에게 큰 고마움을 전하고 싶다.

Dogan Ibrahim
근동 대학교(터키)

역자 서문

제어 공학은 바라보고 접근하는 방법에 따라 쉬울 수도 어려울 수도 있는 학문이다. 제어 공학이 어려운 것은 학습할 내용이 많거나 사용하는 수학이 복잡해서가 아니라 학습 목표에 대한 개념을 제대로 잡지 못했기 때문이다. 물론 제어 공학의 목표는 제어기 설계가 되겠지만 이를 위해 시스템의 모델링과 해석이라는 과정이 따라 붙는다. 배우고 익힐 내용이 많을 수밖에 없는 대목이다. 하지만 알고 보면 제어 공학만큼 단순한(?) 학문도 없다. 제어 이론이라는 이름으로 엄청나게 솟아져 나와 있지만 따져 보면 오직 한 갈래일 뿐이다. 즉, 시스템의 안정도와 성능 향상에 초점을 두고 제어기의 설계 파라미터를 결정하는 것으로 누가 어떤 과정을 거쳐 제시를 했든 결과가 좋으면 다 훌륭한 제어 이론이 되는 것이다. 딱히 제어 이론이라는 범위를 정해 놓고 꼭 마스터해야 할 성질이 아니라 창의적인 공학적 감각이 필요한 분야라는 말이다.

대학 학부에서 배우는 제어 공학(아날로그 제어)은 수도 없이 많은 제어이론을 체계적으로 다룰 수 없어 주로 시스템의 해석에만 집중하는 경향이 있다. 주파수와 시간 영역으로 구분해 놓고 이 영역은 이런 도구를, 그리고 저 영역은 저런 도구가 필요하다는 식이다. 직접 부닥쳐 시행착오 속에서 제어의 개념을 하나씩 쌓아갈 시간도 기회도 없고 이를 터득하는 일은 순전히 학생 개인의 몫으로 남겨두니 제어 공학의 참 맛을 몰라 하면 할수록 어려울 수밖에 없다. 디지털 제어는 이보다 더 심각하다. 아날로그 제어를 충실히 하면 디지털 제어는 기계적인 변환을 통해 그냥 건질 수 있다는 바탕에서 출발하다 보니 샘플링 장치와 z-변환의 수학적 기교에 빠져 한 학기를 마감하곤 한다. 이미 잘 정의되어 있는 제어 규칙을 MATLAB 도구모음에서 가져와 디지털 제어 시스템의 시뮬레이션이라도 해 봤다면 그나마 다행이다.

제어 공학은 아날로그 제어이든 디지털 제어이든 그림 하나라도 제 손으로 직접 그려 보지 않고서는 절대로 감을 잡을 수 없다. 그래야 개념이 생기고 목표가 뚜렷해진다. 특히, 디지털 제어인 경우는 컴퓨터가 반드시 포함되므로 짐작이나 눈으로만 확인해서는 곤란하다. 프로그램을 직접 짜 본다거나 플랜트와 제어기의 신호를 변환기로 서로 연결할 때 어떤 영향이 일어나는지, 또는 제어기의 실현 구조를 실제 하드웨어에 이식할 때 어떤 과정을 밟아야 하는지를 스스로 체험하여 깨달을 수 있어야 한다. 무척 어렵고 성가시다고 느낄 수 있겠지만 하기에 따라 전혀 그렇지 않다. 이론을 싶이 파는 것보다 기존에 잘 정의된 이론을 실무적인 문제로 옮기는 일은 생각만큼 힘들지 않다. 이를 잘 안내해 줄 책이라도 옆에 두게 되면 책 저자의 경험을 간접으로라도 체험할 수 있어 훨씬 수월할 것은 분명하다.

이 책은 디지털 제어를 기초에서 실무까지 다루고 있다. 디지털 제어는 순수 이론만 출판하지 않는 한 책으로 내 놓아 좋은 평을 받기가 쉽지 않은 분야이다. 하드웨어를 다루어야 한다는 측면에서 실무 경험이 바탕에 깔리지 않으면 시작부터 망설여지고 현장 지식을 많이 가졌다 하더라도 체계적인 이론 전개를 할 수 없으면 두려움이 앞서기 때문이다. 처음 이 책의 번역을 부탁 받고 내용을 검토하지도 않은 채 손사래부터 쳤다. 디지털 제어가 부담되기도 했지만 제목에 붙은 마이크로제어기라는 말을 보고 하드웨어를 전문으로 다룬 책이구나 라고 생각했기 때문이다. 그런데 그렇지 않았다. 하드웨어를 다루되 초심자가 겁먹지 않도록 논리에 어긋나지 않는 가운데 필요한 말만 골라 친절하게 써 내려 갔고 경험자에겐 값으로 따질 수 없는 현장의 노하우를 책의 군데군데 묻혀 놓아 살아있는 정보를 안겨 주도록 한 것이 너무 매력적이었다. 디지털 제어를 이렇게 쓸 수도 있구나 하는 감탄이 끊이질 않았다. 특히, 제어기의 소프트웨어적인 설계를 하드웨어로 이식하는 부분은 너무나 간단명료하여 지금까지 어렵겠지 하며 작업을 미루어 왔던 나로서는 오히려 허탈한 심정이 들 정도였다. 이것이 처음 손사래를 미안해하며 이 책의 번역은 내가 해야겠다고 되레 고집부린 까닭이다.

책을 번역하면서 어느 책에나 있을 법한 잘못된 말과 숫자는 모두 바로 잡았다. 그리고 이론과 실무를 한정된 지면에 담기 위해 압축하고 생략하는 과정에서 발생했을 수도 있는 몇몇 논리적인 오류와 식의 전개, 앞뒤 관계로 보아 사이에 꼭 들어가야 하는데도 역시 지면 때문에 빼먹은 것으로 보이는 내용, 그리고 어쩔 수 없이 생략한 여러 용어의 설명 따위는 저자가 심혈을 기울인 책을 있는 그대로 보여 준다는 측면에서 페이지 아래에 따로 각주를 달아 수정하고 첨가하고, 또 설명해 놓았다. 고향이 영어를 사용하는 국가가 아니어서 그런지는 몰라도 선택한 영어 말이나 문장과 문장, 그리고 문단과 문단이 매끄럽게 연결되지 않는 부분이 더러 있었으나 우리말로 번역하면서 나름대로 잘 이어지도록 했는데 이 때문에 책의 내용에 영향을 준 일은 하나도 없다. 아무쪼록 이 책이 여러분의 디지털 제어 학습에 보탬이 되길 바라며 부족하지만 이와 관련한 질문을 하면 성실히 답해 줄 것도 함께 약속한다.

박전수

차례

제5장 마이크로제어기를 이용한 프로젝트 개발

제6장 샘플 데이터 시스템과 z-변환

제7장 시스템의 시간역 성능

제8장 시스템 안정도

제9장 이산 제어기 설계

제10장 제어기 실현

제11장 수위 조절 디지털 제어 시스템: 사례 연구

찾아보기

서론
제1장

1.1 제어 시스템의 배경

제어 공학은 동적 시스템이나 플랜트(plant)를 제어하는 학문이다. 동적 시스템은 기계, 전기, 유체, 열, 혹은 이들이 두 개 이상 결합된 시스템으로 이의 거동은 모델(보통 미분 방정식)을 통해 짐작할 수 있다. 따라서 이런 시스템의 출력은 미분 방정식과 시스템 입력, 초기 조건이 주어질 때 쉽게 결정할 수 있다.

플랜트의 입력과 출력은 하나 이상인데 보통 플랜트를 연속시간 시스템(continuous-time system)으로 볼 수 있으므로 이들도 역시 시간에 대해 연속이다. 예를들어, 전자기 시스템인 일반적인 모터는 입력(전류나 전압)과 출력(회전)이 연속 신호일 수밖에 없는 것과 같다. 제어 공학자가 하는 일은 입력 변수를 조작하여 출력 변수에 영향을 주고 이를 통해 시스템의 응답을 미리 정한 바람직한 모습이 되도록 하는 것이다.

플랜트는 보통 개루프 시스템(open-loop system)이다. 말 그대로 입력이 출력을 자극하여 움직이게만 할 뿐 출력의 정보가 입력 쪽으로 전달되지 않는 시스템이다. 예를들어, 전압은 모터에 가해져서 모터 축을 그저 돌릴 뿐 지금 어떤 상태인지 전혀 알 필요가 없다. 사람(제어 공학자)이 주체가 되어도 마찬가지다. 전압을 모터 양단에 걸어 축을 돌릴 수만 있으면 그만이지 얼마 동안 얼마의 빠르기로 축이 회전하는지 알 수도 없고, 또 개루프 시스템인 이상 알 필요도 없는 것이다. 설사 모터에 부하가 걸려 있어 축의 속도가 떨어져도 이를 알 수 있는 방법이 없어 어쩔 수 없다. 플랜트는 종종 외란(disturbance)을 받게 되는데 이런 경우에도 개루프 시스템이기 때문에 이를 확인하거나 최소화 할 방법은 전혀 없는 것이다. [그림 1.1]이 개루프 시스템에 대한 그림인데 입력과 출력이 각각 하나만 있기 때문에 이런 관점에서 단일입출력(single-input and single-output 혹은 SISO) 시스템이라 한다.

시스템은 일반적으로 다변수(multiple inputs and multiple outputs 혹은 MIMO)

시스템이다. 그리고 시스템은 모델링에 대한 불확실성과 외부에서 작용하는 외란의 효과 따위를 고려할 때 개루프 시스템으로는 매력적이지 못하다. 시스템을 제어한다는 측면에서 보면 좀 더 좋은 방법이 있는데 바로 센서를 사용하여 출력을 측정하고 이 정보를 바람직한 출력이 되도록 미리 계획한 값과 서로 비교할 수 있도록 시스템을 구축하는 것이다. 즉, 바람직한 출력과 실제 출력의 차인 오차 신호(error signal)를 사용하여 제어를 하면서 이 두 출력이 항상 같아지도록 하는 방법인데 이런 구조를 폐루프 시스템(closed-loop system) 혹은 피드백 시스템(feedback system)이라 한다.([그림 1.2] 참조) 폐루프 시스템은 외란이 있는 경우에도 이를 보정할 수 있는 능력이 있어 출력의 질을 높일 수 있다는 것이 하나의 장점이고, 또 제어기(controller)나 보상기(compensator)를 달아 오차 신호를 읽어서 이 신호가 0으로 수렴할 때까지 플랜트를 자동으로 제어한다. 폐루프 시스템은 정확도 측면에서도 개루프 시스템보다 훨씬 우수하다. 외란이나 주위 환경의 변화에도 덜 민감하고, 또 시간 응답이나 정상상태 오차를 요구하는 대로 만들 수 있다는 것도 개루프 시스템에 견주어 좋은 점이다.

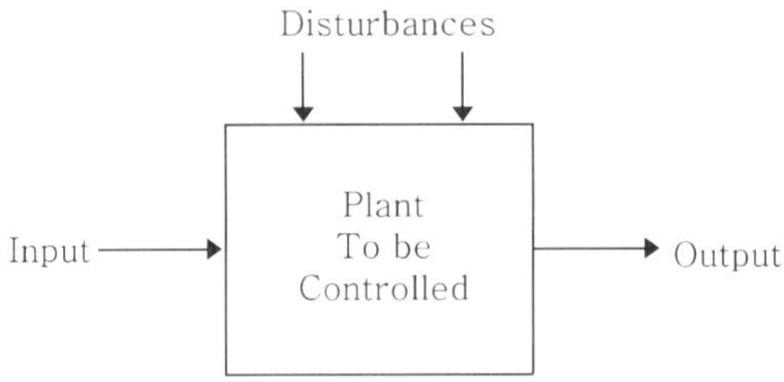

[그림 1.1] 개루프 시스템

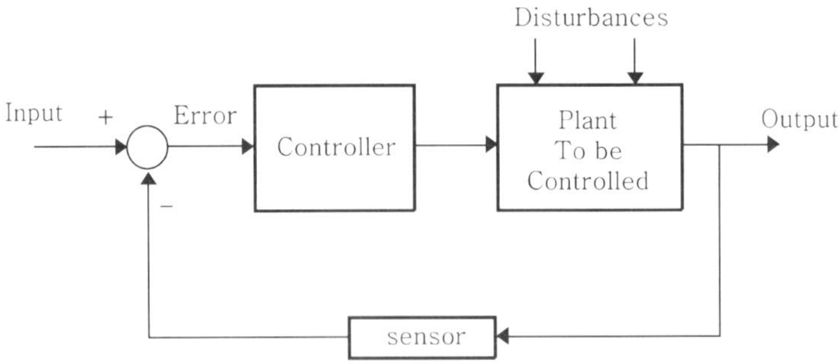

[그림 1.2] 폐루프 시스템

센서(sensor)는 플랜트의 출력을 측정하는 장치이다. 예를들어, 온도계, (회전)속도계, 가속도계 따위가 되겠는데 이는 각각 온도, 축의 회전 속도, 움직이는 물체의 가속도를 측정한다. 대부분의 센서는 아날로그 장치로 이의 출력이 전압이나 전류와 같은 아날로그 신호(analog signal)이다. 이런 센서는 연속시간 시스템에 직접 사용할 수 있는데 [그림 1.2]의 경우가 그렇다. 아날로그 센서와 아날로그 입력, 아날로그 출력이 사용되었다. 하지만 아날로그 센서는 디지털 컴퓨터와 직접 연결할 수 없어서 센서의 아날로그 출력을 디지털 형태로 바꾸어 컴퓨터가 직접 다룰 수 있도록 하는 아날로그-디지털 변환기(A/D converter)가 필요하다. 어떤 센서(온도 센서 따위)는 디지털 출력을 제공하기도 하는데 이 경우는 컴퓨터와 직접 연결하여 사용할 수 있다.

디지털 컴퓨터나 값이 싼 마이크로제어기(microcontroller)를 손쉽게 구할 수 있는 요즘은 제어 시스템을 구축하는데도 이런 장치를 적극 사용하는 추세이다. 이런 장치는 시스템의 여러 신호를 추적할 수 있어 제어 전략을 이식하는데 지능적인 의사결정을 할 수 있도록 해준다.

1.2 제어 시스템에서 컴퓨터의 사용

요즘 제어 공학의 모든 응용에는 컴퓨터가 밑바탕에 깔려 있다. 즉, 디지털 컴퓨터나 마이크로제어기가 바로 시스템의 실제 제어기인 것이다. [그림 1.3]이 컴퓨터 제어 시스템의 전형적인 모습이다. 그림에는 오차 신호를 아날로그로 가정하였기에 A/D 변환기를 사용하여 이를 디지털로 바꾸어 컴퓨터가 읽을 수 있도록 했다. 이때, A/D 변환기는 신호를 주기적으로 샘플링 하여 디지털 신호로 바꾸어 준다. 컴퓨터는 시스템에 필요한 동작을 주기 위해 제어 알고리즘(하나의 소프트웨어)을 실행한다. 컴퓨터의 출력은 디지털 신호여서 보통 디지털-아날로그 변환기(D/A converter)를 써서 아날로그 형태로 바꾸어야 하는데 소프트웨어적으로 0차 홀딩장치(zero-order holder)를 간단히 전달함수로 만들어서 근사화 할 수도 있다. A/D 및 D/A 변환기를 내부에 직접 가지고 있는 마이크로제어기도 있다. 그래서 이런 장치는 아날로그 신호나 플랜트에 바로 붙여 쓸 수 있다.

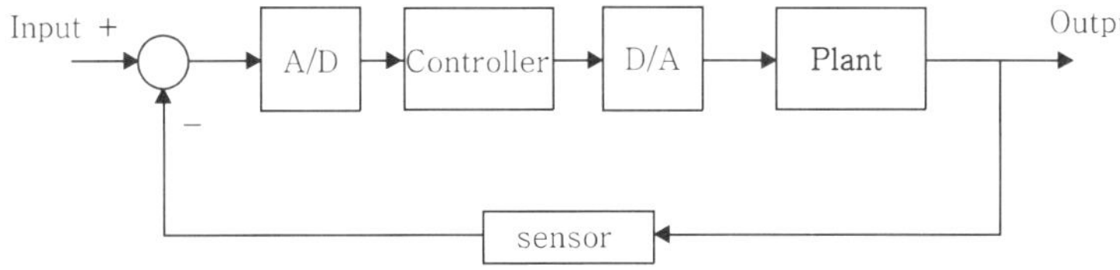

[그림 1.3] 전형적인 디지털 제어 시스템

[그림 1.3]에서 기준 입력, 센서 출력, 그리고 플랜트의 입/출력은 모두 아날로그로 가정하였다. [그림 1.4]는 [그림 1.3]의 A/D 변환기를 샘플링장치(sampler)로 바꾸어 나타낸 블록선도이다. 그리고 그림에 점선으로 표시된 마이크로제어기는 자체에 A/D와 D/A 변환기를 가지고 있는 경우이다.

디지털 제어 시스템의 구조는 때때로 변형하여 쓸 수도 있는데 [그림 1.5]가 그 예가 되겠다. [그림 1.5]에서 기준 입력은 키보드로 입력되거나 아니면 아예 제어 알고리즘에 미리 코드로 들어가 있다. 센서 출력이 아날로그이므로 A/D 변환기가 필요하고 컴퓨터는 이 신호를 이용해 오차 신호를 계산하여 제어 알고리즘을 플랜트에 실제로 이식하는 것이다.

디지털 제어 이론을 개발하는 목적은 컴퓨터를 제어기로 사용하는 제어 시스템의 이해와 설계, 그리고 직접적인 구축이 가능하도록 하기 위해서이다. 이때, 컴퓨터는 제어하는 일 이외에도 감시하고 감독하는 일 즉, 데이터를 키보드에서 읽는 일이나 LCD 화면에 나타내는 일, 불을 켠다거나 벨을 울리는 일 따위도 수행한다.

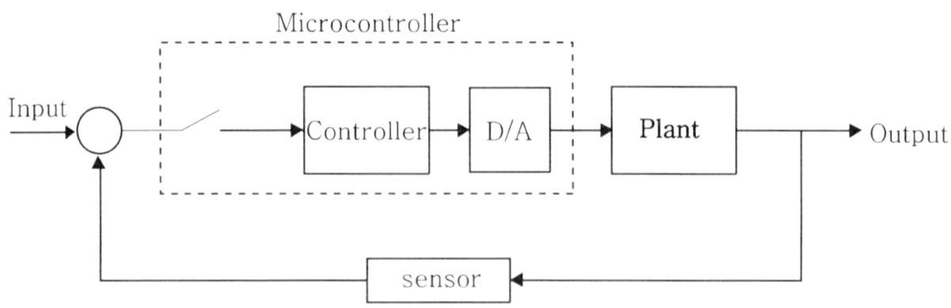

[그림 1.4] 디지털 제어 시스템의 블록선도

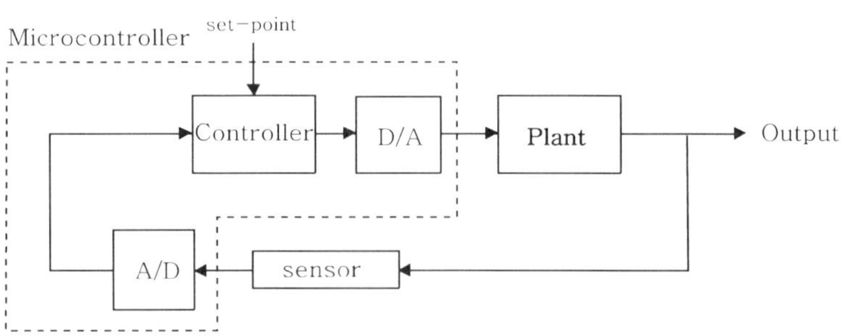

[그림 1.5] 디지털 제어 시스템의 다른 예

[그림 1.6]은 전형적인 아날로그 속도 제어 시스템으로 전위차계(potentiometer)가 모터에 대한 기준 입력을 공급한다. 회전속도계(tachogenerator)는 모터의 속도

에 비례하는 전압을 만들어 피드백 루프로 보내며 이 신호와 기준 입력과의 차가 오차 신호가 되어 증폭기(power amplifier)를 자극하고, 나아가 모터가 돌아가게 되는 것이다. 이 오차 신호가 0으로 있는 한 모터는 기준 입력에 맞게 즉, 바람직한 속도로 계속 돌게 될 것이다.

[그림 1.6]과 등가인 디지털 속도 제어 시스템은 [그림 1.7]에 나타나 있다. 여기서는 기준 입력(바람직한 속도)이 키보드를 통해 디지털 제어기로 바로 들어간다. 이 제어기는 회전속도계에서 나와 디지털로 바뀐 신호도 함께 받아들여 오차 신호를 만든다. 증폭기가 모터를 구동하기에 앞서 오차 신호를 아날로그로 바꾸어 주는 D/A 변환기가 있는 것도 눈에 띈다.

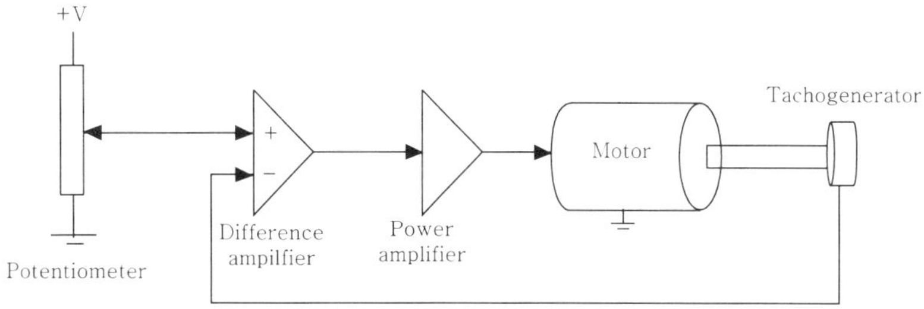

[그림 1.6] 전형적인 아날로그 속도 제어 시스템

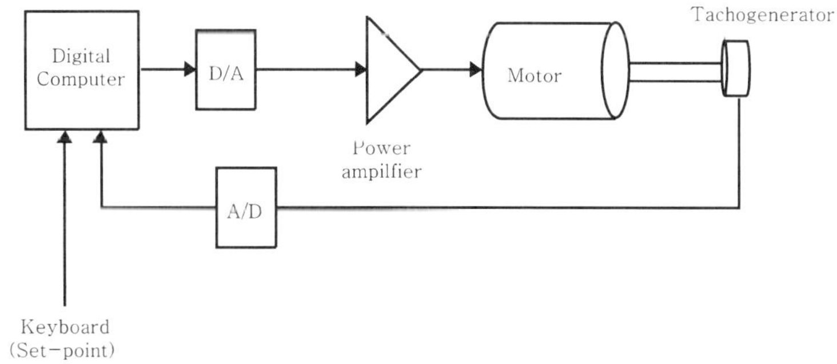

[그림 1.7] 디지털 속도 제어 시스템

속도 제어를 아날로그 시스템으로 달성할 수 있는데도 왜 디지털 컴퓨터를 사용하는지 몹시 궁금할 것이다. 1960년대 같으면 디지털 컴퓨터는 아주 크고 값도 비싸서 제어기로 사용할 형편이 못되었다. 고작 화학 처리 장치나 원유 정제기와 같이 규모가 크고 값비싼 플랜트에만 사용했을 것이다. 1970년 초반부터 마이크로프로세서가 소개되면서 디지털 컴퓨터의 규모나 값이 확 떨어졌다. 하지만 초창기 마이크로프로세서 즉, Intel의 8085나 Mostek의 Z80 따위를 신호 처리 장치로 쓰려면 여러 개의 칩(chip)이 필요할 뿐만 아니라 운용하는데도 아주 제약이 많았다. ROM(read-only memory)과 RAM(random-access memory), I/O 회로, A/D와 D/A 회로, 인터럽트와 타이머 회로 등 부수 장치를 꼭 필요로 하고, 그래서 칩의 개수나 전력 소모, 하드웨어의 복잡성 따위가 또 다른 고민거리가 되곤 했다.

디지털 제어에 대한 관심은 10여 년 전 마이크로제어기가 소개되면서부터 급속히 증가해 왔다. 마이크로제어기는 칩이 하나인 컴퓨터로 대부분의 컴퓨터 기능을 다 소화할 뿐만 아니라 크기가 아주 작아졌다는 것이 큰 장점이다. 오늘날에는 그 종류도 수백 가지인데 핀의 개수로 따져보면 8핀에서부터 40핀, 심지어 60핀 혹은 더 이상 되는 장치도 나와 있다. 하나의 예로, PIC16F877은 8비트에 40핀짜리 마이크로제어기인데 특징은 다음과 같다.

- 동작속도는 20MHz
- 8K의 플래시 메모리
- 368B의 RAM
- 256B의 EEPROM(electronically erasable programmable read-only memory)
- 15개의 인터럽트
- 33비트로 처리하는 병렬 I/O
- 2개의 타이머
- USART의 직렬 통신
- 10비트 8채널의 A/D 변환기
- 2개의 아날로그 비교기(comparator)
- 33개의 시스템 명령어
- 어셈블러나 고급 언어로 프로그래밍 가능
- 낮은 가격(약 10$)

플래시 메모리는 비휘발성*이고, 또 전기적으로 지우거나 다시 프로그램 할 수 있기 때문에 사용자 프로그램을 위해 쓴다. 8K의 메모리 크기는 제어용 프로그램에 견주어 볼 때 아주 큰 편이다. 그리고 사용자 데이터는 EEPROM에 저장한다. RAM

* 비휘발성 메모리(nonvolatile memory)는 전원이 없어도 메모리 내용을 그대로 간직하는 메모리이다.

도 368B이지만 제어용을 감안하면 아주 넉넉한 양이다.

1.3 집중 및 분산 제어 시스템

1980년을 시작할 때까지 컴퓨터 제어는 집중 제어 시스템(centralized control system)으로 이루어졌다. 즉, 하나의 큰 컴퓨터나 미니컴퓨터(예를들어, DEC PDP 11 따위), 그리고 이와 관련한 전원 공급기, I/O 장치, 키보드와 모니터를 모두 한곳에 모아 놓고 플랜트를 제어하였는데 이의 장점은 다음과 같다.

- 컴퓨터 관리가 쉽다.
- 오직 한 대의 컴퓨터만 필요하다.
- 인건비가 적게 든다.(관리 요원이 적다)

집중 제어 시스템에서는 제어기의 알고리즘이 중앙 컴퓨터에 바로 들어가 있기 때문에 모든 센서나 작동기(actuator), 입/출력 장치 등이 이 컴퓨터에 직접 연결되어 있어야 한다.

분산 제어 시스템(distributed control system 혹은 DCS)은 오늘날 널리 쓰이는 방식으로 각각 고유한 제어 동작을 수행하는 여러 대의 컴퓨터가 여러 곳에 펴져 설치되어 있는 것이 특징이다. 이 방식은 컴퓨터가 값이 싸고, 나아가 LAN(local area network)이나 WAN(wide area network)과 같은 컴퓨터의 망 기술(network techno logy)이 급속도로 발전함으로써 출현하게 되었는데 이의 장점은 다음과 같다

- 집중 제어 시스템보다 동작 성능이 우수하다.
- 집중 제어 시스템보다 신뢰도가 높다. 집중 제어 시스템인 경우는 컴퓨터가 정지되면 전체 플랜트를 완전히 사용할 수 없지만 분산 제어 시스템에서는 몇몇 부분만 영향을 받는데 하는 일이나 짐이 컴퓨터마다 골고루 분산되어 있기 때문이다.
- DCS는 확장이 아주 쉽다. 다른 컴퓨터를 망에 연결만 하면 된다. 예를들어, 10개 오븐의 각 온도를 제어하려고 10개의 컴퓨터를 사용하고 있었는데 오븐이 15개로 늘어나면 컴퓨터 5대만 망에 연결하면 되니 확장이 아주 쉬울 수밖에 없다.
- DCS는 플랜트의 요구 사항을 즉시 고려할 수 있기 때문에 집중 제어 시스템보다 유연성이 높다.

분산 제어 시스템에서는 센서나 작동기가 개별 컴퓨터에 연결되어 있고, 또 이 컴

퓨터는 독립된 제어 알고리즘을 탑재하고 있기 때문에 이른바 직접 디지털 제어(direct digital control 혹은 DDC)로 사용할 수 있다. DDC는 컴퓨터를 플랜트에 대한 제어 동작만 실행하는데 쓰지만 센서의 값이나 입/출력 데이터를 감시할 수 있도록 기능을 첨가하기도 한다.

분산 제어 시스템은 종종 클라이언트-서버 시스템(client-server system)으로 이용한다. 다시 말하면, 컴퓨터 한 대(혹은 필요하다면 여러 대)를 서버로 구축하여 공통된 제어 동작을 수행하도록 하고 그 밖의 다른 컴퓨터(클라이언트)는 서버의 명령에 따라 제 몫을 수행한다는 말이다. 클라이언트 컴퓨터가 하는 작업의 예로는 각 초마다 센서에서 데이터를 받아 이를 적당히 처리하여 서버로 보내는 일 따위가 되겠다.

1.4 SCADA 시스템

SCADA는 감시 제어 및 데이터 획득(supervisory control and data acquisition)이라는 말을 줄인 것으로 이와 같은 제어와 관련한 여러 일을 그래프 소프트웨어를 써서 하나로 통합해 놓은 시스템이다. SCADA 시스템은 여러 하드웨어 장치들을 그림으로 관리할 수 있고, 또 사용자가 취향에 따라 환경을 꾸밀 수도 있는데 보통 Visual C++이나 Visual Basic과 같은 비주얼 프로그래밍 언어로 인간-컴퓨터 인터페이스(human-computer interface)를 적절히 설계하여 개발된다. 요즘은 도해적 프로그래밍 언어인 Labview나 VisiDaq 따위로 성능이 우수하면서도 사용자에게 친숙한 SCADA 시스템을 만들기도 한다.

SCADA 시스템에서는 사용자가 GUI(graphical user interface) 방식으로 플랜트를 감시하거나 플랜트의 기본 값들을 바꿀 수 있다. 하드웨어와 소프트웨어가 통합되어 규모가 클 것 같지만 그래도 요즘은 PC에서 바로 실행할 수 있다. SCADA 시스템은 사용자가 전체 시스템의 상태를 늘 감시할 수 있다는 것이 장점인데, 그래서 허가 받지 않은 사람이 접근하는 것을 막기 위해 패스워드 따위로 안전하게 사용해야 하는 것도 꼭 필요하다.

1.5 컴퓨터 제어를 위한 하드웨어

1.5.1 범용 컴퓨터

거의 대부분의 컴퓨터를 디지털 제어에 사용할 수 있지만 몇몇 요구조건(requirement)은 반드시 만족하여야 한다. 오늘날 중소 규모의 DDC에는 제어기가 안에 직접 탑재되어 있는 마이크로제어기를 기본으로 하지만 사용자 입력이나 감시 제어를 해야 하는 경우에는 보통의 PC를 인터페이스로 사용하는 것이 필요하다.

[그림 1.8]에 나타내었듯이 범용 컴퓨터(general-purpose computer)의 기본적인 구성 요소는 다음과 같다.

- 중앙처리장치(CPU)
- 프로그램 메모리
- 데이터 메모리
- 입/출력 장치

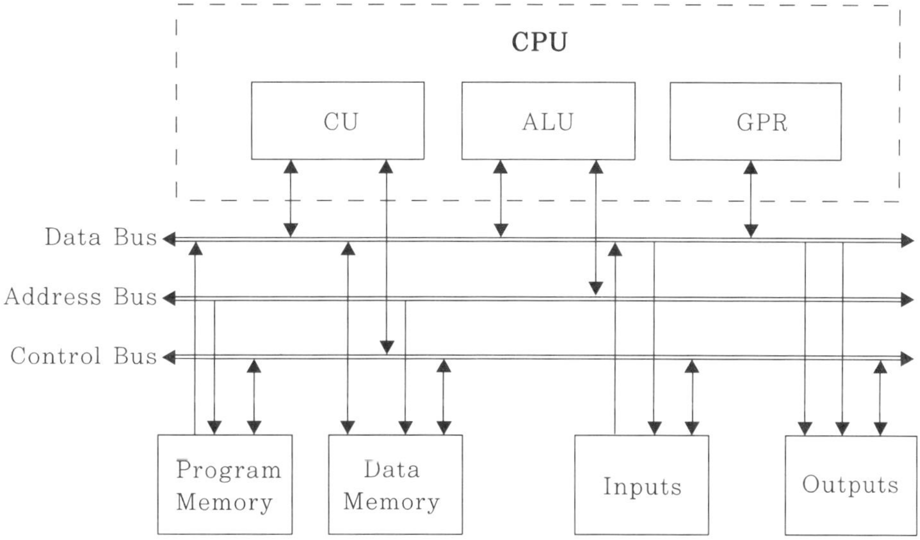

[그림 1.8] 범용 컴퓨터의 기본 구조

CPU는 산술/논리 장치(ALU)와 제어 장치(CU), 그리고 범용 레지스터(GPR)로 구성되어 있다. 여기서 ALU는 덧셈이나 뺄셈 혹은 수의 비교와 같은 산술 및 논리 연산을 담당하는데 곱셈이나 나눗셈 혹은 부동소수점 연산도 할 수 있는 것이 있다. CU는 CPU 안에서 이루어지는 연산을 감독하는데 프로그램 메모리에서 명령어를 가져와 이를 해석한 후에 ALU나 관련 장치를 관리하면서 필요한 연산이 이루어지도록 한다. GPR은 레지스터라는 빠른 메모리를 준비해 CPU 안에서 연산을 직접 수행할 수 있도록 한다.

범용 컴퓨터의 프로그램 메모리는 외부 장치로 데이터 및 주소 버스(bus)를 통해 컴퓨터와 연결되어 있는데, 여기서 버스는 전기 신호를 운반하는 노체 묶음이나. 네이터 버스는 CPU와 다른 컴퓨터 구성 요소 사이에 데이터를 주고 받는 통로로 대부분의 마이크로프로세서나 마이크로제어기는 이의 크기가 8비트이지만 16비트나 32비트 이상도 있다*. 주소 버스는 컴퓨터에 붙어 있는 주변 장치의 위치를 말해 주는데 데이터 버스와는 달리 한 방향으로만 정보가 흐르는 것이 특징이다. 프로그램 메모리는 EEPROM, EPROM(electronically programmable read-only memory) 혹은 플래시 메모리와 같이 보통 비휘발성 메모리이다. EPROM에 프로그램을 넣으려면 전용 장치가 필요하고, 또 메모리 내용을 바꾸려면 자외선을 이용해 내용을 미리 지워야만 한다. EEPROM은 전기 신호를 메모리에 주어 프로그램을 쓰고 지우기도 한다. 이런 메모리는 데이터를 읽고 쓰는 속도가 아주 느리다는 것이 흠이다. 그래서 요즘은 플래시 메모리를 많이 쓴다. 이는 빠를 뿐만 아니라 프로그램의 명령으로 데이터를 지우기 때문에 다른 장치가 필요 없다. 데이터 메모리는 보통 휘발성 메모리로 사용자 데이터를 저장할 때 쓰는데 RAM이 가장 흔한 형태이다.

미니컴퓨터나 이보다 더 큰 컴퓨터는 하드 디스크나 자기 테이프와 같은 보조 저장 장치를 갖추게 되는데 용량이 큰 프로그램이나 데이터를 저장하고, 이때 자기 테이프는 보통 하드 디스크를 백업(backup)할 때 쓴다.

입/출력 장치를 주변 장치(peripheral devices)라고도 하는데 입력 장치에는 스캐너, 카메라, 키보드, 마이크, 마우스 따위가 있고 모니터, 프린터, 스피커 등은 출력 장치이다.

1.5.2 마이크로제어기

마이크로제어기(microcontroller)는 칩 하나로 구성된 컴퓨터로 디지털 제어가 가능하도록 특별히 제작된 것이다. 값이 싼 것도 장점이지만 이 안에는 컴퓨터 제어에 필요한 여러 회로들이 들어 있다. A/D 변환기가 있어 외부 신호를 샘플링 한다거나 병렬 I/O 포트로 데이터를 주변 장치와 주고 받는다거나, 혹은 어떤 마이크로제어기는 D/A 변환기까지 있어 플랜트와 바로 연결할 수도 있다. 타이머나 인터럽트도 마찬가지인데 제어 알고리즘을 정밀하고 정확하게 이식하는데 큰 도움이 된다.

마이크로제어기는 장치를 제어하는 프로그램을 짤 때 전통적으로 어셈블리 언어(assembly language)를 사용해 왔는데 이 언어는 제조 회사마다 다 달라서 기기를 바꿀 때마다 새로운 언어를 다시 배워야만 했다. 하지만 요즘은 BASIC이나 PASCAL, C 따위와 같은 고급 언어로 프로그래밍 할 수 있기 때문에 다음과 같은 여러 장점을 얻을 수 있다.

---

* 미니컴퓨터나 메인프레임(mainframe)의 데이터 버스는 보통 64비트나 그 이상이다.

- 프로그램의 개발이 쉽다.
- 프로그램의 검사가 쉽다.
- 프로그램의 문서화가 쉽다.
- 프로그램의 유지 및 보수가 쉽다.
- 사용자와 친숙하여 프로그램을 잘못할 확률이 낮다.

고급 언어는 몇 가지 단점도 가지고 있는데 그것은 프로그램의 용량이 커서 메모리를 많이 사용한다거나 어셈블리 언어로 작성한 프로그램보다 실행 속도가 느리다는 것이다. 이 책에서는 PIC 마이크로제어기를 사용하는데 C 언어를 써서 프로그래밍 한다.

1.6 컴퓨터 제어를 위한 소프트웨어

요즘은 제어용 컴퓨터에 쓰는 프로그램을 모두 고급 언어로 짜고 이 중에서 C언어가 가장 대표적이다. C 언어는 프로그래머에게 어셈블리 언어의 도움을 받지 않더라도 기계어 수준의 연산(low-lever operations)을 가능하도록 해준다. 어셈블리 언어는 특별한 경우이거나 혹은 시간을 중요하게 다룰 프로그램 즉, 실시간 장치 구동 프로그램(real-time device driver) 따위를 작성할 때에만 쓴다. 제어용 컴퓨터에 사용할 소프트웨어의 요구조건을 간략히 정리하면 다음과 같다.

- 입력 포트로 데이터를 읽을 수 있어야 한다.
- 출력 포드로 데이티를 보낼 수 있이야 힌다.
- 컴퓨터 내부에서 데이터를 서로 주고 받고, 또 수학적 연산이 가능해야 한다.
- 제어 알고리즘의 실행을 제 시간에 맞춰 주기 위해 타이머나 인터럽트를 이용할 수 있어야 한다.

제어 알고리즘은 샘플링 할 때마다 실행되는 프로그램으로 안에 루프(loop)를 가지고 있다. 그리고 루프에서는 기준 입력과 플랜트의 실제 출력을 읽어 이의 차를 계산하여 오차 신호를 만들고 이 정보를 이용하여 샘플링 순간마다 제어기 출력을 내보내도록 되어 있다. 이 출력은 다시 D/A 변환기로 가서 아날로그 신호로 바뀌고 구동기를 거쳐 플랜트를 작동시키는 것이다. 이런 제어 알고리즘의 동작을 단계별로 요약하면 다음과 같다. 여기서 기준 입력과 플랜트의 출력은 디지털 신호로 가정한다.

반복 루프

- 기준 입력 R을 읽는다.
- 플랜트의 실제 출력 Y를 읽는다.
- 오차 신호 $E=R-Y$를 계산한다.
- 제어기 출력 U를 계산한다.
- U를 D/A 변환기에 보낸다.
- 다음 샘플링 순간이 올 때까지 기다린다.

정지

기준 입력과 플랜트 출력이 아날로그 신호인 경우도 이와 비슷한데 요약하면 다음과 같다.

반복 루프

- A/D 변환기에서 기준 입력 R을 읽는다.
- A/D 변환기에서 플랜트의 실제 출력 Y를 읽는다.
- 오차 신호 $E=R-Y$를 계산한다.
- 제어기 출력 U를 계산한다.
- U를 D/A 변환기에 보낸다.
- 다음 샘플링 순간이 올 때까지 기다린다.

정지

이 알고리즘의 동작에서 알아야 할 것은 한번 시작하고 나면 어떤 사건이 일어나 강제로 그만두게 되거나 아니면 사용자가 수동으로 정지시키기 전까지는 반드시 연속적으로 실행된다는 것이다. 루프가 연속적으로 돌고 그것도 샘플링 시간과 딱 맞추도록 프로그래밍 해야 한다는 것이 중요하다. 이를 동기화(synchronization)라고 하는데 실무적인 측면에서 이를 달성할 수 있는 몇 가지 방법은 다음과 같다.

- 제어 알고리즘에 폴링(polling)을 사용한다.
- 외부 인터럽트(interrupt)를 사용한다.
- 타이머 인터럽트를 사용한다.
- 제어 알고리즘에 속임수 코드(ballast code 혹은 dummy code)를 둔다
- 외부의 실시간 클럭(real-time clock)을 사용한다.

1.6.1 폴링

폴링(polling)은 어떤 사건이 일어날 때까지 소프트웨어적으로 기다린 후에 반드시 해당 사건과 관계있는 동작만 실행시키는 기술이다. 즉, 다음 번의 샘플링 시간이 일어날 때까지 기다리다가 일어난 순간 바로 제어 알고리즘을 실행한다. DDC인 경우엔 다음 샘플링 시간을 기다리는 동안에 제어기가 아무 일도 하지 않기 때문에 주로 이 기법을 이용하여 동기화를 맞추는데 이를 단계별로 요약하면 다음과 같다.

반복 루프

만약 샘플링 시간이 아니면 계속 대기한다. (While문 사용)

- 기준 입력 R을 읽는다.
- 플랜트의 실제 출력 Y를 읽는다.
- 오차 신호 $E = R - Y$를 계산한다.
- 제어기 출력 U를 계산한다.
- U를 D/A에 보낸다.

정지

1.6.2 외부 인터럽트

제어기의 동기화 작업은 외부 인터럽트(external interrupt)를 써서 쉽게 달성할 수 있는데 이때는 제어 알고리즘에 인터럽트 서비스 루틴(interrupt service routine 혹은 ISR)*을 사용한다. 외부 인터럽트는 샘플링 시간에 주기를 맞춘 하나의 클럭 발생기이기 때문에 컴퓨터는 샘플링 순간마다 제어 알고리즘에 삽입된 ISR를 호출하여 실행한다. ISR의 호출이 없을 때는 다른 작업 즉, 데이터를 화면에 출력하는 일 따위를 할 수 있는 것이 이 방법의 장점이다. 이 방법은 샘플링 시간에 대해서만큼은 제어 알고리즘을 아주 정확하게 실행하도록 해주지만 인터럽트를 걸기 위한 외부 클럭이 필요하다는 것이 단점이다. 이 방법을 단계별로 요약하면 다음과 같다.

주 프로그램:

외부 인터럽트를 대기(혹은 다른 작업을 수행)

인터럽트 서비스 루틴(ISR):

- 기준 입력 R을 읽는다.

---

* 인터럽트는 컴퓨터가 현재 하는 작업을 그만두게 하는 명령이다. 컴퓨터에 중대한 사건이 발생하거나 사용자가 미리 정한 사건을 번호로 매겨놓고 이 일이 벌어지면 현재 작업을 중단하고 사건에 맞는 일을 우선 처리하도록 하기 위해서 컴퓨터마다 마련해 두고 있고, 이때 각 사건별로 미리 함수를 짜서 정해 놓았는데 이를 ISR이라 한다.

- 플랜트의 실제 출력 Y를 읽는다.
- 오차 신호 $E = R - Y$를 계산한다.
- 제어기 출력 U를 계산한다.
- U를 D/A에 보낸다.

1.6.3 타이머 인터럽트

제어기 동기화를 위한 또 다른 유용한 방법에는 타이머 인터럽트(timer interrupt)를 이용하는 방법인데 이는 마이크로제어기에 이미 장착되어 있다는 것이 특징이고, 이때 제어 알고리즘은 타이머의 ISR에 짜 넣으면 된다. 그리고 타이머는 규칙적인 간격으로 즉, 샘플링 시간에 맞게 인터럽트가 걸리도록 프로그램 할 수 있다. 이 방법 역시 ISR을 기다리는 동안에 데이터를 출력하는 따위의 다른 작업이 가능하다. 샘플링 시간에 정확하게 맞춰 제어 알고리즘을 돌릴 수 있고, 그러면서 앞의 외부 인터럽트 방법과는 달리 외부 하드웨어가 필요하지 않다는 것이 특징이다. 이 방법의 진행 과정을 단계별로 요약하면 다음과 같다.

주 프로그램:
타이머 인터럽트를 대기(혹은 다른 작업을 수행)
인터럽트 서비스 루틴(ISR):

- 기준 입력 R을 읽는다.
- 플랜트의 실제 출력 Y를 읽는다.
- 오차 신호 $E = R - Y$를 계산한다.
- 제어기 출력 U를 계산한다.
- U를 D/A에 보낸다.

1.6.4 속임수 코드

이 방법은 내부나 외부의 어떤 시간 신호와 상관없이 루프의 실행 시간을 맞출 수 있는데 이른바 속임수 코드(ballast 혹은 dummy code)를 첨가하여 루프 안의 각 명령이 샘플링 시간에 맞게 실행되도록 한다. 그래서 내부나 외부의 하드웨어가 하나도 필요하지 않다는 것이 장점이다. 하지만, 루프 안에 작성해 놓은 코드나 마이크로제어기의 CPU 클럭률(clock rate)이 바뀌면 속임수 코드를 조정하여 실행 시간을 다시 맞추어야 하는 것이 성가신 일이다. 속임수 코드 방법을 단계별로 요약하면 다음과 같다.

반복 루프 (Do문 사용)

- 기준 입력 R을 읽는다.
- 플랜트의 실제 출력 Y를 읽는다.
- 오차 신호 $E=R-Y$를 계산한다.
- 제어기 출력 U를 계산한다.
- U를 D/A에 보낸다.

  속임수 코드 첨가

  …

  속임수 코드 첨가

정지

1.6.5 외부 실시간 클럭

이 방법은 외부 인터럽트를 사용하는 방법과 비슷하다. 마이크로제어기에 외부 하드웨어 즉, 실시간 클럭(real-time clock)을 달아 이 클럭이 한 틱(tick)마다* 계속 갱신되도록 한다. 클럭을 자주 감시하면서 다음 샘플링 시간에 도달했는지를 알아낸다는 말이다. 예를들어, 틱의 빠르기가 20ms이라면 50 틱이 발생하면 1초가 되는 셈이다. 루프에서 대기하다가 샘플링 순간이 오면 해당 작업을 수행함과 동시에 현재 시간을 저장해서 이를 샘플링 간격에 보태어 다음 샘플링 시간을 찾는다. 루프의 연속된 실행 사이의 시간 간격은 루프의 실행 시간과는 완전히 무관하다는 뜻이다.

외부 실시간 클럭 방법은 제어 알고리즘을 제 때에 정확히 실행시킬 수 있지만 외부 장치가 필요하다는 것이 하나의 약점이다. 이 방법을 단계별로 요약하면 다음과 같은데, 여기서 T는 틱 단위로 나타낸 샘플링 시간으로 처음에 n으로 잡아 두었다. 만약 클럭 빠르기가 1초에 50 틱이면 한 틱은 20ms와 똑같고, 따라서 샘플링 시간을 100ms로 하고자 한다면 $T=5$로 해야 한다.

$T=n$

Next_Sample_Time = Ticks + T

반복 루프(Do문 사용)

Ticks < Next_Sample_Time이면 대기(while문 사용)

Current_Time = Ticks

- 기준 입력 R을 읽는다.

---

* 컴퓨터나 디지털 회로가 일정한 속도로 작동하기 위해서는 일정한 간격의 전기적 펄스(pulse)를 공급 받아야 하는데, 이때 이런 연속된 전기적 펄스를 클럭(clock)이라 하고 이 클럭을 구성하는 하나하나의 마디가 틱(tick)이다.

- 플랜트의 실제 출력 Y를 읽는다.
- 오차 신호 $E = R - Y$를 계산한다.
- 제어기 출력 U를 계산한다.
- U를 D/A에 보낸다.
- Next_Sample_Time = Current_Time + T

정지

1.7 컴퓨터 제어의 여러 센서

센서는 폐루프 시스템의 중요한 요소로 온도, 속력, 힘, 압력, 변위, 가속도, 토크, 유량, 빛 혹은 소리 따위와 같은 물리적인 양을 측정하는 장치이다. 폐루프 시스템의 피드백 루프에 달려 플랜트의 실제 출력에 대한 정보를 제공한다는 말이다. 예를 하나 든다면, 속력 센서는 모터의 회전 속력에 비례하는 신호를 보내 나중에 기준 입력과 함께 처리되어 오차 신호를 얻는 일 등이 되겠다.

센서는 크게 아날로그 및 디지털 센서로 구분할 수 있다. 아날로그 센서는 아주 폭넓게 사용되는 센서로 아날로그 전압을 출력한다. 아날로그 온도 센서의 출력이 온도에 비례하는 전압인 것이 한 예이고, 이는 컴퓨터와 연결될 때 A/D 변환기를 통해서 이루어져야 한다. 디지털 센서는 그렇게 흔하지는 않지만 출력이 컴퓨터가 바로 받아들일 수 있도록 논리적인 높낮이를 갖는 것이 특징이다.

각 응용에 따라 센서를 선택하는 일에는 많은 요인이 작용하는데 신뢰도(reliability), 정확도(accuracy), 해상도(resolution), 비용, 측정 범위, 선형성(linearity) 따위이다. 간략하게나마 몇몇을 살펴보면 이렇다.

범위. 센서의 범위는 측정할 양의 위쪽 및 아래쪽 한계를 정한다. 온도 센서의 범위가 10-60℃라고 하면 이 센서는 이 범위의 온도만 측정할 수 있다는 뜻이다.

해상도. 센서의 해상도는 센서의 출력에 영향을 주지 않은 채 측정값이 얼마나 크게 변할 수 있는지를 지정한다. 그러니까 센서를 통해 측정된 값은 실제 값에 견주어 센서의 해상도만큼 변할 수 있다는 말이다. 해상도 값이 작은 것이 우수한 센서인 것은 당연하여 해상도가 0.001K인 온도 센서가 해상도가 0.1K인 것보다 더 좋다.

반복성. 센서의 반복성(repeatability)은 센서가 같은 물리적인 양을 여러 번 반복하여 측정할 때 출력이 변하는 정도이다. 저항 양 끝단의 전압을 동시에 여러 번 측정한다고 할 때 결과가 조금씩 다른 현상을 볼 수 있는데 이것이 한 예가 되겠다.

선형성. 이상적인 센서는 보통 입력과 출력 사이의 관계가 선형인 전달함수로 표시된다. 센서 출력이 측정값에 비례한다는 말이다. 그러나 실무적인 측면에서 보면 모든

센서는 측정 조건이나 제조할 때 가정한 허용 오차 따위로 어느 정도 비선형성(nonlinearity)을 갖는 것이 일반적이다.

동적 응답성. 센서의 동적 응답성(dynamic responsibility)은 센서가 정현주파수(sinusoidal frequency)의 변화에 노출될 때 나타나는 센서의 고유한 특성이다. 어떤 마이크의 동적 응답성을 3dB의 대역폭(bandwidth)을 갖는 주파수 응답으로 표현하는 것도 이 때문이다.

1.7.1 온도 센서

온도는 화학이나 프로세스 제어의 대부분 영역에서 나타나는 가장 기본적인 물리 변수로 이를 정확하고 믿을 수 있도록 측정하는 일은 대단히 중요하다. 온도 센서는 아날로그나 디지털 센서이다. 가장 흔히 쓰이면서 대표적인 아날로그 센서에는 열전대(thermocouple), 측온저항체(resistance temperature detector 혹은 RTD), 서미스터(thermistor) 등이 있다. 디지털 센서는 집적 회로(integrated circuit)로 만들어진다. 이런 센서의 선택 기준은 정확도, 온도 범위, 응답 속도, 열적 결합성, 환경(화학적, 전기적, 기계적 환경 등), 그리고 비용 따위가 되겠다.

[표 1.1] 온도 센서

Sensor	Temperature range(℃)	Accuracy(±℃)	Cost	Robustness
Thermocouple	−270 to +2600	1	Low	Very high
RTD	−200 to +600	0.2	Medium	High
Thermistor	−50 to +200	0.2	Low	Medium
Intergrated circuit	−40 to +125	1	Low	Low

[표 1.1]에 보인 것과 같이 열전대가 온도 범위가 가장 좋은데 −270℃에서 2600℃이다. 나아가, 열전대는 비용도 적게 들면서 아주 강인히여 화학적으로 환경이 열악한 곳에서도 사용할 수 있고 정확도는 ±1℃이다. 그리고 외부 전원이 필요치 않다는 것도 장점이다. RTD는 온도 측정 범위가 중간인데 −200℃에서 600℃이다. 역시 화학적 환경에서 사용할 수 있지만 열전대보다는 강인성(robustness) 측면에서 떨어진다. 평균 정확도는 ±0.2로 우수하지만 외부 전원이 필요한 것이 흠이다. 서미스터는 중간이나 좀 낮은 온도 범위인데 −50℃부터 약 200℃까지다. 이는 열전대나 RTD보다 강인하지도 못하고 화학적 환경에도 사용하기가 곤란하다. 비용은 적게 들지만 외부 전원이 꼭 필요하고 정확도는 ±0.2℃ 정도이다.

집적 회로로 만든 온도 센서는 범위가 낮은 편인데 −40℃부터 125℃까지다. 이 장치는 아날로그와 디지털 방식으로 나와 있는데 어느 쪽이든 열악한 환경에서는 사용할 수 없고 정밀도는 약 ±1℃ 정도이다. 집적 회로 방식의 센서가 다른 센서와 다른 몇 가지 점은 다음과 같다.

- 상대적으로 크기가 작다.
- 출력의 선형성이 아주 높다.
- 온도 측정 범위가 한정되어 있다.
- 비용이 아주 적게 든다.
- 어떤 모델은 온도 조절 기능을 갖는다거나 A/D 변환기를 내포하기도 한다.
- 외부 전원 공급 장치가 필요하다.

아날로그 방식의 집적 회로 온도 센서는 전압이나 전류를 출력한다. 전압 출력 센서는 측정할 온도에 직접 비례하는 전압을 주고 전류 출력 센서도 이와 비슷하게 비례하는 전류를 내지만 임피던스(impedance)*가 아주 큰 전류원(current source)으로 작용한다.

요즘 흔히 쓰는 전압 출력의 아날로그 집적 회로 센서는 National Semiconductors 회사에서 만든 LM35DZ이다.([그림 1.9] 참조) 이는 3핀 아날로그 출력 센서로 10 mV/℃와 선형 관계인 출력을 제공하고 온도 측정 범위는 0℃에서 100℃이고, 그리고 정확도는 ±1.5℃이다. AD590은 전류를 출력하는 아날로그 형식의 집적 회로 센서로 출력은 1 μA/℃이고 온도 범위는 −55℃부터 150℃까지다.

디지털 방식의 집적 회로 온도 센서는 컴퓨터와 바로 인터페이스 할 수 있는 디지털 출력을 낸다. 하지만 출력 데이터의 형식이 표준화 되어 있지 않아 측정한 온도를 추출하기 위해 적당한 알고리즘을 사용해야 한다. DS1620이 대표적인 디지털 온도 센서인데 이는 온도 조절 기능이 있어 디지털적으로 프로그램도 할 수 있다. 그리고 이 센서는 측정한 온도를 9비트 직렬 데이터로 전달하는데 나중에 클럭 펄스(clock pulse)를 이용해 각 펄스마다 데이터를 읽어낸다. [표 1.2]는 DS1620의 측정 온도와 출력과의 관계이다.

온도를 측정할 때 발생하는 오차에는 여러 원인이 있는데 몇 가지를 살펴보면 다음과 같다.

자기 과열. RTD나 서미스터, 집적 회로 센서 등은 외부 전원 장치가 필요하고, 이는 센서에 열을 일으켜 측정할 때 오차가 발생하는 원인이 된다. 자기 과열(self-heating)은 센서의 크기나 센서가 소비하는 전력의 양에 따라 차이가 있고, 이의 효과를 줄이고자 한다면 외부 전력을 될 수 있으면 가장 낮도록 하거나 측정할 때 이런 열의 효과를 미리 고려하도록 해야 한다.

---

* 임피던스(impedance)는 전류에 대한 전압의 비로 무언가 흘러가는 것을 막는 저항의 개념으로 보면 된다. 따라서 임피던스가 크다는 것은 전류가 거의 흐르지 못한다는 것을 뜻한다.

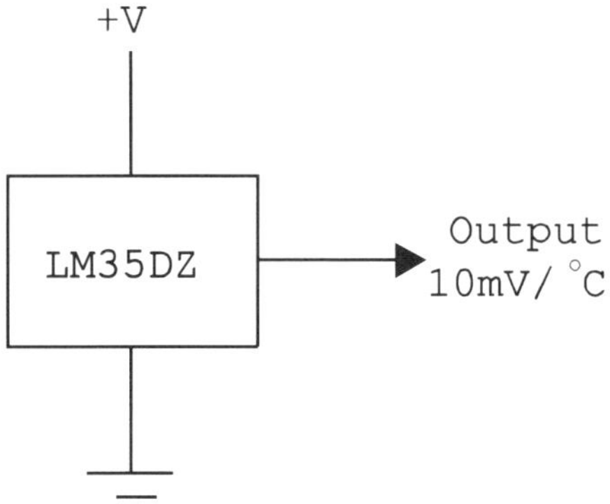

[그림 1.9] LM35DZ 온도 센서

[표 1.2] DS1620의 온도-데이터 관계

Temperature(℃)	Digital output
+125	0 11111010
+25	0 00110010
0.5	0 00000001
0	0 00000000
−0.5	1 11111111
−25	1 11001110
−35	1 10010010

전기 잡음. 전기 잡음(electrical noise) 역시 오차를 일으키는 원인이다. 열전대는 아주 낮은 전압(보통 μV의 1/10 정도)을 출력하므로 잡음이 측정값에 영향을 주기는 아주 쉽다. 이런 잡음을 최소화 하는 방법은 저주파통과필터(low-pass filter)를 달거나 센서를 될 수 있으면 빨리 쓰고 되도록 모터나 전기 기계 따위에서 멀리 떨어지게 하는 것이다.

기계적 스트레스. RTD와 같은 센서는 기계적 스트레스(mechanical stress)에 아주 민감하여 아주 조심스럽게 다루어야 한다. 센서에 힘을 가하여 변형이 일어나도록 하면 절대 안 된다.

열적 결합성. 측정을 신속하면서 정확하게 하려면 센서를 측정 물체의 표면에 잘 접촉하도록 하는 것이 중요하다. 만약 표면에 온도차가 있는 경우이면 센서를 대강 놓았다간 오차가 일어나기 딱 알맞다. 센서를 유체에 사용할 때도 잘 저어서 온도분포가 균일하도록 해야 한다. 집적 회로 센서가 보통 이런 열적 결합성(thermal coupling)에 약한데 이는

센서를 표면에 쉽게 장착할 수 없기 때문이다.

센서의 시상수. 센서의 응답 시간이 또 다른 오차의 원인이 된다. 모든 센서는 환경의 변화에 반응하는데 얼마간의 시간이 필요하기 때문이다. 이런 센서의 시상수(sensor's time constant) 때문에 발생하는 오차는 센서와 물체의 접촉면 사이의 연결 방식을 개선시켜 좀 줄어들게 할 수 있다.

1.7.2 위치 센서

위치 센서는 움직이는 물체의 위치를 측정할 때 쓰는데 기본적으로 두 가지 형식 즉, 선형 운동을 측정하는 센서와 회전 운동을 측정하는 센서가 있다.

전위차계(potentiometer)는 선형 및 회전 형식이 모두 가능하다. 이의 일반적인 사용은 이렇다. 고정 전압을 전위차계의 양단에 걸어 놓고 전위차계의 팔 양단에 걸리는 전압을 측정하는 것인데 이 전압의 값은 팔의 위치에 비례한다. 따라서 이 값을 통해 팔의 위치가 지금 어디 있는지 알 수 있는 것이다. [그림 1.10]은 선형 전위차계(linear potentiometer)인데 걸린 전압이 V_i이면 팔의 양단에 걸리는 전압은 다음과 같다.

$$V_a = k V_i y$$

여기서 y는 전위차계의 시작점에서 측정한 팔의 위치이고 k는 상수이다.

[그림 1.11]은 회전 물체의 각 위치를 측정하는 회전 전위차계(rotary potentiometer)이다. 여기서도 V_i가 걸린 전압이면 팔의 양단에 걸리는 전압은

$$V_a = k V_i \theta$$

이고, 이때 θ는 팔의 각도이고 k는 상수이다.

전위차계 형식의 위치 센서는 값이 싸서 좋지만 측정 범위가 한정되고 팔의 과도한 사용으로 쉽게 닳아 버린다는 것이 단점이다.

위치 센서의 다른 형식에는 용량 센서(capacitive sensor), 유도 센서(inductive sensor), 선형가변미소변환기(linear variable differential transducer 혹은 보통 변위측정자기센서라 하여 LVDT의 영문으로 바로 씀), 그리고 광학 인코더(optical encoder) 따위가 있다. 용량 위치 센서는 평행한 두 축전지 판의 용량(capacitance)은 두 판 사이의 거리가 변하면 따라서 변한다는 사실을 응용한 것인데 용량 C에 대한 공식은 다음과 같다.

$$C = \varepsilon \frac{A}{d} \tag{1.1}$$

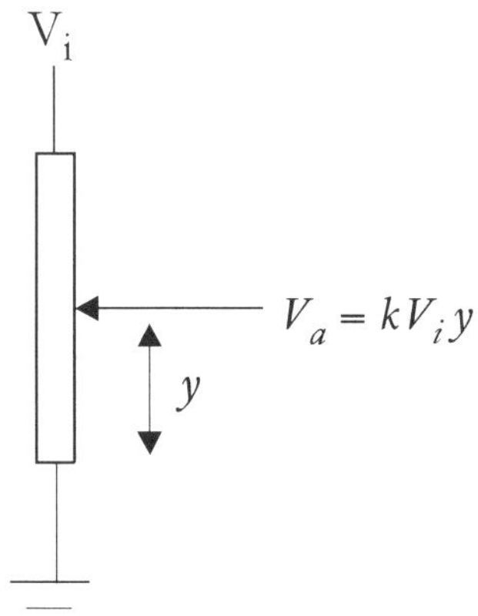

[그림 1.10] 선형 전위차계

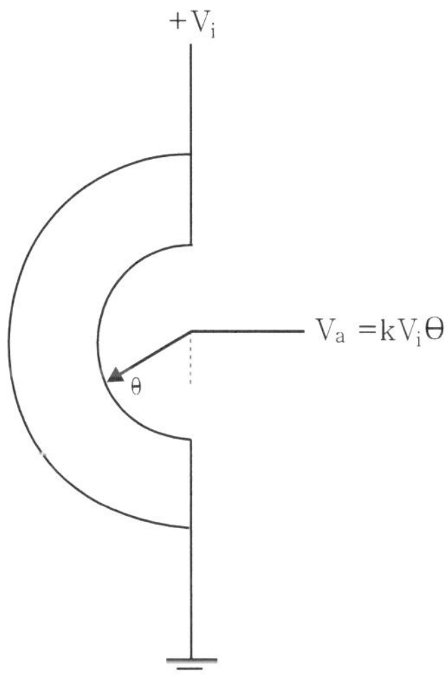

[그림 1.11] 회전 전위차계

여기서 ε는 유전율(dielectric constant), A는 판의 면적, 그리고 d는 판 사이의 거리이다. 이 센서의 용량은 보통 [그림 1.12]에 있는 것과 같은 OP 증폭기(operational amplifier)를 피드백 루프에 두어 사용하는데 기준 용량 C_{ref}을 입력 측에 달아 두었을 때 전압 V_i가 가해지면 출력 전압 V_0는

$$V_o = -V_i \frac{C}{C_{ref}} \tag{1.2}$$

와 같고 여기에 식 (1.1)을 이용하면

$$V_o = -V_i \frac{C_{ref} d}{\varepsilon A} \tag{1.3}$$

이다. 따라서 식 (1.3)에서 일정한 크기의 정현파 신호를 입력으로 주면 출력 전압의 크기는 판 사이의 거리에 비례한다는 것을 알 수 있다.

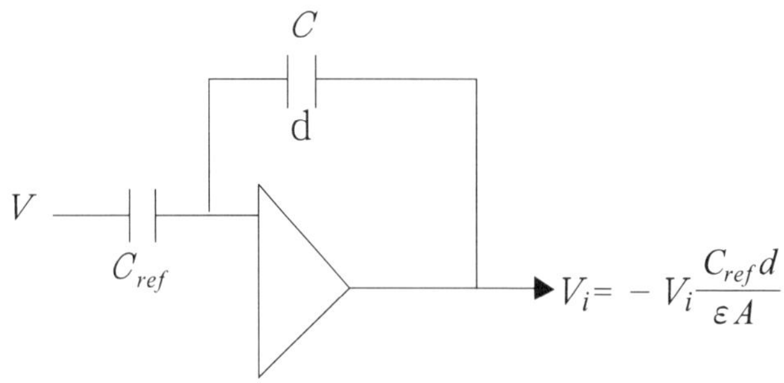

[그림 1.12] 용량을 사용한 위치 센서

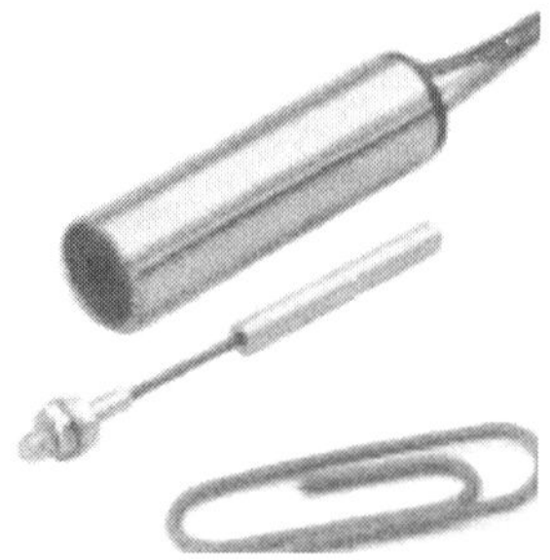

[그림 1.13] 상업용 LVDT 센서

LVDT 센서([그림1.13] 참조)는 속이 빈 실린더와 한 개의 1차 코일 및 두 개의 2차 코일로 구성되어 있는데 1차 코일은 실린더의 중간 쪽에, 그리고 2차 코일은 감은 수를 같게 하여 직렬로 연결해 놓고 실린더의 양 끝 쪽에 둔다.([그림 1.14] 참조) 전압이 0.5-5V 정도이고 주파수가 1-20kHz인 정현파 신호를 1차 코일 쪽에 가하면 자기 철심(magnetic core)이 실린더 안을 따라 움직이고 이 때문에 1차 및 2차 코일 사이에 형성된 자기장이 변한다. 이때, 2차 코일은 실린더의 양쪽 모두에 있기 때문에 철심의 움직임에 따라 한 쪽에서는 유도 전압이 증가하는 반면 다른 쪽에서는 감소하게 되는데 이의 순 변화는 철심의 위치에 비례한다. 따라서 이런 유도 전압을 측정하면 철심의 위치를 파악할 수 있고 철심의 위치와 유도 전압의 관계가 정확하면 할수록 더욱더 해상도 높은 센서가 된다. 오늘날 상업적으로 널리 쓰이는 LVDT는 신호 조절 장치를 내장하고 있어 컴퓨터와 직접 연결하거나 직류 전원을 교류 전원으로 변환할 수 있어 편리한 직류 전원을 바로 쓸 수 있고, 또 신호의 유용한 처리를 위해 직류 전압을 출력해 준다. LVDT의 측정 범위는 ±μm에서 ±75mm이고 민감도 범위는 3-6V의 정상적인 작동인 경우 25μm마다 0.6mV부터 30mV까지다. 그리고 LVDT의 장점은 다음과 같다.

- 비용이 싸다.
- 설계 사양을 여러 가지로 주문·제작할 수 있다.
- 이력현상(hysteresis effect)*이 없다.
- 응답 속도가 빠르다.
- 마찰 저항이 없다.
- 수명이 길다.

LVDT의 가장 큰 약점은 철심이 측정 물체의 표면에 직접적으로 접촉해야 한다는 것이지만 이는 흔히 일어날 수 있는 일은 아니다.

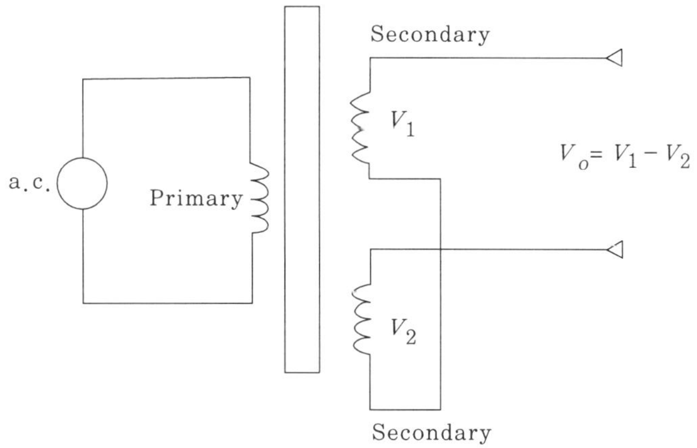

[그림 1.14] LVDT 센서의 회로 선도

* 이력현상 즉, 히스테리시스는 그리스 말로 "coming behind"를 뜻하는데 "지난 사건으로" 혹은 "과거에서 유래한" 따위로 개념을 잡을 수 있다. 어떤 물리량의 변화는 한 시점의 원인보다는 과거의 변화 과정이 더 큰 원인이라고 보는 것이다. 전자기학에서 자화의 세기와 자기장의 관계나 탄성학에서 변형과 힘의 관계가 이런 현상을 보이는데, 따라서 이런 원인과 결과의 관계는 직선이 아니라 곡선(보통 루프(loop)라 함)이다.

1.7.3 속도 및 가속도 센서

속도는 위치의 미분이기 때문에 보통의 위치 센서로도 속도를 측정할 수 있고, 이때 미분은 OP 증폭기와 같은 하드웨어나 컴퓨터를 통한 소프트웨어로 이룰 수 있다. 하지만 좀더 정밀하게 속도를 측정하고자 한다면 속도 전용의 센서를 사용하는 것이 좋다. 속도 센서는 두 가지 형태 즉, 선형 및 회전 센서로 나누어진다.

선형 속도 센서(linear velocity sensor)는 움직이는 자석과 짝으로 구성된 코일로 만드는데 코일을 서로 직렬로 연결해 놓으면 자석의 움직임에 따라 이 움직임에 비례하는 전압을 생산하게 되는 것이다.

가장 흔히 쓰는 회전 속도 센서(rotary velocity sensor)는 회전속도계(tachometer 혹은 tachogenerator)([그림 1.15] 참조)로 모터와 같은 회전체의 축에 붙여서 사용하는데 축의 속력에 비례하는 아날로그 직류 전압을 출력한다. 이때, 축의 각속도를 ω라 하면 회전속도계의 출력 전압은 다음과 같다.

$$V_o = k\omega$$

여기서 k는 회전속도계의 상수이다.

[그림 1.15] 상업용 회전속도계

회전 센서로 인기 있는 또다른 것은 광학 인코더(optical encoder)이다. 이는 기본적으로 광원과 디스크로 구성되어 있는데, 여기서 디스크는 투명하고 불투명한 부분으로 구분해 놓고 회전하는 축에 붙여서 쓴다. 그리고 회전체의 다른 쪽에 설치된 빛 센서가 이 정보를 읽어 펄스 신호를 만들게 되는 것이다. 펄스의 개수가 축 속력에 비례하는 것은 당연하다. [그림 1.16]는 상업적으로 팔리는 전형적인 인코더의 모습이다.

가속도는 속도의 미분 혹은 위치의 두번 미분으로 이 역시 위치 센서로 측정할 수 있다. 물론 OP 증폭기나 적당한 소프트웨어를 써서 미분할 수 있도록 해야 한다. 가속도를 정밀하게 측정하려면 가속도계(accelerometer)를 사용하는 것이 좋은데

Analog Device 회사에서 만든 ADXL202가 대표적이다. 이는 8핀짜리 칩으로 값도 싸지만 가속도를 2차원으로 측정할 수 있도록 출력 포트가 2개 있는 것이 장점이다.

출력은 2차원의 각 축에서 측정한 가속도에 비례하는 디지털 신호로 A/D 변환기의 도움 없이 마이크로제어기에 바로 연결하여 쓸 수 있다. 측정 범위는 $\pm g$로 동적(진동 따위) 및 정적(중력 따위) 가속도를 모두 측정할 수 있다. 여기서 g는 중력 가속도이다.

[그림 1.16] 상업용 인코더

1.7.4 힘 센서

힘 센서는 위치 센서를 이용하여 만들 수 있지만 좀더 정밀하고 측정하고자 변형률 측정기(strain gauge)를 주로 쓴다. 변형률 측정기는 여러 형태가 있는데 커패시터(capacitor)나 인덕터(inductor)로 만들기도 하지만 저항을 가장 많이 이용한다. 선(wire) 형식의 변형률 측정기는 저항을 이용하는데 얇은 금속판처럼 생겼다. 이의 원리는 간단하다. 선의 저항은 변형률이 커지면 따라 증가하고 작아지면 따라 감소한다는 것이나.

변형률을 측정하기 위해서는 변형률 측정기를 전기 회로와 연결시켜야 하는데 휘스톤브릿지(Wheatstone bridge)를 써서 저항의 미소 변화도 검출할 수 있도록 한다. 변형률 측정기는 힘(하중 포함)뿐만 아니라 무게압력, 토크나 변위도 측정하는데 사용할 수 있다.

힘은 압전 효과(piezoelectric effect)*를 이용하여 측정할 수도 있다. 압전 센서는 힘이 물체의 표면에 가해질 때 전압을 발생시키는데 힘이 작용하고 난 후에는 전압이 사라지는 것이 단점이다. 그래서 압전 센서는 순간순간 변하는 힘을 측정하는 곳에서만 아주 유용하다.

---

* 압전 효과는 고체에 힘을 가하면 고체 결정의 표면에 전기적 분극 즉, 양과 음의 전하가 발생 하는 현상으로 수정 발진기(crystal oscillator)나 마이크 따위에 응용되고 있다.

1.7.5 압력 센서

아주 오래 전에는 압력을 측정하는데 격막(diaphragm)과 같은 것을 센서로 이용하였다. 이 막이 움직이면 압력은 변하게 되는데, 이때 막에 붙어 있는 다이얼이 움직여 압력을 보여 주는 것이다. 요즘은 이런 막의 움직임을 작용하는 압력의 크기에 비례하는 전기 신호로 바꾸어 쓰는 것이 일반적이다.

1.7.6 유체 센서

유체 센서(liquid sensor)에는 여러 종류가 있는데 그 목적은 대략 다음과 같다.

- 유체의 존재를 확인한다.
- 유체 수위를 측정한다.
- 유체의 빠르기 즉, 유량을 측정한다.

유체의 존재 즉, 있는지 없는지 확인하는 일은 광학, 초음파, 저항이나 용량의 변화 따위의 기술로 가능하다. 하나의 예로 광학 기술을 들어보자. 이는 광트랜지스터(phototransistor)와 LED를 반구형 장치 속에 넣어 두고 사용하는데, 만약 유체가 없으면 LED의 빛이 반구에서 광트랜지스터로 내부적으로만 반사되므로 별다른 표시를 하지 않지만 유체가 반구에 있는 경우는 반구와 유체 경계에서 굴절률이 달라지므로 LED 빛의 일부분이 광트랜지스터로 들어가지 못한다. 광트랜지스터의 상태가 달라진 셈이고 이것이 유체가 있다는 표시로 나타난다.

탱크 속의 유체 수위는 센서를 유체 속에 담그는 기술이나 비접촉 방식의 초음파 기술을 써서 측정할 수 있다. 이 중에서 간단한 방법은 막대 속에 위치를 측정할 수 있는 전위차계를 넣고 이를 유체 속에 넣어 두는 것인데 이때, 전위차계의 팔은 유체의 수위가 변할 때 함께 움직일 수 있도록 만들어 둔다. 그래서 전위차계의 저항 변화를 측정하여 유체의 수위를 결정한다.

압력 센서 역시 유체의 수위를 측정하는데 사용할 수 있다. 즉, 유체 탱크의 밑에 압력 센서를 달아 놓고 유체 수위의 높이에 비례하는 압력을 측정하는 것인데 보통 아날로그 신호가 출력이다.

비접촉 방식의 초음파 기술을 이용한 수위 측정은 매우 정확하지만 비싼 것이 흠이다. 작동 원리는 초음파를 유체의 표면으로 쏜 후에 되돌아오는 초음파의 시간을 측정하여 판단하는 것이다. 이런 시간차가 유체의 수위에 비례하기 때문이다.

유량을 측정하는 몇 가지 방법은 다음과 같다.

- 회전바퀴 센서
- 변위 흐름 측정기
- 자기 흐름 측정기

회전바퀴 센서(paddlewheel sensor)는 가격도 좋아 유체의 유량을 측정하는데 가장 많이 쓰이고 있다. 센서 안에 바퀴를 두어 유량에 비례하는 회전 속도를 얻는다. 다시 말하면, 유체가 흘러 바퀴가 돌면 흘러간 유량에 해당하는 전압을 출력한다.

변위 흐름 측정기(displacement flow meter)는 유체의 흐름을 이미 알고 있는 체적으로 나누어 체적의 몇 배가 흘러갔는지를 따져 유량을 측정한다. 이 방식은 정확도가 높아 여러 형식으로 사용하고 있는데 대표적으로 미끄럼 날개 방식(sliding vane meter), 회전 피스톤 방식(rotary piston meter), 그리고 소용돌이 방식(helix flow meter) 등이 있다.

자기 흐름 측정기(magnetic flow meter)는 Faraday의 자기 유도 법칙을 이용한 것으로 유체가 관을 따라 흘러가면서 하나의 도체 역할을 하고, 그래서 유량에 비례하는 유도 전압을 생성하는 것이다. 유량이 빠르면 유도되는 전압도 높다. 이 전압은 측정기에 설치된 센서를 통해 읽혀지고, 또 적절한 회로장치로 관의 단면적에 근거한 유량을 계산한다. 이는 산(acid)과 같은 부식성 유체에 사용할 수 있다는 것과 측정 작업이 유체의 흐름을 방해하지 않는다는 것 따위가 장점이 되겠다. [그림 1.17]은 흔히 쓰는 자기 흐름 측정기의 대표적인 모델이다.

[그림 1.17] 상업용 자기 흐름 측정기

1.7.7 공기량 센서

공기량은 보통 풍속계(anemometer)를 써서 측정한다. 전통적인 풍속계는 [그림 1.18]과 같이 회전하는 날개가 있어 이의 회전 속도가 공기량에 비례한다. [그림

1.19]의 열선 풍속계(hot wire anemometer)는 회전하는 부분이 없고 공기가 흘러가는 곳에 전기적으로 가열되는 백금 선(platinum wire)을 놓아 사용한다. 공기 속도가 빨라지면 열선에서 공기 쪽으로 전달되는 열량이 증가하여 백금 선은 그만큼 냉각되는데 이 때문에 저항이 변하고 이를 측정하여 공기량을 결정하는 원리이다.

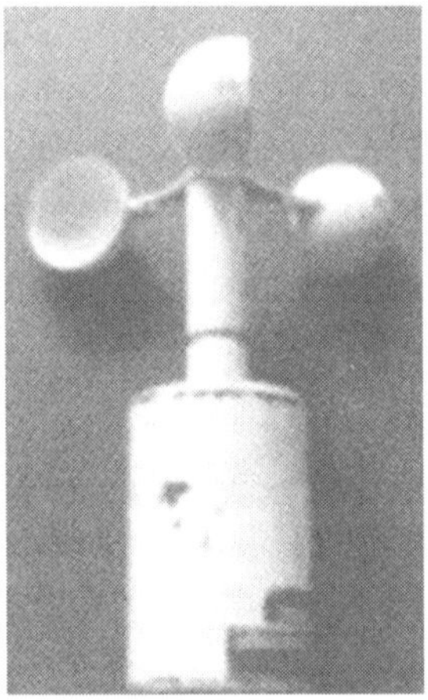

[그림 1.18] 날개 달린 풍속계

[그림 1.19] 열선 풍속계

1.8 연습문제

1. 정확도, 범위, 그리고 해상도가 무슨 뜻인지 설명하라.
2. 선형 변위(혹은 직선 변위)를 어떻게 측정할 수 있는지 예를 들어 보여라.
3. 회전 속도계가 속도 제어 시스템의 모터에 연결되어 있다. 이 속도계가 한번의 회전마다 100mV를 출력할 때 전달함수를 V/rad·s^{-1}의 단위(초마다 V/rad이 얼마인지를 나타내는 단위)로 표시하라.
4. 폴링을 설명하고 이를 이용하여 제어 알고리즘을 동기화 하는 방법에 대하여 기술해 보라.
5. 폴링 방법과 인터럽트를 이용한 방법 사이의 다른 점이 무엇인지 설명하고 디지털 제어기를 설계할 때 어느 방법이 더 좋은지 말하라.
6. 디지털 제어 시스템은 왜 A/D 변환기가 필요한지 설명하라.
7. LVDT 센서의 동작 원리를 설명하라. 그리고 자신이 직접 모터로 위치 제어 시스템을 설계한다고 할 때 어떤 위치 센서를 쓸 것인지 합당한 까닭을 대면서 언급해 보라.
8. 탱크로 들어오는 물의 양을 측정하고자 한다. 어떤 센서를 사용할 수 있는지 말해 보라.
9. 물이 관을 통해 탱크로 들어오고, 동시에 얼마만큼은 계속 탱크를 빠져 나간다. 물의 수위 제어 시스템을 설계하여 수위가 항상 일정하도록 하고자 할 때 제어 시스템의 개략적인 그림을 그려 보고 어떤 센서를 쓸 것인지 설명해 보라.
10. 회전바퀴 센서의 동작 원리를 설명하고 이의 장점과 단점을 언급해 보라.
11. 풍속계에서 날개가 달린 것과 열선이 달린 것의 차이를 말하라. 공기가 좁은 관을 따라 흐를 때는 이 둘 중에서 어느 것이 더 낫겠는가?
12. 센서를 구입하여 쓰기 전에 꼭 생각해 보아야 할 사항들에 대하여 말해 보라.

더 읽어 볼 책

Bennett, S., *Real-time Computer Control: An Intorduction*, Prentice-Hall, Hemel Hempstead, 1994.

D'Souza, A. F., *Design of Control Systems*, Prentice-Hall, Englewood Cliffs, NJ, 1988.

Nise, N. S., *Control Systems Engineering*, 3rd ed., John Wiley & Sons, Inc., New York, 2000.

시스템 모델링

제2장

수학적 모델링(mathematical modeling)은 제어 시스템을 해석하고 설계하는데 있어서 아주 중요한 작업이다. 이 장에서는 공학에서 흔히 만날 수 있는 기계, 전기, 유압 및 열 시스템의 수학적 모델링을 직접 수행하기로 한다. 시스템의 수학적 모델은 시스템을 구성하는 여러 성분들의 특성을 지배하는 기본적인 물리 법칙들(fundamental physical laws)을 적용하여 얻는다. 기계 시스템의 Newton 법칙이나 전기 시스템의 Kirchhoff 법칙 따위가 이런 예가 되겠다.

이 책은 모델링 할 때 선형이고 방정식의 계수가 시간에 따라 변하지 않는 시불변 상미분 방정식(time-invariant ordinary differential equation)으로 범위를 제한할 것이다. 실제 세계의 많은 시스템이 비선형이지만 어떤 작동점 근처에서 평형 조건을 사용하면 선형으로 만들 수 있기 때문이다. 실제 시스템은 규모도 크고 복잡하여 정확한 해석이 불가능할 때가 많다. 하지만 이런 문제도 근사화(approximation)나 이상화(idealization) 즉, 몇몇 가정을 사용하거나 복잡한 시스템의 여러 성분들을 줄여서 시스템 거동만 실제와 비슷하도록 하는 작업을 거쳐 해결할 수 있다. 그리고 시스템의 구성 성분 중에서 수동 성분(passive component)만 다룰 것인데 여기에는 두 가지 종류 즉, 에너지 저장 성분(전기 시스템의 커패시터나 인덕터 따위)과 에너지 발산 성분(전기 시스템의 저항 따위)이 있다.

시스템의 모델은 이의 동적 거동을 나타내는 미분 방정식이 하나 이상이다. 이때, Laplace 변환을 쓰면 미분 방정식을 대수 방정식(algebraic equation)으로 바꿀 수 있다. 그리고 시스템의 특징이나 거동은 블록 선도(block diagram)로도 나타낼 수 있는데 이 경우는 입력과 출력 사이의 관계를 기술하는 각 성분의 전달 함수(transfer function)를 아는 것이 필요하다.

2.1 기계 시스템

기계 시스템(mechanical system)의 모델은 제어 공학에서 중요한데 이는 기계 시스템이 차량이나 로봇, 미사일, 기계적 성분을 탑재한 그 밖의 다른 장치 따위와 같이 제어 대상(controlled target)이 되는 경우가 많기 때문이다. 기계 시스템은 병진 시스템(translational system)과 회진 시스템(rotational system)으로 나눌 수 있는데 어떤 시스템은 순수하게 이 두 시스템의 각각이 되기도 하지만 다른 시스템은 이 두 시스템이 혼합되어 나타나기도 한다.

2.1.1 병진 시스템

병진 운동하는 기계 시스템의 기본적인 요소는 [그림 2.1]과 같은 질량과 스프링, 그리고 감쇠(dashpot)이다. 이런 시스템의 입력은 힘 F가 될 수 있고, 이때 출력은 변위 y이다.

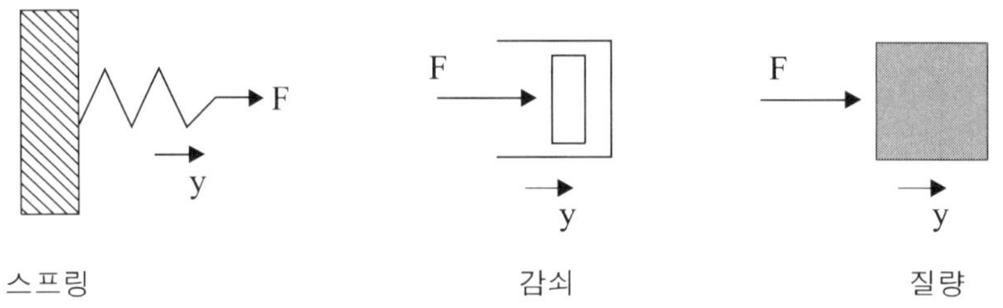

[그림 2.1] 병진 시스템의 기본 요소

스프링(spring)은 에너지를 저장하는 요소로 대부분의 기계 시스템에 들어 있다. [그림 2.2]는 스프링의 각 특성을 나타낸 그림인데 이 중에서 비선형성을 보이고 있는 (a)와 (b)는 평형 조건 근처에서 작은 변위를 주어 선형화를 한 후에 다루어야 할 것이다. 그리고 여기서 스프링을 해석할 때는 스프링을 질량이 없다고 가정하거나 있어도 무시할 만하다고 생각한다. 즉, 스프링의 양 끝에 작용하는 힘이 크기는 같고 방향은 항상 반대라고 본다.

선형 스프링에서 늘어난 길이 y는 작용하는 힘 F에 비례한다. 따라서

$$F = ky \tag{2.1}$$

와 같고, 이때 k는 스프링 상수(stiffness constant)로 아는 값이다. 또, 스프링이 줄어들면서 저장하는 에너지는

$$E = \frac{1}{2}ky^2 \tag{2.2}$$

와 같고, 이 에너지는 나중에 스프링이 원래 위치로 돌아가면서 모두 발산한다.

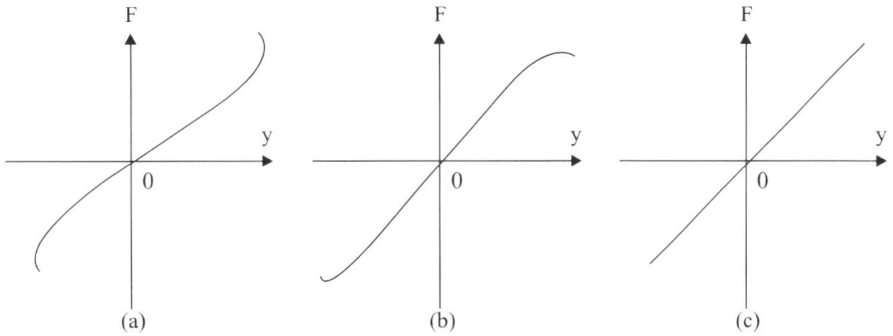

[그림 2.2] (a) 하드 스프링, (b) 소프트 스프링, 그리고 (c) 선형 스프링

스프링은 응용 분야에 따라 직렬 혹은 병렬로 연결하여 사용할 수 있다. n개의 스프링이 병렬 연결이면 등가의 스프링 상수(equivalent spring constant) k_{eq}는 각 스프링의 상수 k_i를 모두 합한 것과 같다. 즉,

$$k_{ep} = k_1 + k_2 + \cdots + k_n \tag{2.3}$$

이고, 또 n개가 직렬로 연결되어 있으면 다음과 같이 k_{eq}의 역수가 k_i의 역수에 대한 모든 합과 같다.

$$\frac{1}{k_{eq}} = \frac{1}{k_1} + \frac{1}{k_2} + \cdots + \frac{1}{k_n} \tag{2.4}$$

하나의 예로, 두 개의 스프링 k_1과 k_2가 직렬 연결이면 등가 스프링 상수는

$$k_{eq} = \frac{k_1 k_2}{k_1 + k_2} \tag{2.5}$$

이다.

감쇠(dashpot)는 점성 유체(viscous fluid)가 들은 실린더 안에서 위아래로 움직이고 있는 피스톤을 생각해 볼 수 있겠다. 피스톤이 움직일 때마다 유체가 피스톤과 실린더 사이의 틈을 메우면서 피스톤 운동을 방해하는 그림을 떠올리면 결코 틀리지는 않다. 이때, 피스톤을 움직이게 하는 힘은 다음과 같이 피스톤의 속도에 비례한다.

$$F = c\frac{dy}{dt} \tag{2.6}$$

그리고 감쇠는 에너지를 저장하지 않는다.

질량(mass)에 힘이 작용하는 경우는 Newton의 제2법칙인 $F = ma$이 힘 F와 질량의 가속도 a 사이의 관계를 정의한다. 따라서 가속도는 속도의 시간 변화율, 그리고 속도는 변위의 시간 변화율이라는 사실을 반영하면 다음의 식을 얻을 수 있다.

$$F = m\frac{d^2y}{dt^2} \tag{2.7}$$

질량이 움직이고 있을 때 질량에 저장되는 에너지 E는 질량의 속도 때문에 발생하는 운동 에너지(kinetic energy)로 이의 크기는

$$E = \frac{1}{2}mv^2 \tag{2.8}$$

와 같고, 이 에너지는 질량이 정지할 때 모두 발산한다.

이제부터 병진 운동하는 기계 시스템의 몇몇 예를 하나씩 살펴보기로 한다.

예제 2.1

[그림 2.3]은 질량, 스프링, 그리고 감쇠를 각각 1개씩 사용하여 만들어 놓은 간단한 기계 시스템이 병진 운동하는 모습을 보여 주고 있다. 힘 F가 작용할 때 이 시스템의 수학적 모델을 찾아라.

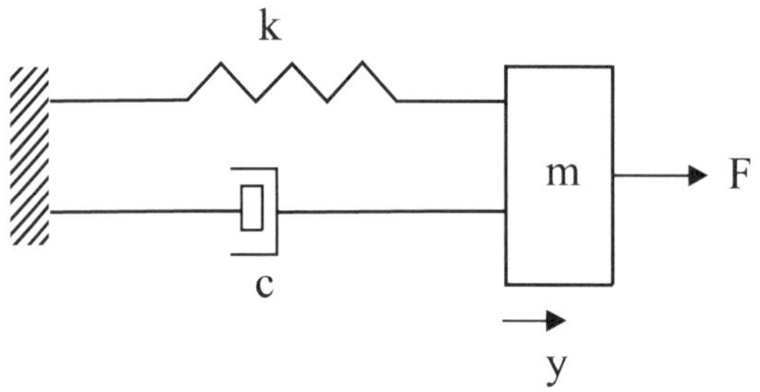

[그림 2.3] 질량, 스프링 및 감쇠로 만든 간단한 기계 시스템

풀이

[그림 2.3]에 보인 바와 같이 질량에 작용하는 순수 힘은 외부에서 작용하는 힘에 스프링과 감쇠가 부가하는 힘을 뺀 것과 같다. 따라서 Newton 제2법칙을 적용하면

$$F - ky - c\frac{dy}{dt} = m\frac{d^2y}{dt^2} \tag{2.9}$$

혹은

$$F = m\frac{d^2y}{dt^2} + c\frac{dy}{dt} + ky \tag{2.10}$$

와 같이 구할 수 있다. 식 (2.10)은 보통 다음과 같이 나타내기도 한다.

$$F = m\ddot{y} + c\dot{y} + ky \tag{2.11}$$

Laplace 변환을 식 (2.11)에 적용하여 이 시스템의 전달 함수를 구하면

$$F(s) = ms^2Y(s) + csY(s) + kY(s)$$

혹은

$$\frac{Y(s)}{F(s)} = \frac{1}{ms^2 + cs + k} \tag{2.12}$$

이고, 이때 이를 블록 선도로 나타내면 [그림 2.4]와 같다.

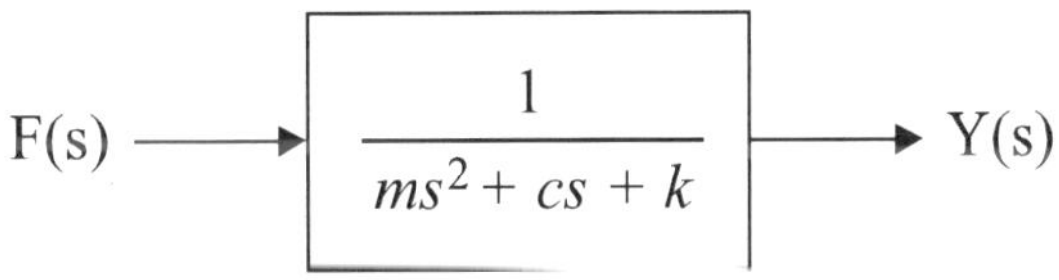

[그림 2.4] 간단한 기계 시스템의 블록 선도

예제 2.2

[그림 2.5]는 두 개의 질량과 두 개의 스프링, 그리고 한 개의 감쇠로 만든 기계 시스템이다. 이 시스템의 수학적 모델을 유도하라.

풀이

질량 m_1에 Newton 제2법칙을 적용하면

$$-k_2(y_1 - y_2) - c\left(\frac{dy_1}{dt} - \frac{dy_2}{dt}\right) - k_1y_1 = m_1\frac{d^2y_1}{dt^2} \tag{2.13}$$

이고, 또 m_2인 경우에는

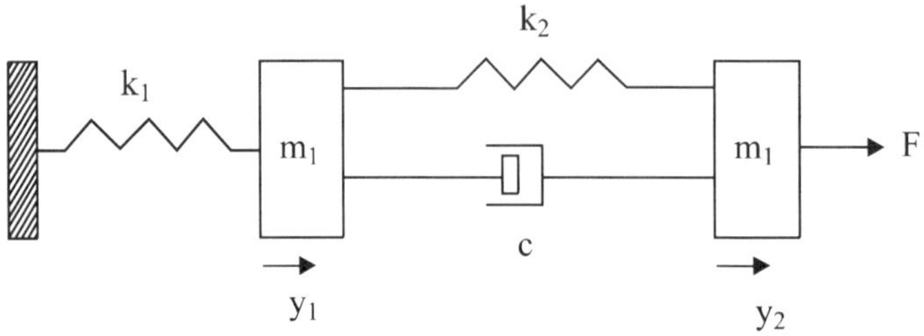

[그림 2.5] 예제 2.2의 병진 시스템

$$F - k_2(y_2 - y_1) - c\left(\frac{dy_2}{dt} - \frac{dy_1}{dt}\right) = m_2\frac{d^2y_2}{dt^2} \tag{2.14}$$

이다. 식 (2.13)과 (2.14)를 정리한 후에 각각 다시 쓰면

$$m_1\ddot{y}_1 + c\dot{y}_1 - c\dot{y}_2 + (k_1 + k_2)y_1 - k_2y_2 = 0 \tag{2.15}$$

$$m_2\ddot{y}_2 + c\dot{y}_2 - c\dot{y}_1 + k_2y_2 - k_2y_1 = F \tag{2.16}$$

와 같고, 따라서 이 두 식을 연립하여 행렬 형태로 나타내면 다음과 같다.

$$\begin{bmatrix} m_1 & 0 \\ 0 & m_2 \end{bmatrix}\begin{bmatrix} \ddot{y}_1 \\ \ddot{y}_2 \end{bmatrix} + \begin{bmatrix} c & -c \\ -c & c \end{bmatrix}\begin{bmatrix} \dot{y}_1 \\ \dot{y}_2 \end{bmatrix} + \begin{bmatrix} k_1 + k_2 & -k_2 \\ -k_2 & k_2 \end{bmatrix}\begin{bmatrix} y_1 \\ y_2 \end{bmatrix} = \begin{bmatrix} 0 \\ F \end{bmatrix} \tag{2.17}$$

예제 2.3

[그림 2.6]은 힘이 기계 시스템의 두 질량에 각각 작용하고 있는 모습을 나타낸 것이다. 이 시스템의 수학적 모델을 구해 보라.

풀이

질량 m_1에 Newton 제2법칙을 적용하면

$$F_1 - k(y_1 - y_2) - c\left(\frac{dy_1}{dt} - \frac{dy_2}{dt}\right) = m_1\frac{d^2y_1}{dt^2} \tag{2.18}$$

이고, 또 m_2인 경우에는

$$F_2 = k(y_2 - y_1) - c\left(\frac{dy_2}{dt} - \frac{dy_1}{dt}\right) = m^2\frac{d^2y_2}{dt^2} \tag{2.19}$$

이다. 식 (2.18)과 (2.19)를 정리한 후에 각각 다시 쓰면

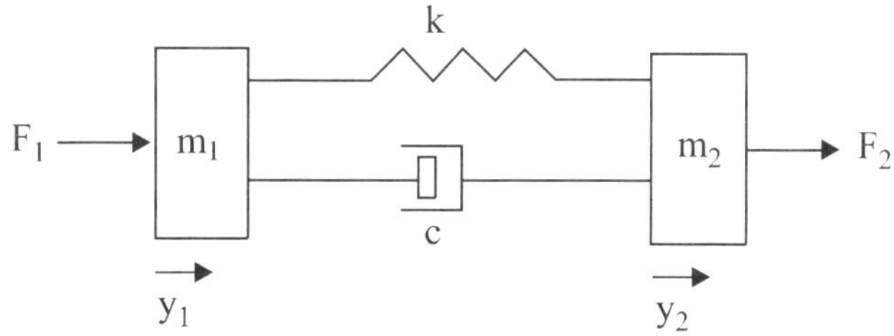

[그림 2.6] 예제 2.3의 병진 시스템

$$m_1 \ddot{y}_1 + c\dot{y}_1 - c\dot{y}_2 + ky_1 - ky_2 = F_1 \quad (2.20)$$

$$m_2 \ddot{y}2 + c\dot{y}2 - c\dot{y}_1 + ky_2 - ky_1 = F_2 \quad (2.21)$$

와 같고, 따라서 이 두 식을 연립하여 행렬 형태로 나타내면 다음과 같다.

$$\begin{bmatrix} m_1 & 0 \\ 0 & m_2 \end{bmatrix} \begin{bmatrix} \ddot{y}_1 \\ \ddot{y}_2 \end{bmatrix} + \begin{bmatrix} c & -c \\ -c & c \end{bmatrix} \begin{bmatrix} \dot{y}_1 \\ \dot{y}_2 \end{bmatrix} + \begin{bmatrix} k & -k \\ -k & k \end{bmatrix} \begin{bmatrix} y_1 \\ y_2 \end{bmatrix} = \begin{bmatrix} F_1 \\ F_2 \end{bmatrix} \quad (2.22)$$

예제 2.4

[그림 2.7]은 질량과 스프링이 각각 3개이고 감쇠가 하나인 기계 시스템으로 힘은 질량 m_3에, 그리고 변위는 스프링 k_1에 작용하고 있다. 이 시스템에 대한 수학적 모델을 찾아라.

풀이

질량 m_1에 Newton 제2법칙을 적용하면

$$k_1 y - k_1 y_1 - k_2(y_1 - y_2) = m_1 \frac{d^2 y_1}{dt^2} \quad (2.23)$$

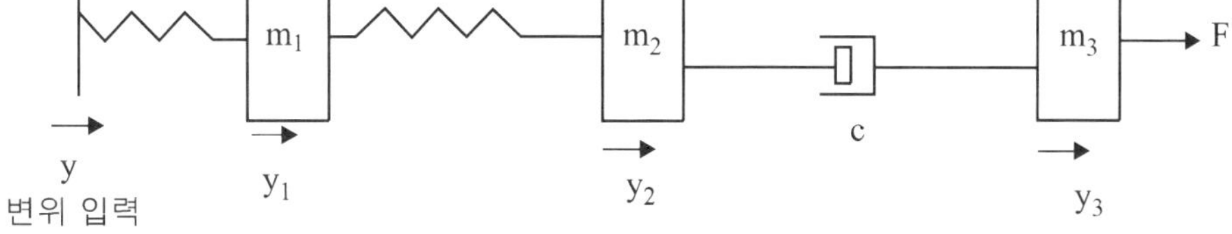

[그림 2.7] 예제 2.4의 병진 시스템

이고, 또 m_2인 경우에는

$$-c\left(\frac{dy_2}{dt}-\frac{dy_3}{dt}\right)-k_2(y_2-y_1)-k_3(y_2-y_3)=m_2\frac{d^2y_2}{dt^2} \tag{2.24}$$

그리고 m_3인 경우에는

$$F-c\left(\frac{dy_3}{dt}-\frac{dy_2}{dt}\right)-k_3(y_3-y_2)=m_3\frac{d^2y_3}{dt^2} \tag{2.25}$$

이다. 식 (2.23)-(2.25)를 정리한 후에 각각 다시 쓰면

$$m_1\ddot{y}_1+(k_1+k_2)y_1-k_2y_2=k_1y \tag{2.26}$$

$$m_2\ddot{y}_2+c\dot{y}_2-c\dot{y}_3+k_2y_1+(k_2+k_3)y_2-k_3y_3=0 \tag{2.27}$$

$$m_3\ddot{y}_3+c\dot{y}_2-c\dot{y}_2+k_3y_3-k_3y_3=F \tag{2.28}$$

와 같고, 따라서 이 세 식을 연립하여 행렬 형태로 나타내면 다음과 같다.

$$\begin{bmatrix} m_1 & 0 & 0 \\ 0 & m_2 & 0 \\ 0 & 0 & m_3 \end{bmatrix}\begin{bmatrix} \ddot{y}_1 \\ \ddot{y}_2 \\ \ddot{y}_3 \end{bmatrix}+\begin{bmatrix} 0 & 0 & 0 \\ 0 & c & -c \\ 0 & -c & c \end{bmatrix}\begin{bmatrix} \dot{y}_1 \\ \dot{y}_2 \\ \dot{y}_3 \end{bmatrix}+\begin{bmatrix} k_1+k_2 & -k_2 & 0 \\ -k_2 & k_2+k_3 & -k_3 \\ 0 & -k_3 & k_3 \end{bmatrix}\begin{bmatrix} y_1 \\ y_2 \\ y_3 \end{bmatrix}=\begin{bmatrix} k_1y \\ 0 \\ F \end{bmatrix} \tag{2.29}$$

2.1.2 회전 시스템

회전 운동하는 기계 시스템의 기본적인 요소는 [그림 2.8]과 같은 관성 모멘트, 비틀림 스프링(혹은 회전 스프링), 그리고 회전 감쇠이다. 이런 시스템의 입력은 토크 T가 될 수 있고, 이때 출력은 회전 변위 즉, 각 θ이다.

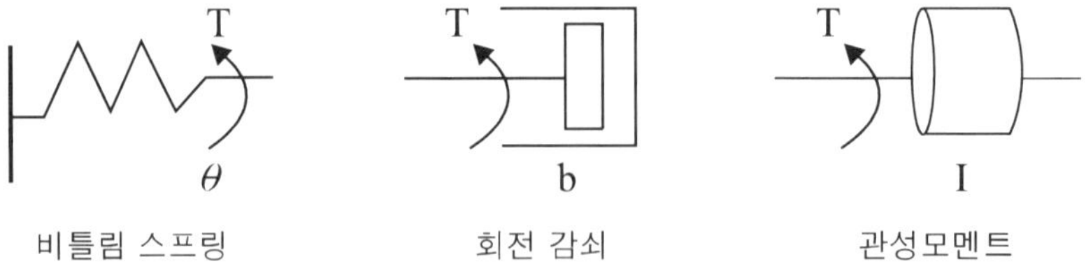

[그림 2.8] 회전 시스템의 기본 요소

회전 스프링(rotational spring)은 병진 운동에서 다룬 스프링과 비슷한데 비틀리면서 반응한다는 것이 다르다. 회전 스프링에서 외부에서 작용하는 토크 T와 스프링

의 비틀림 각 θ 사이의 관계는 다음과 같다.

$$T = k\theta \tag{2.30}$$

여기서 k는 회전 스프링의 상수로 아는 값이다. 그리고 회전 스프링이 각 θ만큼 비틀릴 때 저장하는 에너지는

$$E = \frac{1}{2}k\theta^2 \tag{2.31}$$

이다. 앞으로 이 책에서 이런 스프링을 다룰 때는 스프링의 질량을 무시할 수 있고 동작 특성은 식 (2.30)처럼 모두 선형이라고 가정한다.

회전 감쇠(rotary damper)는 회전할 때 제동 장치로 작동하는데 원판이 유체 속에서 회전할 때 일어나는 현상으로 보면 되고, 이때 토크 T와 회전 감쇠의 각속도(angular velocity) ω 사이의 관계는 다음과 같다.

$$T = c\omega = c\frac{d\theta}{dt} \tag{2.32}$$

이 책에서는 회전 감쇠의 자체 질량은 무시할 수 있다고 가정한다. 그래서 회전 감쇠는 에너지를 전혀 저장하지 않는다.

관성 모멘트(moment of inertia)은 질량이 있는 물체가 회전할 때 발생하는 고유한 특성값이다. 물체에 토크가 작용하면 관성 모멘트가 생겨 이 물체를 어떤 각가속도로 회전시키게 된다. 토크 T, 각가속도 a, 그리고 관성 모멘트 I 사이의 관계는 다음과 같다.

$$T = Ia = I\frac{d\omega}{dt} \tag{2.33}$$

혹은 $\omega = d\theta/dt$를 사용하여

$$T = I\frac{d^2\theta}{dt^2} \tag{2.34}$$

와 같이 나타낼 수도 있다. 각속도 ω로 회전하는 물체가 저장하는 에너지는

$$E = \frac{1}{2}I\omega^2 \tag{2.35}$$

이다.

이제부터 회전 운동하는 기계 시스템의 몇몇 예를 하나씩 살펴보기로 한다.

예제 2.5

관성 모멘트가 I인 원 기둥이 [그림 2.9]처럼 토크 T를 받아 회전하는데, 이때 원 기둥의 한쪽 끝은 탄성 축(elastic shaft)을 통해 벽에 고정되어 있다. 이 축을 회전 감쇠와 회전 스프링으로 모델링 할 수 있다고 할 때 이 시스템에 대한 수학적 방정식을 구해 보라.

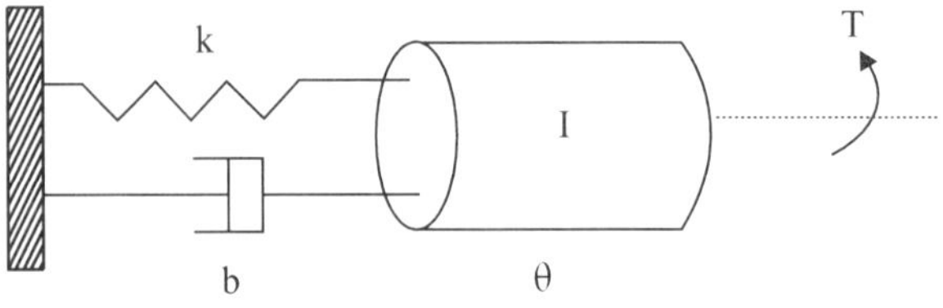

[그림 2.9] 회전하는 기계 시스템

풀이

감쇠와 스프링의 토크는 외부에서 작용하는 토크와 방향이 반대이다. 따라서 θ를 평형점에서 발생한 각변위라고 할 때

$$T - b\frac{d\theta}{dt} - k\theta = I\frac{d^2\theta}{dt^2} \tag{2.36}$$

혹은

$$I\frac{d^2\theta}{dt^2} + b\frac{d\theta}{dt} + k\theta = T \tag{2.37}$$

와 같은 식을 구할 수 있다. 식 (2.37)은 보통 다음의 형태로도 쓴다.

$$I\ddot{\theta} + b\dot{\theta} + k\theta = T \tag{2.38}$$

예제 2.6

그림 2.10은 회전하는 기계 시스템이 두 개의 관성 모멘트를 갖는 경우인데 토크가 각각에 작용하고 있다. 이 시스템의 수학적 모델을 유도하라.

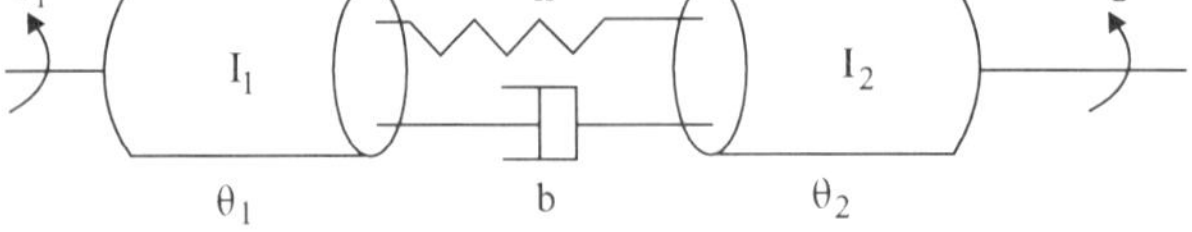

[그림 2.10] 예제 2.6의 회전 시스템

풀이

그림을 보고 원통 1에 대하여 식을 세우면

$$T_1 - k(\theta_1 - \theta_2) - b\left(\frac{d\theta_1}{dt} - \frac{d\theta_2}{dt}\right) = I_1 \frac{d^2\theta_1}{dt^2} \tag{2.39}$$

이고, 또 원통 2에 똑같이 적용하면

$$T_2 - k(\theta_2 - \theta_1) - b\left(\frac{d\theta_2}{dt} - \frac{d\theta_1}{dt}\right) = I_2 \frac{d^2\theta_2}{dt^2} \tag{2.40}$$

을 얻을 수 있다. 이 식을 간단한 형태로 다시 쓰면 각각

$$I_1\ddot{\theta}_1 + b\dot{\theta}_1 - b\dot{\theta}_2 + k\theta_1 - k\theta_2 = T_1 \tag{2.41}$$

$$I_2\ddot{\theta}_2 - b\dot{\theta}_1 + b\dot{\theta}_2 - k\theta_1 + k\theta_2 = T_2 \tag{2.42}$$

와 같고, 이를 연립하여 행렬 형태로 나타내면 다음과 같다.

$$\begin{bmatrix} I_1 & 0 \\ 0 & I_2 \end{bmatrix}\begin{bmatrix} \ddot{\theta}_1 \\ \ddot{\theta}_2 \end{bmatrix} + \begin{bmatrix} b & -b \\ -b & b \end{bmatrix}\begin{bmatrix} \dot{\theta}_1 \\ \dot{\theta}_2 \end{bmatrix} + \begin{bmatrix} k & -k \\ -k & k \end{bmatrix}\begin{bmatrix} \theta_1 \\ \theta_2 \end{bmatrix} = \begin{bmatrix} T_1 \\ T_2 \end{bmatrix} \tag{2.43}$$

회전하는 기계 시스템을 마무리하기 전에 기계 공학에서 흔히 나타나는 기어열(gear-train)을 잠시 살펴보기로 한다. [그림 2.11]은 두 개의 기어로 구성된 아주 간단한 기어열로 각 기어가 관성 모멘트가 I_1와 I_2인 질량에 연결되어 있다. 기어 1은 이빨 수가 n_1이고 반지름은 r_1, 그리고 기어 2는 각각 n_2와 r_2이다. 그리고 이 경우에 기어열은 백래쉬(backlash)*가 없고 강체(rigid body)이며, 또 기어의 관성 모멘트는 무시할 수 있다고 가정한다.

기어의 회전 변위는 반지름과 관계있는데 이 두 기어 사이의 관계를 함께 따지면 다음과 같다.

$$r_1\theta_1 = r_2\theta_2 \tag{2.44}$$

혹은

$$\theta_2 = \frac{r_1}{r_2}\theta_1 \tag{2.45}$$

---

* 백래쉬(backlash)는 서로 결합된 부품 사이에 헐거움이 있는 것을 말하는데 기어열인 경우에는 헐거움 때문에 동력이 바른 방향으로 전달되다가 때때로 반대 방향으로 역행하는 현상이다.

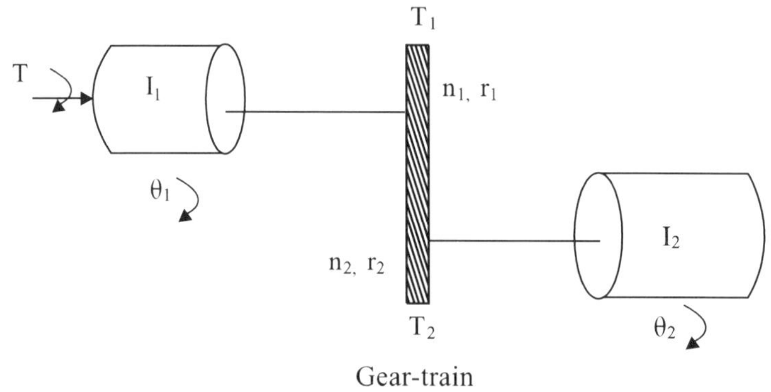

[그림 2.11] 기어열 시스템.

여기서 θ_1과 θ_2는 각각 기어 1과 2의 회전 변위이다. 또, 이빨 수의 비는 반지름의 비와 같으므로

$$\frac{r_1}{r_2} = \frac{n_1}{n_2} = n \tag{2.46}$$

이고, 이때 n은 기어비(gear teeth ratio)이다.

토크 T가 그림처럼 이 시스템에 작용한다고 하면 운동 방정식은

$$I_1 \frac{d^2\theta_1}{dt^2} = T - T_1 \tag{2.47}$$

와

$$I_2 \frac{d^2\theta_2}{dt^2} = T_2 \tag{2.48}$$

같이 유도할 수 있고, 또 기어열이 전달하는 일률(power)은 두 기어에서 똑같으므로

$$T_1 \frac{d\theta_1}{dt} = T_2 \frac{d\theta_2}{dt} \quad \text{혹은} \quad \frac{T_1}{T_2} = \frac{d\theta_2/dt}{d\theta_1/dt} = n \tag{2.49}$$

을 얻을 수 있다. 따라서 식 (2.49)를 식 (2.47)에 대입하면

$$I_1 \frac{d^2\theta_1}{dt^2} = T - nT_2 \tag{2.50}$$

혹은

$$I_1 \frac{d^2\theta_1}{dt^2} = T - n\left(I_2 \frac{d^2\theta_2}{dt^2}\right) \tag{2.51}$$

이고, 여기에 $\theta_2 = n\theta_1$와 같은 관계도 성립하므로 결국

$$(I_1 + n^2 I_2)\frac{d^2\theta_1}{dt^2} = T \tag{2.52}$$

이 된다. 식 (2.52)를 보면 부하 쪽의 관성 모멘트 즉, I_2는 기어열의 다른 쪽에 $n^2 I_2$ 만큼 반영된다는 것을 알 수 있다. 이제 예를 하나 들어서 좀 더 깊이 살펴보자.

예제 2.7

[그림 2.12]는 회전 운동하는 기계 시스템이 기어열과 결합된 모습을 보여 주고 있다. 이 시스템에 대한 수학적 모델을 구하라.

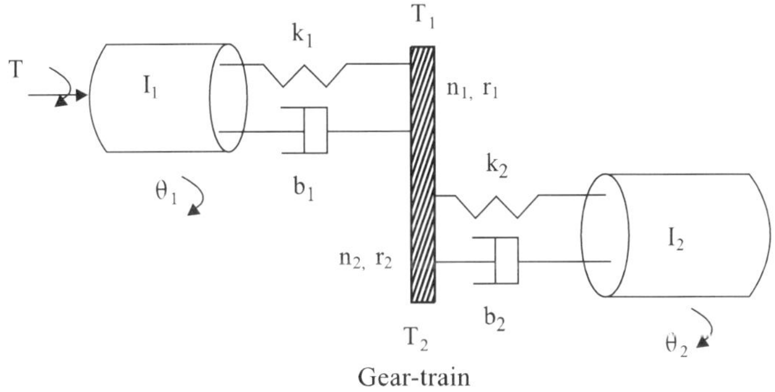

[그림 2.12] 기어열과 결합된 회전 시스템

풀이

토크 T가 그림처럼 시스템에 작용한다고 하면 각 관성 모멘트에 대한 운동 방정식은

$$I_1 \frac{d^2\theta_1}{dt^2} + b_1 \frac{d\theta_1}{dt} + k_1\theta_1 = T - T_1 \tag{2.53}$$

와

$$I_2 \frac{d^2\theta_2}{dt^2} + b_2 \frac{d\theta_2}{dt} + k_2\theta_2 = T - T_2 \tag{2.54}$$

이다. 그리고 기어열이 전달하는 일률과 관계있는 식은

$$T_1 \frac{d\theta_1}{dt} = T_2 \frac{d\theta_2}{dt} \quad \text{혹은} \quad \frac{T_1}{T_2} = \frac{d\theta_2/dt}{d\theta_1/dt} = n \tag{2.55}$$

이므로 이를 식 (2.53)에 대입하면

$$I_1 \frac{d^2\theta_1}{dt^2} + b_1 \frac{d\theta_1}{dt} + k_1\theta_1 = T - nT_2 \tag{2.56}$$

혹은

$$I_1 \frac{d^2\theta_1}{dt^2} + b_1 \frac{d\theta_1}{dt} + k_1\theta_1 = T - n\left(I_2 \frac{d^2\theta_2}{dt^2} + b_2 \frac{d\theta_2}{dt} + k_2\theta_2\right) \tag{2.57}$$

이다. 따라서 $\theta_2 = n\theta_1$를 사용하면

$$(I_1 + n^2 I_2) \frac{d^2\theta_1}{dt^2} + (b_1 + n^2 b_2) \frac{d\theta_1}{dt} + (k_1 + n^2 k_2)\theta_1 = T \tag{2.58}$$

와 같다.

2.2 전기 시스템

전기 시스템의 기본적인 요소는 [그림 2.13]과 같은 저항, 인덕터, 그리고 커패시터이다. 전기 시스템의 입력은 전압 V가 될 수 있고, 이때 이의 출력은 전류 i이다.

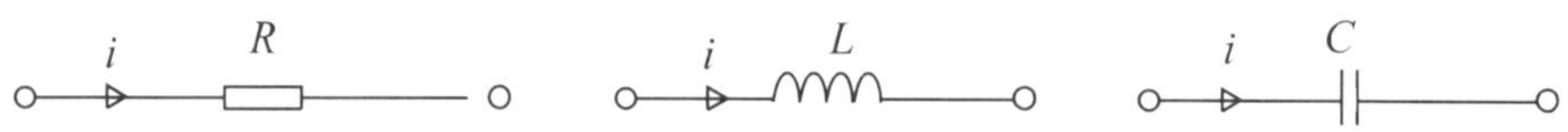

[그림 2.13] 전기 시스템의 기본 요소

저항(resistor) 양끝에 걸리는 전압 V_r와 저항을 통과하는 전류 사이의 관계는 다음과 같다.

$$V_r = Ri \tag{2.59}$$

여기서 R는 저항 상수(resistance)* 이다.

---

* 저항(resistor)과 구별하기 위해 저항 상수(resistance)로 번역했지만 그냥 저항이라 해도

인덕터(inductor) 양끝에 걸리는 전압 v_L은 인덕터를 통과하는 전류의 변화율과 관계있는데 다음과 같다.

$$V_L = L\frac{di}{dt} \tag{2.60}$$

여기서 L은 인덕턴스(inductance)이다. 식 (2.60)을 전류에 대해 다시 쓰면

$$i = \frac{1}{L}\int v_L dt \tag{2.61}$$

이다. 또, 인덕터가 저장하는 에너지는 다음과 같다.

$$E = \frac{1}{2}Li^2 \tag{2.62}$$

커패시터(capacitor) 양끝에 걸리는 전압 v_c는 커패시터 판에 모이는 전하 q와 관계있는데 다음과 같다.

$$v_C = \frac{q}{C} \tag{2.63}$$

여기서 C는 커패시턴스(capacitance)이다. 식 (2.63)을 커패시터를 통과하는 전류의 관계식으로 뽑아내면

$$i = C\frac{dv_C}{dt} \tag{2.64}$$

혹은

$$v_c = \frac{1}{C}\int idt \tag{2.65}$$

이다. 또, 커패시터가 저장하는 에너지는 다음과 같다.

$$E = \frac{1}{2}Cv_C^2 \tag{2.66}$$

전기 시스템에서 회로는 Kirchhoff의 두 법칙 즉, Kirchhoff의 전류 법칙(current

좋다. 원래 저항(resistor)은 일반적인 저항체를 뜻하여 전압과 전류의 관계가 비선형이다. 하지만 어떤 특정 조건이나 환경에서는 선형이 될 수도 있고, 또 그렇게 근사화 하여 쓰는 경우가 많으므로 이럴 때는 저항 상수(resistance)라 한다. 이 책은 입/출력이 모두 선형인 관계만 다루므로 저항 상수를 그냥 저항이라 해도 혼돈이 없다. 커패시터(capacitor)와 커패시턴스(capacitance), 그리고 인덕터(inductor)와 인덕턴스(inductance) 사이의 관계도 마찬가지다.

law)과 전압 법칙(voltage law)을 이용하여 모델링 한다. 이 법칙을 잘 적용하려면 특히 부호 규약을 잘 따라야 한다.

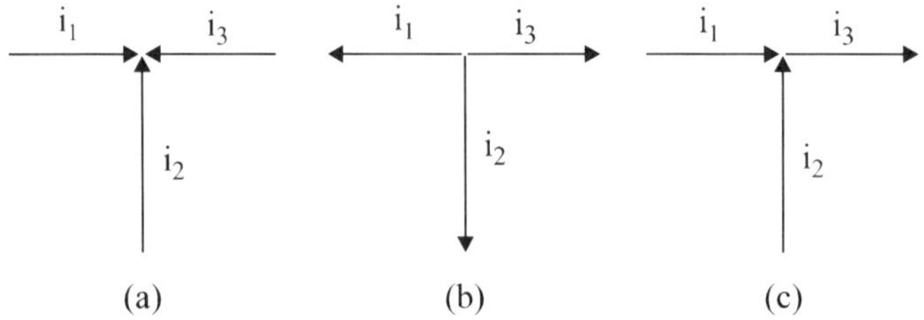

[그림 2.14] Kirchhoff의 전류 법칙에 대한 부호 규약

Kirchhoff의 전류 법칙. 회로의 마디(node)에서 전류의 합은 0이다. 즉, 회로의 어떤 접점(junction)으로 흘러 들어오는 전류의 합은 빠져 나가는 전류의 합과 같다. [그림 2.14]는 Kirchhoff의 전류 법칙을 적용할 때 사용할 수 있는 부호 규약(sign convention)을 나타낸 그림인데 (a)인 경우의 식은

$$i_1 + i_2 + i_3 = 0$$

이고 (b)인 경우는

$$-(i_1 + i_2 + i_3) = 0$$

그리고 (c)는

$$i_1 + i_2 - i_3 = 0$$

이다.

Kirchhoff의 전압 법칙. 회로의 루프(loop)에서 전압의 합은 0이다. 즉, 전압원(혹은 기전력(electromotive force; e.m.f)의 소스)이 있는 회로에서 각 회로 요소의 전압 강하의 대수적 합은 전압원(혹은 e.m.f의 소스)의 대수적 합과 같다. 이 법칙을 적용할 때는 특히 부호 규약을 조심스럽게 정해야 하는데 [그림 2.15]의 회로에서는

$$v_R + v_L + v_C = 0$$

이다.

예제 2.8

[그림 2.16]은 저항과 인덕터, 그리고 커패시터로 구성된 간단한 전기 회로로 V_a가 작용하고 있다. 이 시스템에 대한 수학적 모델을 찾아라.

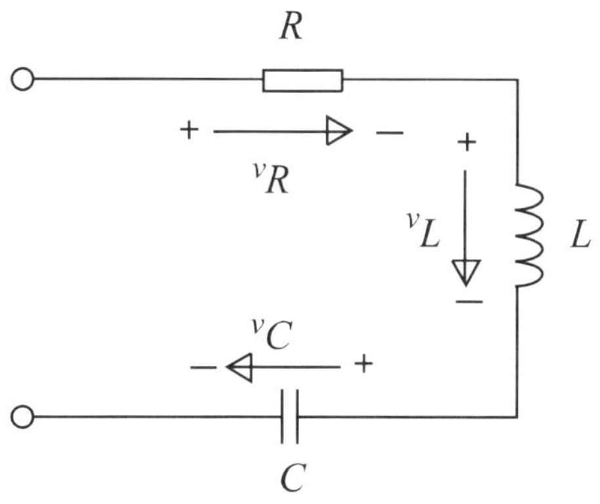

[그림 2.15] Kirchhoff의 전압 법칙에 대한 부호 규약

풀이

Kirchhoff의 전압 법칙을 이 회로에 적용하면

$$v_R + v_L + v_C = V_a$$

이므로

$$Ri + L\frac{di}{dt} + \frac{1}{C}\int i dt = V_a \tag{2.67}$$

이다. 또, 커패시터는

$$i = C\frac{dv_C}{dt}$$

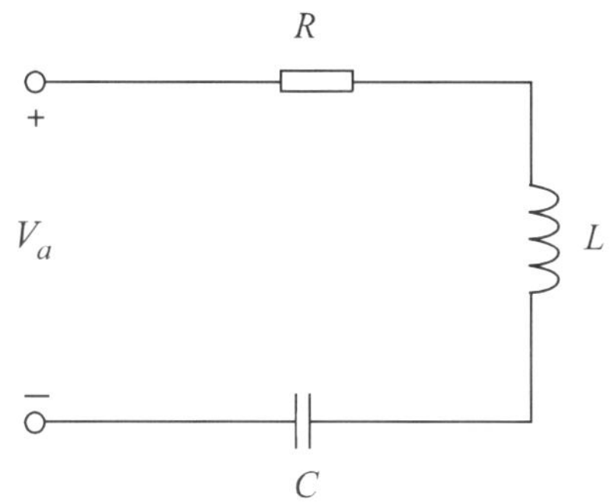

[그림 2.16] 간단한 진기 회로

을 만족하므로 이를 식 (2.67)에 넣어

$$RC\frac{dv_C}{dt} + LC\frac{d^2v_c}{dt^2} + v_c = V_a \tag{2.68}$$

와 같은 운동 방정식을 찾을 수 있고 간단하게 다시 쓰면 다음과 같다.

$$LC\ddot{v}_c + RC\dot{v}_c + v_c = V_a \tag{2.69}$$

예제 2.9

[그림 2.17]은 커패시터와 인덕터, 그리고 저항으로 구성된 전기 회로인데, 이때 인덕터와 커패시터가 병렬로 연결되어 있다. V_a가 회로에 작용할 때 이 시스템의 수학적 모델을 구하라.

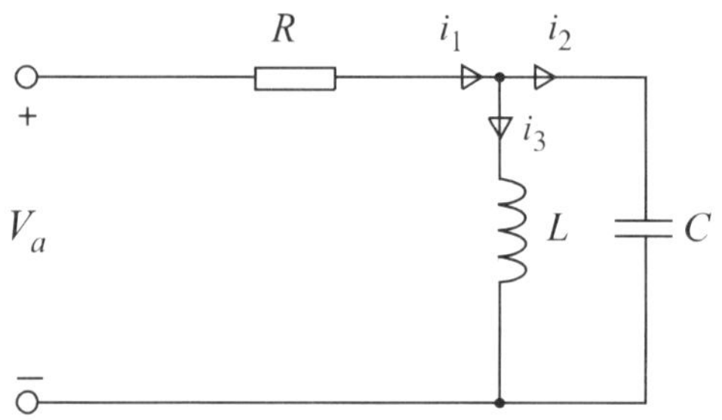

[그림 2.17] 예제 2.9의 전기 회로

풀이

Kirchhoff의 전류 법칙을 회로의 마디에 적용하면

$$i_1 = i_2 + i_3 \tag{2.70}$$

이다. 그리고 인덕터의 양끝에 걸리는 전압은 커패시터의 전압 v_c와 같고, 또 저항의 양끝에 걸리는 전압은 $V_a - v_c$이므로

$$i_1 = \frac{V_a - v_c}{R} \tag{2.71}$$

$$i_2 = C\frac{dv_c}{dt} \tag{2.72}$$

$$i_3 = \frac{1}{L}\int v_c dt \tag{2.73}$$

을 얻을 수 있다. 따라서 식 (2.70)-(2.73)을 연결하여 운동 방정식을 구하면

$$\frac{V_a - v_c}{R} = C\frac{dv_C}{dt} + \frac{1}{L}\int v_C dt$$

혹은

$$\frac{R}{L}\int v_c dt + RC\frac{dv_C}{dt} v_c = V_a$$

와 같다.

예제 2.10

인덕터와 저항을 각각 2개 그리고 커패시터를 하나 넣어 만든 전기 회로는 [그림 2.18]과 같다. V_a가 작용할 때 이 시스템의 수학적 모델을 유도하라.

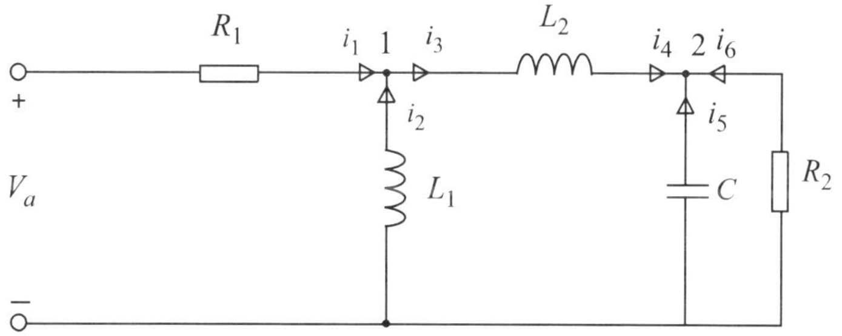

[그림 2.18] 예제 2.10의 진기 회로

풀이

이 회로는 2개의 마디와 2개의 루프로 구성되어 있다. 우선, 마디에 Kirchhoff의 전류 법칙을 적용하는데 마디 1에서는

$$i_1 + i_2 - i_3 = 0$$

혹은

$$\frac{V_a - v_1}{R_1} + \frac{1}{L_1}\int (0 - v_1)dt - \frac{1}{L_2}\int (v_1 - v_2)dt = 0 \tag{2.74}$$

와 같고, 이때 식 (2.74)를 시간에 대해 미분하면

$$\frac{\dot{V}_a}{R_1} - \frac{\dot{v}_1}{R_1} - \frac{v_1}{L_1} + \frac{v_2}{L_2} - \frac{v_1}{L_2} = 0$$

혹은

$$\frac{\dot{V}_a}{R_1} = \frac{\dot{v}_1}{R_1} + \left(\frac{1}{L_1} + \frac{1}{L_2}\right)v_1 - \frac{v_2}{L_2} \tag{2.75}$$

을 얻을 수 있다. 한편, 마디 2에 적용하면

$$i_4 + i_5 + i_6 = 0$$

혹은

$$\frac{1}{L_2}\int (v_1 - v_2)dt + C\frac{d(0 - v_2)}{dt} + \frac{0 - v_2}{R_2} = 0 \tag{2.76}$$

와 같고, 이때 식 (2.76)을 시간에 대해 미분하면

$$\frac{v_1 - v_2}{L_2} - C\ddot{v}_2 - \frac{\dot{v}_2}{R_2} = 0$$

혹은

$$C\ddot{v}_2 + \frac{\dot{v}_2}{R_2} - \frac{v_1}{L_2} + \frac{v_2}{L_2} = 0 \tag{2.77}$$

을 얻을 수 있다.

식 (2.75)와 (2.77)이 이 회로의 운동 방정식이 되는데 두 식을 연립하여 행렬 형태로 쓰면 다음과 같다.

$$\begin{bmatrix} 0 & 0 \\ 0 & C \end{bmatrix}\begin{bmatrix} \ddot{v}_1 \\ \ddot{v}_2 \end{bmatrix} + \begin{bmatrix} 1/R_1 & 0 \\ 0 & 1/R_2 \end{bmatrix}\begin{bmatrix} \dot{v}_1 \\ \dot{v}_2 \end{bmatrix} + \begin{bmatrix} 1/L_1 + 1/L_2 & -1/L_2 \\ -1/L_2 & 1/L_2 \end{bmatrix}\begin{bmatrix} v_1 \\ v_2 \end{bmatrix} = \begin{bmatrix} \dfrac{\dot{V}_a}{R_1} \\ 0 \end{bmatrix}$$

2.3 전기기계 시스템

전기기계 시스템(electromechanical system)은 산업 현장에서 흔히 사용하고 있는 전기 모터나 전기 펌프와 같은 시스템으로 [그림 2.19]는 이의 한 예로 직류 모터에 대한 간단한 회로를 보여주고 있다. 이때, 모터가 생산하는 토크는 공급되는 전류에

비례하는데 다음의 관계식을 만족한다.

$$T = k_t i \tag{2.78}$$

여기서 T는 토크, i는 전류, 그리고 k_t는 토크 상수이다. 그리고 모터에 아무런 부하가 걸려 있지 않다고 가정하면 모터 토크는

$$T = I\frac{d\omega}{dt}$$

와 같이 쓸 수 있으므로

$$I\frac{d\omega}{dt} = k_t i \tag{2.79}$$

이다. 또, 모터의 회전 코일(armature coil)이 자기장에서 돌 때 코일에는 역기전력(back e.m.f)이 발생하는데 이는 모터의 각속도에 비례한다. 즉,

$$v_b = k_e \omega \tag{2.80}$$

이다. 여기서 v_b는 역기전력, k_e는 역기전력 상수, 그리고 ω는 모터의 각속도이다.

따라서 [그림 2.19]의 모터 회로에 Kirchhoff의 전압 법칙을 적용하여 다음의 식을 얻을 수 있다.

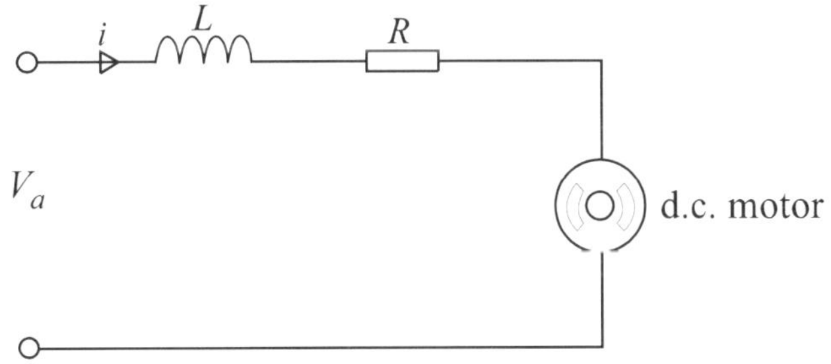

[그림 2.19] 간단한 직류 모터

$$V_a - v_b = L\frac{di}{dt} + Ri \tag{2.81}$$

여기서 V_a는 외부에서 작용하는 전압이고 L과 R은 각각 회전 코일의 인덕턴스와 저항이다. 또, 식 (2.79)를

$$i = \frac{I}{k_t}\frac{dw}{dt} \tag{2.82}$$

와 같이 다시 써놓고 식 (2.80)-(2.82)를 서로 연결시켜 풀면 결국

$$\frac{LI}{k_t}\frac{d^2\omega}{dt^2} + \frac{RI}{k_t}\frac{d\omega}{dt} + k_e\,\omega = V_a \tag{2.83}$$

이 된다.

식 (2.83)은 [그림 2.19]와 같은 간단한 직류 모터에 대한 수학적 모델이다. 하지만 대부분의 응용에서 모터의 인덕턴스는 아주 작아서 무시할 수 있다고 보기 때문에

$$\frac{RI}{k_t}\frac{d\omega}{dt} + k_e\,\omega = V_a$$

와 같이 차수를 줄여 사용한다. 이제 좀 더 복잡한 모터에 대해 예제 문제로 살펴보자.

예제 2.11

[그림 2.20]은 직류 모터의 회로로 축에 부하(load)가 연결된 경우이다. 이때, 축은 강체이고 질량을 무시할 수 있으며 비틀림에 대한 스프링 효과나 감쇠는 없다고 가정한다. 이 시스템에 대한 수학적 모델을 유도하라.

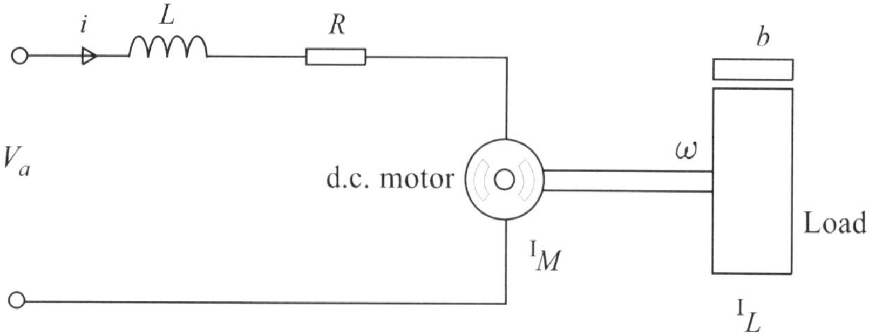

[그림 2.20] 부하가 연결된 직류 모터

풀이

모터 축은 질량을 무시할 수 있기 때문에 이 시스템에 대한 관성 모멘트 I는

$$I = I_M + I_L$$

와 같이 모터의 관성 모멘트 I_M과 부하의 관성 모멘트 I_L을 합하여 나타낼 수 있다.

그리고 모터 회로에 Kirchhoff의 전압 법칙을 적용하면

$$V_a - v_b = L\frac{di}{dt} + Ri \tag{2.84}$$

인데, 여기서 V_a는 외부에서 걸어준 전압이고 L과 R은 각각 모터의 회전 코일에 대한 인덕턴스와 저항이다. 이 식에 식 (2.80)을 대입하여 정리하면

$$V_a = L\frac{di}{dt} + Ri + k_e\,\omega$$

혹은

$$V_a = L\,\dot{i} + Ri + k_e\,\dot{\theta} \tag{2.85}$$

이고, 또 모터에 대한 토크 방정식은

$$T + T_L - b\,\omega = I\frac{d\omega}{dt}$$

혹은 식 (2.78)을 써서

$$I\frac{d\omega}{dt} + b\,\omega - k_t\,i = T_L$$

와 같이 구할 수 있다. 물론 이 식을 식 (2.85)와 같은 형식으로 나타내면

$$I\ddot{\theta} + b\dot{\theta} - k_t i = T_L \tag{2.86}$$

이 된다. 따라서 이 시스템에 대한 수학적 모델은 식 (2.85)와 (2.86)인데 이를 서로 연립하여 행렬 형태로 표시하면 다음과 같다.

$$\begin{bmatrix} I & 0 \\ 0 & 0 \end{bmatrix}\begin{bmatrix} \ddot{\theta} \\ \ddot{i} \end{bmatrix} + \begin{bmatrix} b & 0 \\ k_e & L \end{bmatrix}\begin{bmatrix} \dot{\theta} \\ \dot{i} \end{bmatrix} + \begin{bmatrix} 0 & -k_1 \\ 0 & R \end{bmatrix}\begin{bmatrix} \theta \\ i \end{bmatrix} = \begin{bmatrix} T_L \\ V_a \end{bmatrix}$$

2.4 유체 시스템

유체는 가스(혹은 공기)와 액체를 통틀어 부르는 말로 이를 사용하는 유체 시스템(fluid system)은 산업 혹은 상업용으로 널리 쓰이고 있다. 액체의 수위 제어 시스템이 예가 되겠고 로봇이나 산업용 이송 시스템 따위에 공기를 쓰는 것도 마찬가지다. 이 절에서는 유압 시스템을 포함하여 간단한 유체 시스템의 모델링에 대하여 알아보기로 한다.

2.4.1 유압 시스템

유압 시스템(hydraulic system)의 기본적인 요소는 [그림 2.21]과 같은 유압 저항, 유압 관성, 그리고 유압 커패시턴스이다. 이 요소들은 전기 시스템의 그것들과 하는 일이 아주 비슷하다. 그래서 전기 시스템의 전류는 유량으로, 그리고 전압은 유압 시스템에서 압력으로 서로 등가할 수 있다.

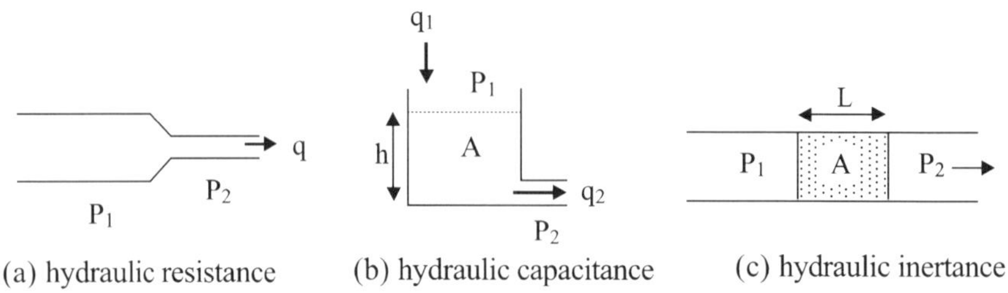

[그림 2.21] 유압 시스템의 기본 요소

유압 저항. 유압 저항(hydraulic resistance)은 지름이 서로 다른 관을 유체가 흘러갈 때처럼 양쪽의 압력차(pressure difference)가 있는 경우이면 언제든지 발생한다. 따라서 유압 저항 R은 양쪽의 압력이 각각 p_1와 p_2일 때

$$p_1 - p_2 = Rq$$

와 같은 관계식을 만족한다. 여기서 q는 유체가 흘러간 양을 뜻하는 체적 유량(volume flow rate)이다.

유압 커패시턴스. 유압 커패시턴스(hydraulic capacitance)는 유압 시스템이 저장하는 에너지를 측정한다. 위치 에너지의 형태로 에너지를 저장하는 탱크가 이의 좋은 예가 되겠다. [그림 2.21(b)]의 탱크를 생각해 보자. 탱크에서 들어오고 나가는 유량을 각각 q_1와 q_2라 하고, 또 탱크 안에 유체가 차지하는 체적을 V라 두면

$$q_1 - q_2 = \frac{dV}{dt} = A\frac{dh}{dt} \tag{2.87}$$

와 같은 관계식을 얻을 수 있다. 그리고 그림에서 압력차는

$$p_1 - p_2 = h\rho g = p$$

이므로

$$h = \frac{p}{\rho g} \tag{2.88}$$

을 찾아 식 (2.87)에 다시 넣으면

$$q_1 - q_2 = \frac{A}{\rho g}\frac{dp}{dt} \tag{2.89}$$

혹은

$$q_1 - q_2 = C\frac{dp}{dt} \tag{2.90}$$

로 나타낼 수 있고, 따라서 탱크인 경우의 유체 커패시턴스는

$$C = \frac{A}{\rho g} \tag{2.91}$$

이 되는 것이다. 참고로 식 (2.90)은 전기 시스템의 커패시터에 대한 전류-전압 관계식인 식 (2.64)와 비슷한 것을 확인할 수 있으므로 식 (2.65)의 형태를 빌려

$$p = \frac{1}{C}\int (q_1 - q_2)dt \tag{2.92}$$

와 같이 쓸 수도 있다.

유압 관성. 유압 관성(hydraulic inertance)은 전기 시스템의 인덕턴스와 하는 일이 비슷하다. 이는 유체를 관 속에서 가속시키는데 필요한 관성력으로 구하는데 계산 단계는 이렇다. 압력차가 $p_1 - p_2$인 관 속에서 유체를 가속시킨다고 생각해 보자. 이때, 관의 단면적은 A이고, 또 유체의 질량은 m 그리고 속도는 v이다. 우선, Newton의 제2법칙을 적용하면

$$m\frac{dv}{dt} = (p_1 - p_2) \tag{2.93}$$

인데, 여기서 관의 길이를 L로 두면 유체의 질량을

$$m = L\rho A$$

로 나타낼 수 있으므로 식 (2.93)은 다시

$$L\rho A\frac{dv}{dt} = A(p_1 - p_2)$$

혹은

$$p_1 - p_2 = L\rho\frac{dv}{dt} \tag{2.94}$$

와 같다. 한편, 식 (2.94)에서 속도를 유압 시스템의 등가 물리량인 유량 q로 바꾸기 위해 $q = Av$을 이용한다. 그러면 이 식은

$$p_1 - p_2 = \frac{L\rho}{A}\frac{dq}{dt} \tag{2.95}$$

와 같으므로 유압 관성 I는

$$I = \frac{L\rho}{A}$$

이 되는 것이다. 식 (2.95)를 살펴보면 전기 시스템의 인덕턴스에 대한 전압-전류 관계식인 식 (2.60)과 매우 닮았음을 알 수 있다. 유압 시스템에서는 압력-유량 관계식으로 등가할 수 있다는 말인데 식의 형식을 빌리면

$$p_1 - p_2 = I\frac{dq}{dt} \tag{2.96}$$

인 셈이다. 이제 예제를 통해 좀 더 깊은 지식을 얻기로 하자.

예제 2.12

[그림 2.22]는 유체의 수위를 조절하는 시스템인데 탱크로 들어오는 유량은 q_i이고 구멍(orifice)을 통해 나가는 유량은 q_0이다. 이 시스템에 대한 수학적 모델을 구하고, 아울러 유체의 높이 h와 q_i 사이의 관계식도 보여라.

풀이

식 (2.89)에 여기서 사용하는 기호를 넣어 다시 적으면

$$q_i - q_o = \frac{A}{\rho g}\frac{dp}{dt}$$

혹은

$$q_i = \frac{A}{\rho g}\frac{dp}{dt} + q_o \tag{2.97}$$

이다. 이때, $p = h\rho g$를 생각하면 식 (2.97)은 다시

$$q_i = A\frac{dh}{dt} + q_o \tag{2.98}$$

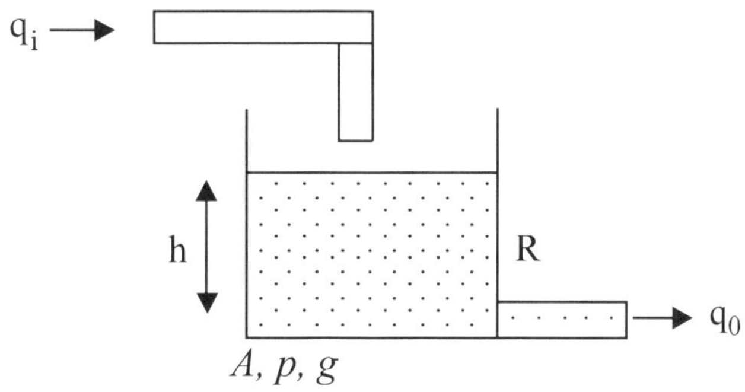

[그림 2.22] 유체의 수위 조절 시스템

이고, 또

$$p_1 - p_2 = Rq_o$$

이므로

$$q_o = \frac{p_1 - p_2}{R} = \frac{h\rho g}{R}$$

을 구해 식 (2.98)에 대입하면

$$q_i = A\frac{dh}{dt} + \frac{\rho g}{R}h \tag{2.99}$$

을 얻을 수 있다. 식 (2.99)는 이 시스템의 운동 방정식이면서 유체의 높이와 탱크로 들어오는 유량 사이의 관계로 나타난 식이다. 따라서 이를 Laplace 변환하면 둘째 질문에 답을 할 수 있을 것이다. 즉,

$$q_i(s) = Ash(s) + \frac{\rho g}{R}h(s)$$

이므로 전달 함수(q_i에 대한 h의 비)는

$$\frac{h(s)}{q_i(s)} = \frac{1}{As + \rho g/R}$$

이 된다. 그리고 이를 블록 선도로 나타내면 [그림 2.23]과 같다.

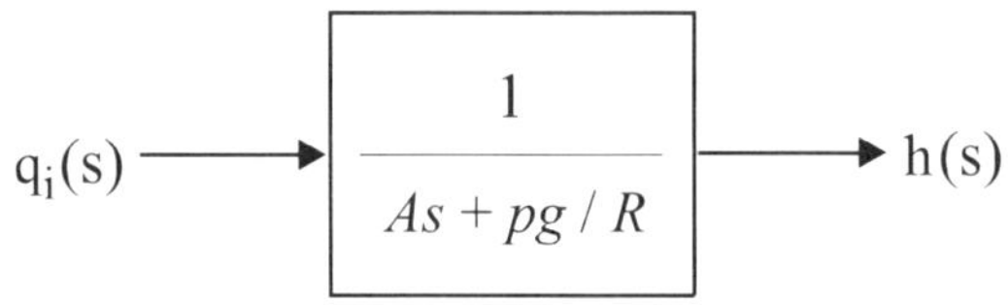

[그림 2.23] 수위 조절 시스템의 전달 함수

예제 2.13

[그림 2.24]는 두 개의 탱크를 써서 수위를 조절하는 시스템으로 첫 번째 탱크에 유체가 q_i만큼 들어와 구멍(orifice) R_1을 통해 두 번째 탱크로 q_1만큼 나가고, 이어서 R_2를 통해 q_o만큼 두 번째 탱크를 빠져 나간다. 이 시스템에 대한 수학적 모델을 찾아라.

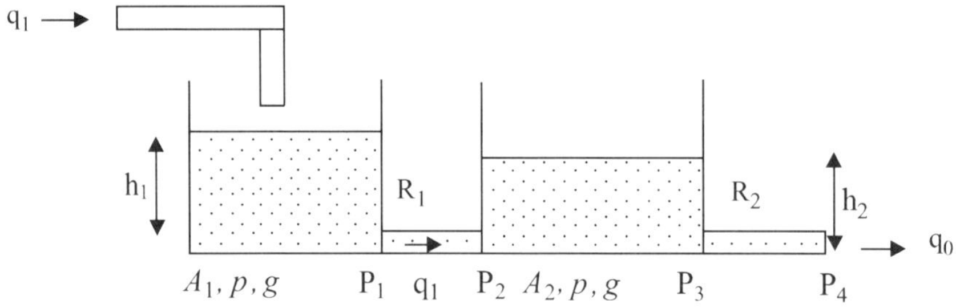

[그림 2.24] 두 개의 탱크를 사용한 수위 조절 시스템

풀이

이 문제의 풀이는 예제 2.12와 거의 비슷한데 탱크를 두 개 고려해야 한다는 것만 차이가 있다. 탱크 1의 경우엔

$$q_i - q_1 = \frac{A_1}{\rho g}\frac{dp}{dt}$$

혹은

$$q_i = \frac{A_1}{\rho g}\frac{dp}{dt} + q_1 \tag{2.100}$$

인데 여기에 $p = h\rho g$를 사용하면

$$q_i = A_1\frac{dh_1}{dt} + q_1 \tag{2.101}$$

이고, 또 $p_1 - p_2 = R_1 q_1$이므로

$$q_1 = \frac{p_1 - p_2}{R_1} = \frac{h_1 \rho g - h_2 \rho g}{R_2}$$

로 고쳐 식 (2.100)에 대입하면

$$q_i = A_1 \frac{dh_1}{dt} + \frac{\rho g h_1}{R_1} - \frac{\rho g h_2}{R_2} \tag{2.102}$$

와 같다. 마찬가지로 탱크 2에서는

$$q_1 - q_o = \frac{A_2}{\rho g} \frac{dp}{dt} \tag{2.103}$$

의 식을 시작으로 하여 $p = h\rho g$을 써서

$$q_1 - q_o = A_2 \frac{dh_2}{dt} \tag{2.104}$$

로 바꾼 후

$$q_1 = \frac{p_1 - p_2}{R_1} \quad \text{그리고} \quad q_o = \frac{p_2 - p_3}{R_2}$$

에서

$$q_1 - q_o = \frac{p_1 - p_2}{R_1} - \frac{p_2 - p_3}{R_2} = \frac{h_1 \rho g - h_2 \rho g}{R_1} - \frac{h_2 \rho g}{R_2}$$

을 찾아 식 (2.104)에 대입하면

$$A_2 \frac{dh_2}{dt} - \frac{\rho g h_1}{R_1} + \left(\frac{1}{R_1} + \frac{1}{R_2} \right) \rho g h_2 = 0 \tag{2.105}$$

이 된다. 따라서 이 시스템에 대한 운동 방정식은 식 (2.102)와 (2.105)인데, 이를 연립하여 행렬 형태로 나타내면 다음과 같다.

$$\begin{bmatrix} A_1 & 0 \\ 0 & A_2 \end{bmatrix} \begin{bmatrix} \dot{h}_1 \\ \dot{h}_2 \end{bmatrix} + \begin{bmatrix} \rho g / R_1 & -\rho g / R_1 \\ -\rho g / R_1 & \rho g / R_1 + \rho g / R_2 \end{bmatrix} \begin{bmatrix} h_1 \\ h_2 \end{bmatrix} = \begin{bmatrix} q_i \\ 0 \end{bmatrix}$$

2.5 열 시스템

열 시스템(thermal system)은 화학 공정이나 가열 및 냉각, 공기 조절 장치, 발전 장치 따위에 흔히 나타나는데 열 저항(thermal resistance)과 열 용량(thermal capacitance)이 기본적인 두 요소이다. 열 저항은 전기 시스템의 저항과 하는 일이 비슷하고 열용량은 전기 용량 즉, 커패시턴스와 맥을 같이 한다. 열 시스템에서는 전기 시스템의 인덕턴스나 기계 시스템의 관성과 같은 요소는 없다.

열 시스템에서 양끝 변수(across variable)는 온도이고 관통 변수(through variable)는 열유량이지만 다른 시스템과는 달리 이 두 변수의 곱은 일률(power)이 아니다.* 따라서 열 시스템을 수학적으로 모델링 하는 작업은 아주 복잡하여 실무적인 경우는 모두 근사화 모델로 대체하는 경향이 우세하다.

열 저항 R의 정의는 다음과 같다.

$$R = \frac{T_2 - T_1}{q} \tag{2.106}$$

여기서 T_1과 T_2는 두 곳에 대한 각각의 온도이고 q는 이 두 곳 사이를 지나가는 열유량(heat flow rate)이다.

열 용량은 열 시스템이 저장하는 에너지를 측정한다. 어떤 물체에 열량이 q_1만큼 들어오고 q_2만큼 나간다면 물체에 저장되는 양은 $q_1 - q_2$이 될 것인데 이는 다음과 같은 관계를 갖는다.

$$q_1 - q_2 = mc\frac{dT}{dt} \tag{2.107}$$

여기서 m은 물체의 질량이고 c는 물체의 비열(specific heat)이다. 따라서 열 용량을 C라 두면

$$q_1 - q_2 = C\frac{dT}{dt} \tag{2.108}$$

* 동적 시스템의 거동은 모두 원인(cause)과 결과(effect)의 효과로 나타난다. 힘을 받아서 운동이 일어나거나(혹은 그 반대) 전압이 가해져 전류가 흐르거나(혹은 그 반대), 아니면 압력이 발생하여 유량이 흘러가는(혹은 그 반대) 따위로 생각하면 되겠다. 따라서 이의 해석과 개념을 여러 동적 시스템(기계, 전기, 유체, 열 시스템 따위)에 일의적으로 적용하기 위해 이런 원인과 결과의 변수들을 두 그룹으로 나누어 사용한다. 즉, 전압이나 압력과 같이 어떤 요소의 양끝에 대한 정보를 모아 이의 차(difference)로 결정되는 변수와 그렇지 않고 전류나 유량과 같이 그 요소를 뚫고 지나가는 변수로 나누는데, 이때 앞의 그룹을 양끝 변수, 그리고 뒤의 그룹을 관통 변수라 한다. 처음에는 'across'를 '사이'라고 번역했지만 두 점 사이를 지나가는 관통 변수와 혼동이 있어 '양끝'으로 했다.

이 된다. 여기서 $C = mc$이다.

예제 2.14

[그림 2.25]는 전기 히터로 방을 난방하고 있는 모습을 나타낸 그림인데 방 내부의 온도는 T_r이고 벽은 T_w, 그리고 외부 온도는 T_o이다. 전기 히터에서 q만큼의 열이 공급될 때 이 시스템을 모델링 하여 q와 T_r사이의 관계를 보여라.

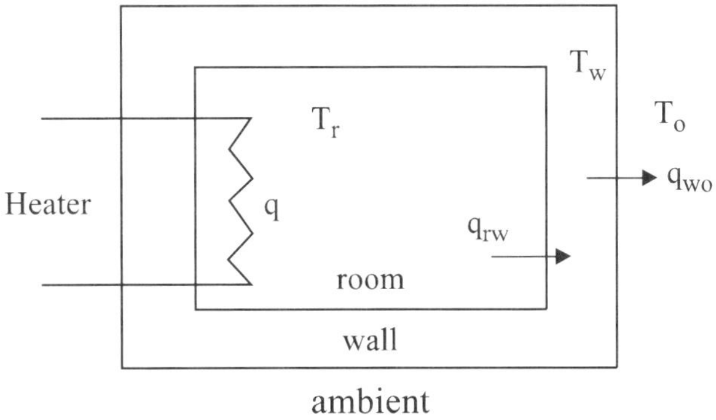

[그림 2.25] 간단한 열 시스템

풀이

방 안에서 벽으로 흐르는 열 유량은 방의 열 저항을 R_r이라 할 때

$$q_{rw} = \frac{T_r - T_w}{R_r} \tag{2.109}$$

이고, 또 벽에서 밖으로 흐르는 열 유량은

$$q_{wo} = \frac{T_w - T_o}{R_w} \tag{2.110}$$

이다. 여기서 R_w는 벽의 열 저항이다. 따라서 식 (2.108)을 써서 방에서 벽까지는

$$q - \left(\frac{T_r - T_w}{R_r} \right) = C_1 \frac{dT}{dt}$$

혹은

$$C_1 \dot{T}_r + \frac{T_r}{R_r} - \frac{T_w}{R_r} = q \tag{2.111}$$

와 같고, 또 벽에서 밖으로 나가는 경우는

$$\left(\frac{T_r - T_w}{R_r}\right) - \left(\frac{T_w - T_o}{R_w}\right) = C_2 \frac{dT_w}{dt}$$

혹은

$$C_2 \dot{T}_w - \frac{T_r}{R_r} + \left(\frac{1}{R_r} + \frac{1}{R_w}\right) T_w = \frac{T_o}{R_w} \tag{2.112}$$

이다. 따라서 식 (2.111)과 (2.112)를 서로 연립하여 행렬 형태로 다시 쓰면 다음과 같다.

$$\begin{bmatrix} C_1 & 0 \\ 0 & C_2 \end{bmatrix} \begin{bmatrix} \dot{T}_r \\ \dot{T}_w \end{bmatrix} + \begin{bmatrix} 1/R_r & -1/R_r \\ -1/R_r & 1/R_r + 1/R_w \end{bmatrix} \begin{bmatrix} T_r \\ T_w \end{bmatrix} = \begin{bmatrix} q \\ T_o/R_w \end{bmatrix}$$

예제 2.15

[그림 2.26]은 유체를 골고루 가열할 수 있도록 섞는 장치를 설치해 놓은 탱크이다. 탱크로 들어오는 유체의 유량은 W이고 온도는 T_i이다. 이 유체가 탱크에서 T로 가열된 후 다시 똑 같은 양 W만큼 빠져 나갈 때 이 시스템에 대한 수학적 모델을 구해 보라. 단, 탱크에서 열 손실은 없다고 가정한다.

풀이

가열기가 공급하는 열량을 Q_p, 탱크로 들어오는 유체가 가지고 있는 열량을 Q_i, 탱크 안의 유체가 가지고 있는 열량을 Q_l, 그리고 탱크에서 빠져 나가는 유체가 가지고 있는 열량을 Q_o라고 하면 에너지 보존 법칙에 따라

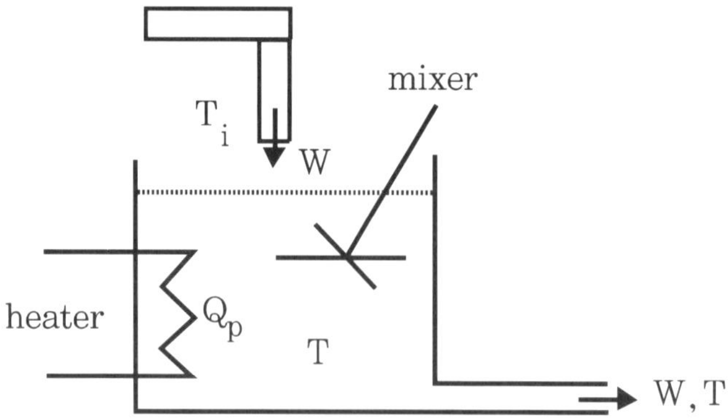

[그림 2.26] 섞는 장치가 달린 가열 탱크

$$Q_p + Q_i = Q_l + Q_o \tag{2.113}$$

을 얻을 수 있다. 따라서 각각

$$Q_i = WC_pT_i \tag{2.114}$$

$$Q_o = WC_pT \tag{2.115}$$

$$Q_l = C\frac{dT}{dt} \tag{2.116}$$

이므로

$$Q_p + WC_pT_i = C\frac{dT}{dt} + WC_pT$$

혹은

$$\frac{dT}{dt} = \frac{WC_p(T_i - T) + Q_p}{\rho VC_p}$$

이다. 여기서 W는 유량(kg/s), C_p는 유체의 비열, 그리고 C는 열용량으로 V를 탱크의 체적이라 할 때 $C = \rho VC_p$이다.

2.6 연습문제

1. [그림 2.27]은 질량, 스프링 및 감쇠로 구성된 간단한 기계 시스템이다. 이 시스템에 대한 수학적 모델과 전달 함수를 찾고 블록 선도로 그려라.
2. 질량을 무시할 수 있는 두 개의 스프링이 있는 [그림 2.28]의 시스템에 대한 수학적 모델을 구하라.
3. 스프링 상수가 같은 세 개의 스프링이 직렬로 연결되어 있다. 등가 스프링 상수를 계산하라. 단, 각 스프링의 질량은 무시할 수 있다.
4. [그림 2.29]와 같이 병진 운동하는 기계 시스템의 수학적 모델을 유도하라.
5. [그림 2.30]은 회전 운동하는 기계 시스템이다. 이 시스템에 대한 수학적 모델을 찾아라.
6. 두 개의 회전 스프링이 병렬로 연결되어 있다. 등가 스프링 상수를 계산하라.
7. [그림 2.31]은 기어열로 연결된 시스템이다. 이 시스템의 수학적 모델을 유도하라.

8. [그림 2.32]와 같은 간단한 전기 회로에 대한 수학적 모델을 구하라.
9. [그림 2.33]의 전기 회로에 Kirchhoff 법칙을 적용하여 수학적 모델을 찾아라.
10. [그림 2.34]의 수위 조절 시스템에서 q_i와 q_o는 각각 들어오고 나가는 유량이다. 두 개의 유체 저항 R_1과 R_2가 직렬로 배치되어 있을 때 이 시스템에 대한 수학적 모델을 구해 보라.
11. [그림 2.35]는 세 개의 탱크로 구성된 수위 조절 시스템이다. 첫 번째 탱크로 들어오는 유량은 q_i이고 세 번째 탱크에서 나가는 유량은 q_o이다. 모든 탱크의 크기가 똑같다고 할 때 이 시스템에 대한 수학적 모델을 유도해 보라.

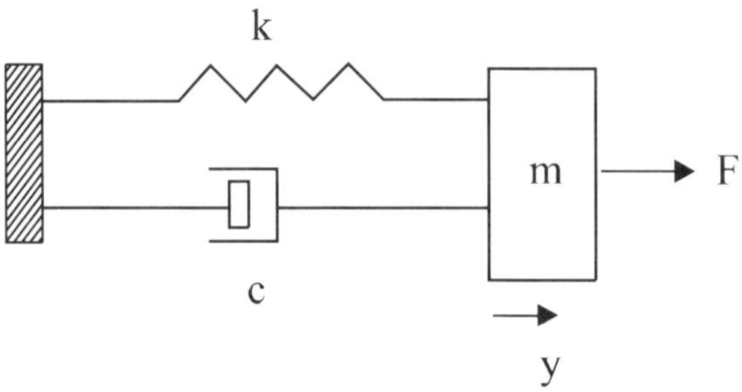

[그림 2.27] 간단한 기계 시스템(연습문제 1)

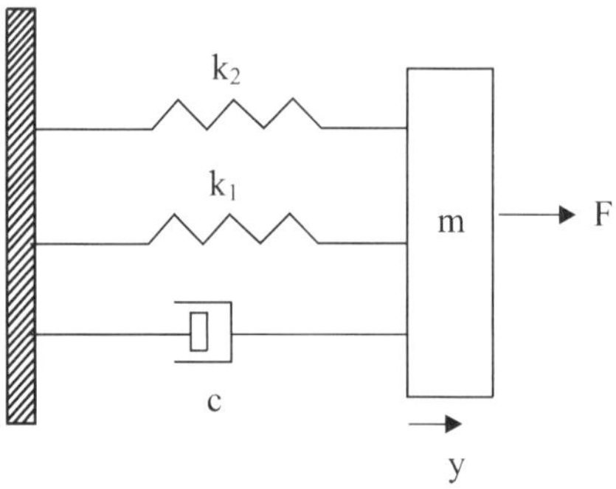

[그림 2.28] 두 개의 스프링이 있는 시스템(연습문제 2)

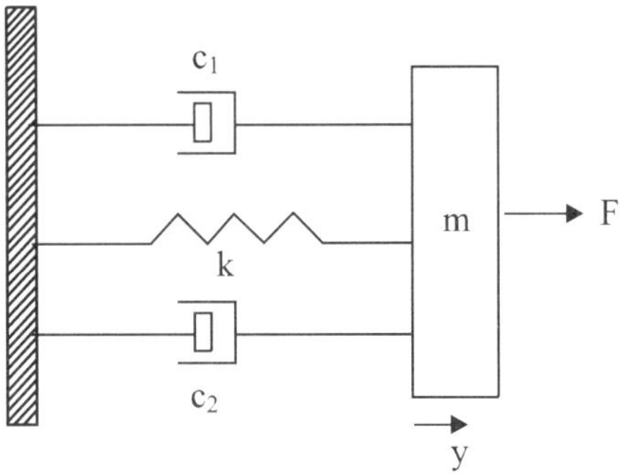

[그림 2.29] 간단한 병진 시스템(연습문제 4)

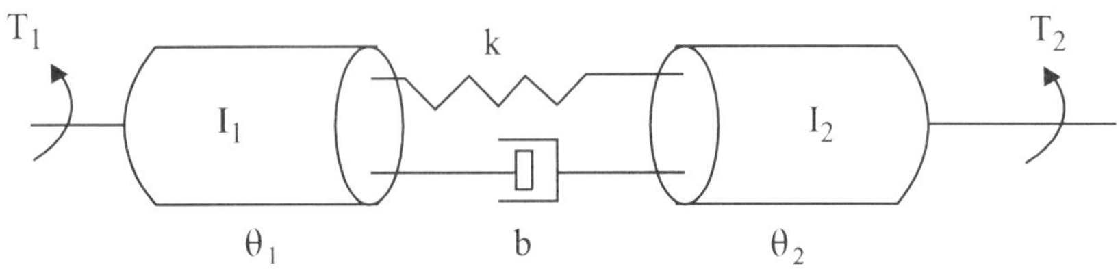

[그림 2.30] 간단한 회전 시스템(연습문제 5)

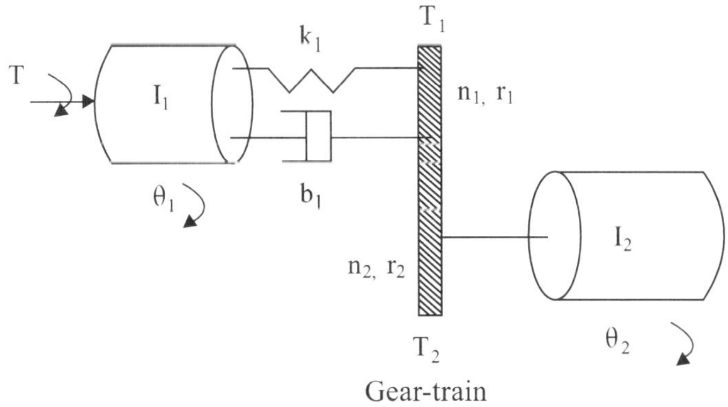

[그림 2.31] 기어열로 연결된 시스템(연습문제 7)

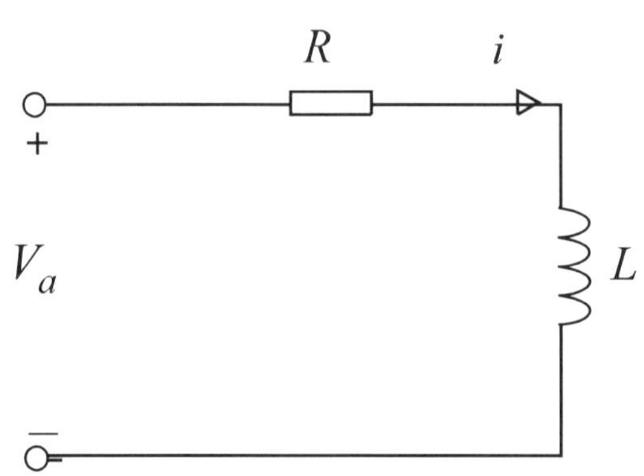

[그림 2.32] 간단한 전기 회로(연습문제 8)

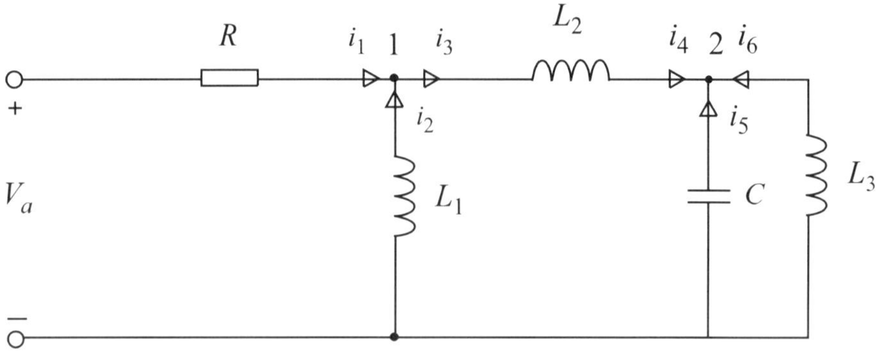

[그림 2.33] 복잡한 전기 회로(연습문제 9)

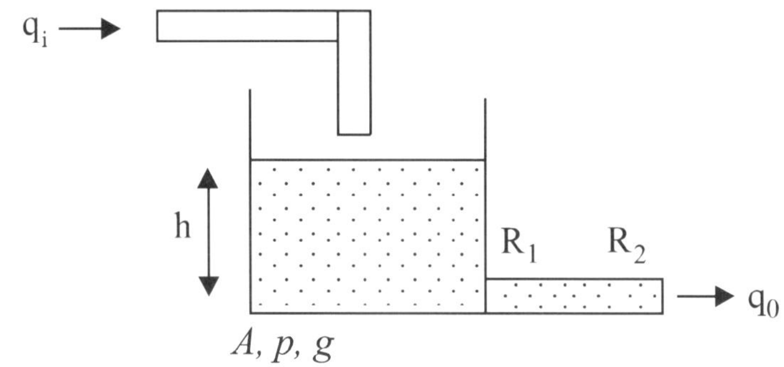

[그림 2.34] 수위 조절 시스템(연습문제 10)

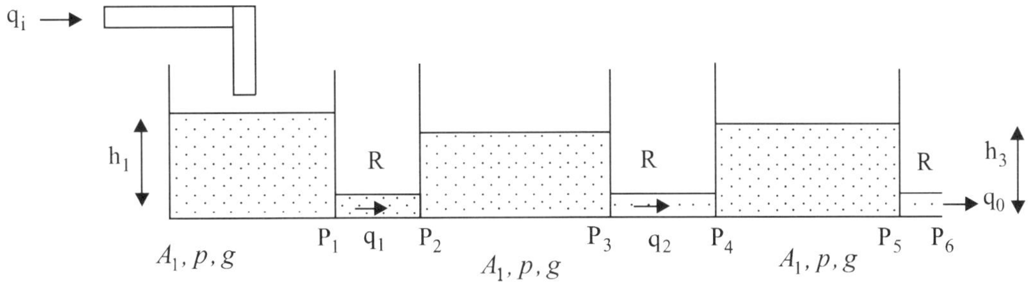

[그림 2.35] 세 개의 탱크로 구성된 수위 조절 시스템(연습문제 11)

더 읽어 볼 책

Cannon, R. H. Jr., *Dynamics of Physical Systems,* McGraw-Hill, New York, 1967.

Cochin, I., *Analysis and Design of Dynamic Systems,* Harper & Row, New York, 1980.

D'Souza, A., *Design of Control Systems,* Prentice-Hall, Englewood Cliffs, NJ, 1988.

Franklin, G. F. and Powell, J. D., *Feedback Control of Dynamic Systems,* Addison-Wesley, Reading, MA, 1986.

Leigh, J. R., *Applied Digital Control,* Prentice-Hall, Englewood Cliffs, NJ, 1985.

Ogata, K., *Modern Control Engineering*, 2nd ed., Prentice-Hall, Englewood Cliffs, NJ, 1990.

PIC 마이크로제어기

제3장

3.1 PIC 마이크로제어기의 종류

PIC(programmable interrupt controller)* 는 Microchip Technology 회사에서 만든 마이크로제어기(microcontroller)인데 계열(family)로 구성되어 있고 오늘날 교육이나 상업, 산업 현장에서 가장 널리 쓰는 마이크로제어기 중의 하나이다. 이는 140개 이상의 여러 장치들을 담을 수 있는데 0.5K의 메모리를 가진 이중직렬(dual in-line) 4핀 장치에서 32K의 메모리를 탑재한 80핀 장치까지 범위가 아주 넓다.

PIC 마이크로제어기의 계열이 아주 많기는 하나 각 계열은 모두 기본적으로 같은 구조를 가지고 있는데 이의 핵심적인 특징은 다음과 같다.

- 오직 35개의 명령어만 있는 축약 명령어 집합(reduced instruction set 혹은 RISC)†
- 양방향 디지털 I/O 포트
- RAM 데이터 메모리
- 다시 쓰기 가능한 플래시나 프로그램을 한번 더 할 수 있는 프로그램 메모리
- 미리 스케일링 할 수 있는 타이머
- 감시 타이머(watchdog timer)
- 25mA의 전류 발생기 및 전류 흡수기‡

---

* 프로그램이 가능한 인터럽트 제어기로 번역되는데 보통 그냥 PIC이라 읽고 쓴다.

† RISC(reduced instruction set computer)는 속도를 높이기 위해 CPU의 명령어를 줄여서 설계해 놓은 컴퓨터로 주로 워크스테이션과 같은 고급 컴퓨터나 한때 인기 있던 Power PC 등이 채택하고 있다. 이와는 반대로 CPU의 명령어를 있는 그대로 모두 설계해 놓은 컴퓨터를 CISC(complex instruction set computer)라 하고 대부분의 PC(인텔 CPU를 사용)가 여기에 속 한다.

‡ 전류 발생기 혹은 전원은 부하로 전류를 공급하는 장치이고 전류 흡수기 역시 전원이지만

- 전원 절약 모드

좀 더 복잡한 PIC 계열에 첨가되는 특징은 다음과 같다.

- 아날로그 입력 채널
- 아날로그 비교기
- USART의 직렬 통신
- 비휘발성 EEPROM 메모리
- 외부 및 내부 인터럽트
- PWM* 출력
- CAN 버스 인터페이스†
- I^2C 버스 인터페이스‡
- USB 인터페이스
- LCD 인터페이스

PIC 마이크로제어기의 계열 중에서 가장 많이 쓰는 것은 다음 6가지이다.

- PIC10FXXX(워드 길이는 12비트)
- PIC12CXXX/PIC12FXXX(워드 길이는 12/14비트)
- PIC16C5X(워드 길이는 12비트)
- PIC16CXXX/PIC16FXXX(워드 길이는 14비트)

부하에서 전원으로 거꾸로 흐르는 전류를 받아들인다는 측면에서 이렇게 이름을 붙였다. 전원은 부하로 보내는 전류(이를 소스 전류(source current)라 함)를 공급하는 것이 일반적이겠지만 어떤 상황에서는 부하가 전원으로 보내는 전류(이를 싱크 전류(sink current)라 함)를 받아들일 때도 있다. 직접회로인 경우는 출력 단자로 나가는 전류를 소스 전류, 그리고 출력 단자에서 들어오는 전류를 싱크 전류라 한다.

* 펄스 폭 변조라는 말인 PWM(pulse width modulation)은 디지털 출력을 아날로그와 비슷한 출력으로 바꾸는 것을 뜻하는데 내용은 이렇다. 사인(sine) 신호를 만들고자 한다면 디지털 펄스의 형태를 이의 진폭(amplitude)이 작은 곳은 펄스의 폭을 좁게 하고 큰 곳은 넓게 만들어 보내는 것이다.

† CAN(controller area network) 버스 인터페이스는 하나의 통신선에 여러 개의 통신 버스를 접속할 수있도록 한 방식으로 성질이 다른 여러 정보를 하나의 선을 통해 편리하게 이용할 수 있다는 특징이 있다. 참고로 기존에 많이 쓰던 RS-232 인터페이스 방식은 1:1 통신방식 즉, 정보 각각에 통신선을 하나씩 부여하는 방식이다.

‡ I^2C(I-square-C) 방식은 Philips 회사가 제안한 방식으로 여러 주변 장치를 오직 두 가닥의 통신선으로만 연결하여 양방향으로 사용할 수 있도록 한 인터페이스이다.

- PIC17CXXX(워드 길이는 16비트)
- PIC18CXXX/PIC18FXXX(워드 길이는 16비트)

3.1.1 PIC10FXXX 계열

PIC10FXXX의 몇몇 중요한 특징은 [표 3.1]과 같다. 이 중에서 PIC10F200을 하나 선택하여 간단하게 살펴보기로 한다. PIC10F200은 [그림 3.1]과 같이 6핀 SOT-23 형식의 소형 패키지이거나 [그림 3.2]와 같이 8핀의 PDIP* 패키지이다. 명령어는 33개, 플래시 프로그램 메모리는 256×12 워드, RAM 데이터 메모리는 16 바이트, 4개의 I/O 포트, 그리고 1개의 8비트 타이머를 가지고 있다. 또, 클럭은 내부 진동자를 통해 4MHz의 주파수를 정확하게 지킨다.

[표 3.1] PIC10FXXX 계열의 몇몇 중요한 특징

Microcontroller	Program memory	Data RAM	I/0 pins	Comparators	A/D converters
10F200	256×12	15	4	0	0
10F202	512×12	24	4	0	0
10F204	256×12	16	4	1	0
10F206	512×12	24	4	1	0
10F220	256×12	16	4	0	3/8-bit

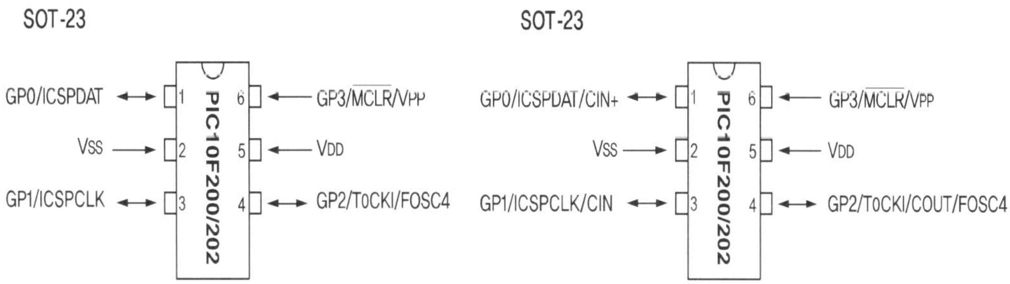

[그림 3.1] PIC10FXXX 계열의 6핀 SOT-23 형식

* PDIP(plastic dual-in-line)의 약자로 겉이 플라스틱인 DIP 소자 즉, 구멍관통형 소자를 말한다. 참고로 PLCC(plastic lead chip carrier)는 SMD(surface mount device) 소자 즉, 표면실장형 소자로 DIP와 달리 회로 기판에 붙이는 소자이다.

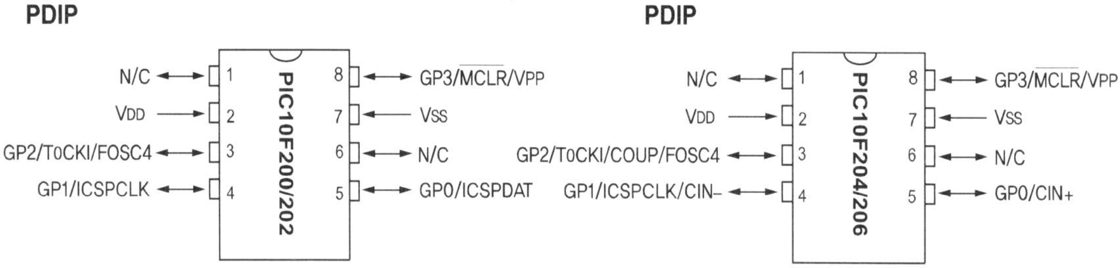

[그림 3.2] PIC10FXXX 계열의 8핀 PDIP 형식

3.1.2 PIC12CXXX/12FXXX 계열

[표 3.2]가 이 계열의 몇몇 중요한 특징을 요약하여 보여주고 있다. 이 중에서 PIC12C508을 살펴보면 이렇다. 8핀 DIP 패키지로서는 가격이 싼 편이며 플래시 메모리는 512×12 워드, RAM 데이터 메모리는 25 바이트, 6개의 I/O 포트, 그리고 1개의 8비트 타이머를 갖추고 있고, 또 작동 주파수는 4MHz이다. PIC12FXXX 계열은 12CXXX 계열과 구조는 거의 같지만 플래시 프로그램 메모리나 데이터 메모리로 EEPROM이 더 들어가 있다.

[표 3.2] PIC12CXXX/12FXXX 계열의 몇몇 중요한 특징

Microcontroller	Program memory	Data RAM	I/0 pins	EEPROM	A/D converters
12C508	256×12	25	6	0	0
12C509	1024×12	41	6	0	0
12C671	1024×12	128	6	0	4
12C629	1024×12	64	6	128	0
12C675	1024×12	64	6	128	4

3.1.3 PIC16C5X 계열

[표 3.3]에 이 계열의 몇몇 특징을 요약해 놓았다. 14핀, 18핀, 20핀, 그리고 28핀 패키지로 구성되어 있는데 이 중에서 PIC16C54를 살펴보기로 한다. 이는 18핀 마이크로제어기로 384×12 워드의 EPROM이 프로그램 메모리이며 RAM은 25 바이트, 12개의 I/O 포트, 그리고 타이머로는 일반 타이머와 감시 타이머를 함께 갖추고 있다.

[표 3.3] PIC16C5X 계열의 몇몇 중요한 특징

Microcontroller	Program memory	Data RAM	I/0 pins	EEPROM	A/D converters
16C54	512×12	25	12	0	0
16C56	1024×12	25	12	0	0
16C58	2048×12	73	12	0	0
16C505	1024×12	72	12	0	0

3.1.4 PIC16CXXX 계열

이 계열의 몇몇 특징은 [표 3.4]와 같다. 이 중에서 PIC16C554는 18핀이 달린 장치로 프로그램 메모리는 512×14 워드, 데이터 메모리는 80 바이트, 그리고 I/O 포트는 13개이다.

[표 3.4] PIC16CXXX 계열의 몇몇 중요한 특징

Microcontroller	Program memory	Data RAM	I/0 pins	EEPROM	A/D converters
16C554	512×14	80	13	0	0
16C620	512×14	96	13	0	0
16C642	4096×14	176	622	0	0
16C716	2048×14	128	13	0	4
16C926	8192×14	336	52	0	5

3.1.5 PIC17CXXX 계열

이 계열은 16비트 마이크로제어기로 프로그램 메모리는 PIC17C42의 2048×16 워드에서 PIC17C766의 16384×16 워드까지 분포되어 있으며 RAM 데이터 메모리도 비교적 크다. 또, I/O 포트도 개수가 많은데 PIC17C766은 66개나 된다. 이런 내용을 요약하여 [표 3.5]에 나타내 놓았다.

[표 3.5] PIC17CXXX 계열의 몇몇 중요한 특징

Microcontroller	Program memory	Data RAM	I/0 pins	EEPROM	A/D converters
17C42	2048×16	232	33	0	0
17C43	4069×16	454	33	0	0

17C762	8192×16	678	66	0	16
17C766	16384×16	902	66	0	16

3.1.6. PIC18CXXX 계열

동작 주파수가 40MHz인 가장 빠른 마이크로제어기로 워드 크기는 16비트이다. 프로그램 및 데이터 메모리나 I/O 포트 따위도 규모가 크며 A/D 변환기까지 탑재되어 있고 77개의 명령어를 가지고 있어 곱셈도 가능하다. 요약된 정보는 [표 3.6]을 참고하면 되겠다.

[표 3.6] PIC18CXXX 계열의 몇몇 중요한 특징

Microcontroller	Program memory	Data RAM	I/0 pins	EEPROM	A/D converters
18C242	8192×16	512	2	0	5
18C452	16384×16	1536	34	0	8
18C658	16384×16	1536	52	0	12
18C858	16384×16	1536	68	0	16
18C242	8192×16	256	23	256	5

3.2 PIC의 최소 구성

PIC의 최소 구성(minimum configuration)은 사용할 마이크로제어기의 형식에 따라 다르지만 일반적으로 전원 공급기, 리셋 회로, 그리고 발진기는 꼭 필요하다.

전원 공급(power supply)은 보통 +5V로 [그림 3.3]처럼 강압 변압기와 정류 회로, 그리고 LM78L05와 같은 전원을 보상하는 칩을 써서 달성할 수 있다.

리셋 회로(reset circuit)는 PIC 마이크로제어기에 달려 있는 것이 일반적이지만 외부 리셋회로를 따로 만들어 사용하는 것이 실무적인 측면에서 큰 도움이 된다. 리셋 회로는 마이크로제어기의 모든 내장 함수가 등록된 레지스터를 처음의 상태로 돌리고, 또 사용자 프로그램도 프로그램 메모리의 0번지부터 실행되도록 준비하는 일을 한다. 리셋은 [그림 3.4]에서 보는 바와 같이 간단하게 PIC의 MCLR 단자에서 전원 공급 단자 사이에 4.5K의 풀업 저항(pull-up resistor)*을 연결하면 된다. 하지만

* 디지털 회로에서 신호의 정상적인 상태를 유지하도록(회로를 보호할 목적도 있음) 입/출력 단자에 저항을 달아 주는데 여기에는 보통의 용도로 쓰는 저항 이외에 항상 높은 상태 즉, 1이 되도록 해주는 풀업 저항과 낮은 상태 즉, 0이 되도록 해주는 풀다운 저항(pull-down resistor)이 있다.

이런 방법은 전원을 켰을 때 5V까지의 상승 속도가 때때로 아주 느릴 수 있으므로 [그림 3.5]가 일반적인 추천 방법이 되겠다. 한편, 마이크로제어기를 산업 응용에 쓸 때 외부 버턴을 달아 이를 누르면 리셋이 되도록 할 필요가 종종 있는데 이는 [그림 3.6]의 방법으로 해결할 수 있다.

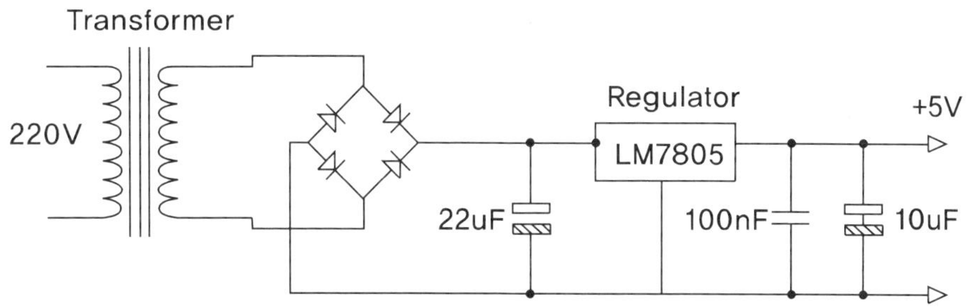

[그림 3.3] 마이크로제어기의 간단한 전원공급 장치

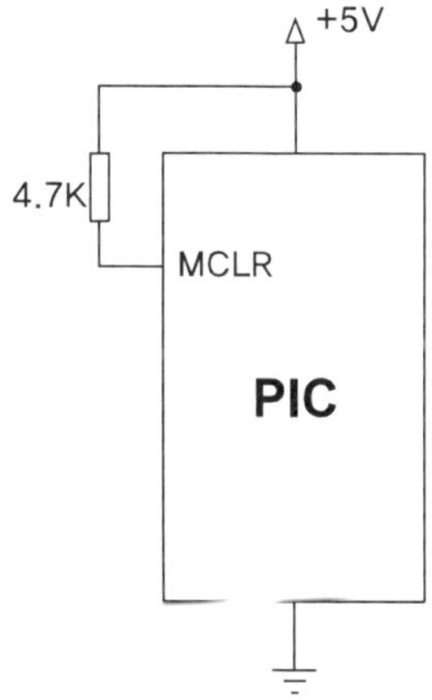

[그림 3.4] 간단한 리셋 회로

발진기(oscillator) 역시 리셋과 마찬가지로 PIC 마이크로제어기에 처음부터 내장되어 있는데 이를 제대로 사용하려면 몇몇 요소를 첨가하여 새로 꾸미는 것이 좋다. 내부 발진기로 제 기능을 발휘할 때도 있지만 대체로 외부 장치를 보태어 클럭 주파수를 효과적으로 이용한다는 말이다. 내부 발진기(internal oscillator)의 기본적인 운영 모드는 다음과 같다.

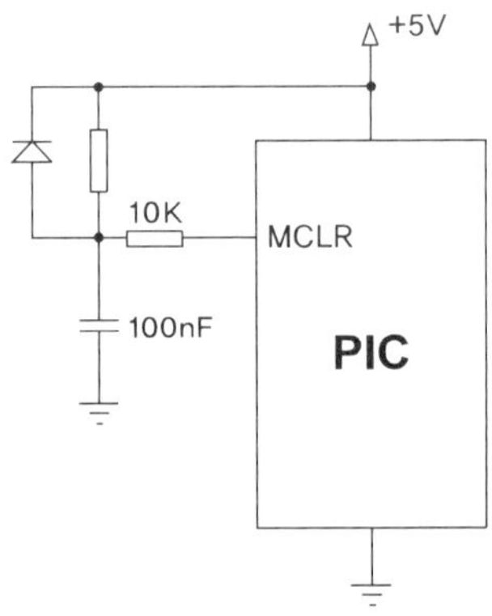

[그림 3.5] 추천할 만한 리셋 회로

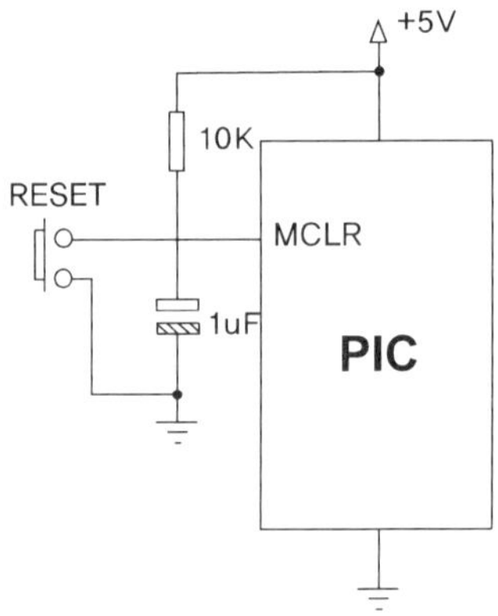

[그림 3.6] 누름단추 방식의 리셋 회로

- 외부 발진기
- LP - 전력 소모가 적은 수정 발진기
- XT - 속도가 느린 수정 및 공진 발진기
- HS - 속도가 빠른 수정 및 공진 발진기
- RC - 저항과 커패시터를 이용한 발진기
- 내부 클럭(PIC 종류에 따라 있기도 없기도 함)

3.2.1 외부 발진기

외부 발진기(external oscillator)는 [그림 3.7]처럼 OSC1 단자에 붙여 쓰는데 보통 지정한 주파수에서 사각 파형의 펄스를 만들어 준다. PIC이 제어 동작을 할 때 정확한 시간을 맞출 수 있느냐 하는 문제는 외부 발진기의 정확한 펄스에 달려 있다.

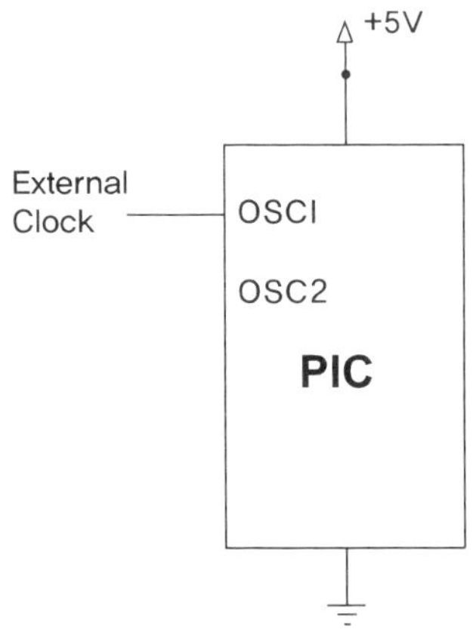

[그림 3.7] 외부 발진기의 연결

3.2.2 수정 발진기

수정 발진기(crystal oscillator)는 시간을 아주 정확하게 맞추는 일이 필요할 때 주로 쓰는데 [그림 3.8]에 보인 것처럼 OSC1와 OSC2 단자 사이에 두 개의 커패시터와 함께 연결된다. 이때, 커패시터의 값은 [표 3.7]을 표본으로 삼아 선택하는 것이 좋다. 예를 들어, 4MHz의 수정 발진기인 경우에는 22pF의 커패시터 2개를 사용한다.

3.2.3 공진 발진기

공진 발진기(resonator)의 주파수 영역은 보통 4-8MHz이다. 이는 수정 발진기만큼 정확하지는 않지만 일반적인 산업 응용의 경우는 그런대로 쓸 만하다. 그리고 비용이 싸다는 점과 수정 발진기는 3개의 구성 성분(발진기와 2개의 커패시터)이 필요한데 반해 오직 1개만 있으면 된다는 점이 장점이다. [그림 3.9]는 공진 발진기를 PIC에 어떻게 연결해서 쓰는지를 보여주고 있다.

3.2.4 RC 발진기

PIC을 산업 응용에 쓰다 보면 시간 맞추기가 별로 중요하지 않는 경우가 때때로 있다. 예를들면, LED에 초마다 불을 켜는 일이나 키보드 입력이 있는지 확인하는 일, 혹은 초마다 온도를 읽어 오는 일 따위가 되겠다. 만약 PIC을 이럴 때 쓴다면 클럭 펄스를 외부의 저항과 커패시터로 만들어 비용을 줄일 수 있는데, 이때는 [그림 3.10]과 같이 저항과 커패시터를 OSC1 단자에 연결해야 한다.

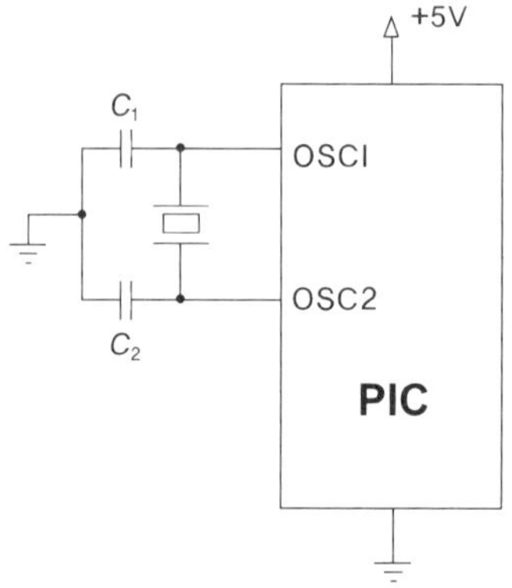

[그림 3.8] 수정 발진기의 연결

[표 3.7] 수정 발진기와 커패시터 값

Mode	Frequency	C1,C2(pF)
LP	32kHz	68-100
LP	200kHz	15-33
XT	100kHz	100-150
XT	2kHz	15-33
XT	4kHz	15-33
HS	4kHz	15-33
HS	10kHz	15-33

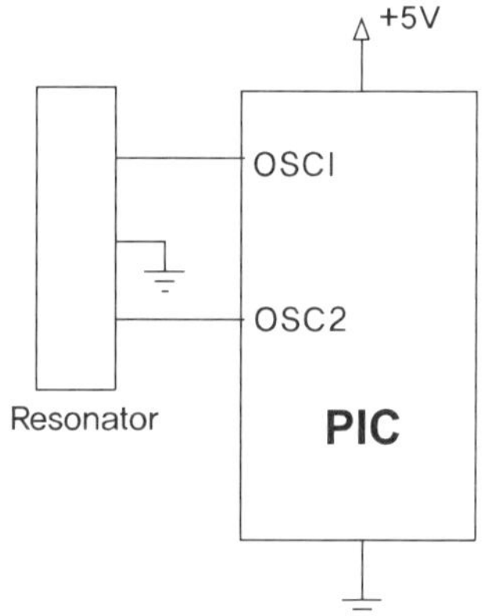

[그림 3.9] 공진 발진기의 연결

저항과 커패시터를 이용하여 만든 발진기의 주파수는 저항과 커패시터의 값, 공급 전원, 그리고 온도와 같은 주변 환경에 따라 다르다. [표 3.8]은 여러 관심 있는 주파수에서 저항과 커패시터의 전형적인 값(전원은 5V이고 온도는 상온인 경우의 값)을 보여주는데 5K의 저항과 20pF의 커패시터를 쓰면 약 4.5MHz의 클럭 주파수를 만들 수 있다.

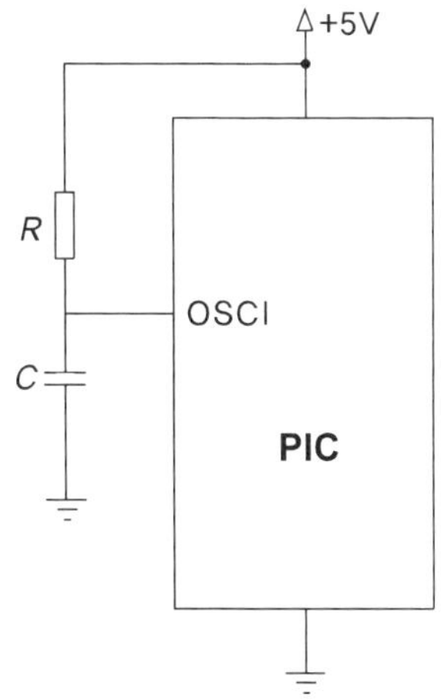

[그림 3.10] RC 발진기의 연결

[표 3.8] 저항과 커패시터의 전형적인 값

C(pF)	R(kΩ)	Frequency
20	5	4.61MHz
	10	2.66MHz
	100	311MHz
100	5	1.34MHz
	10	756MHz
	100	82.8MHz
300	5	428MHz
	10	243MHz
	100	26.2MHz

3.2.5 내부 클럭

몇몇 마이크로제어기(예를들어, PIC12C672 등)는 자체에 클럭 발생 회로를 갖고 있기 때문에 펄스를 만들기 위해 외부 장치를 따로 구입할 필요가 없다. 내부 클럭(internal clock)의 빠르기는 보통 4MHz인데 PIC를 프로그래밍 할 때 클럭 발생 방식 즉, [그림 3.11]과 같은 공진 발진기 방식이나 [그림 3.12]와 같은 수정 발진기 방식을 선택하면 된다. 따라서 내부 클럭이 탑재된 PIC은 마이크로제어기의 최소 구성 - 전원, 리셋, 그리고 발진기를 모두 갖춘 셈이다.

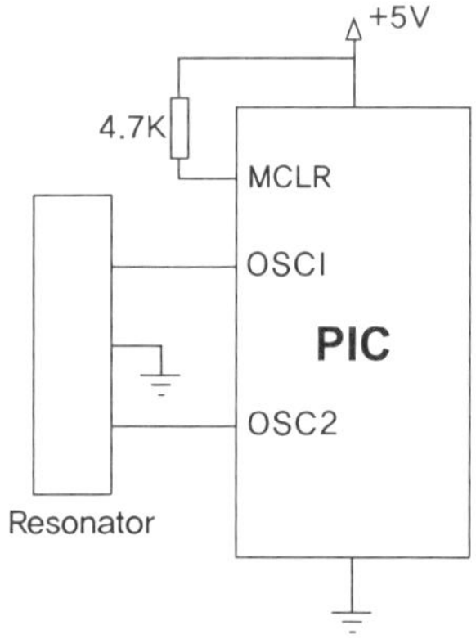

[그림 3.11] 공진 발진기를 이용한 마이크로제어기의 최소 구성

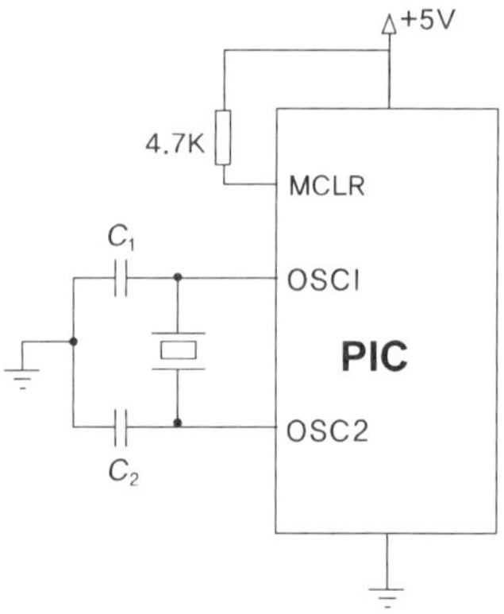

[그림 3.12] 수정 발진기를 이용한 마이크로제어기의 최소 구성

3.3 PIC의 기본 구조

이 절에서는 PIC 중에서 흔히 쓰는 마이크로제어기를 몇 개 선택하여 이의 기분 구조를 자세히 살피기로 하는데 18핀 PIC16F84와 40핀 PIC16F877이 그 대상이다. 다른 모델들도 대부분 여기서 배우는 구조와 명령어 집합과 비슷하므로 비록 학습하

지 않았다 하더라도 기기의 사용 및 프로그래밍에는 별 어려움이 없을 것이다. 사실 이 책에서 마이크로제어기를 배우는 목적은 C와 같은 고급언어로 프로그래밍 하는 방법을 터득하는 것이므로 이의 정확한 구조나 어셈블리 명령어 따위는 군더더기일 수도 있다. 따라서 C 언어로 마이크로제어기의 소프트웨어를 짜는데 필요한 정보에만 초점을 맞추고 나머지는 대략 살펴보는 것으로 할 예정이다.

3.3.1 PIC16F84 마이크로제어기

PIC16F84는 가장 인기 있는 마이크로제어기의 하나로 상업, 산업, 혹은 취미용으로 사용하고 있는 것을 주위에서 흔히 볼 수 있다. 18핀이 달렸으며 클럭 빠르기는 20MHz까지 낼 수 있다. 프로그램 메모리에는 1024×14 워드의 플래시 메모리가, 그리고 데이터 메모리에는 68 바이트의 RAM과 64 바이트의 비휘발성 EEPROM이 자리 잡고 있다. 또, 미리 스케일링 할 수 있는 8비트 타이머와 감시 타이머, 13개의 I/O 포트, 외부 및 내부 인터럽트가 있으며 소스 전류를 발생할 뿐만 아니라 싱크 전류(3장 첫 페이지 각주 참조)도 받아들일 수 있도록 되어 있다. [그림 3.13]은 PIC 16F84의 핀 구조를 보여주고 있는데 각각의 정의는 다음과 같다.

RB0 - RB7	양방향 포트 B핀
RA0 - RA4	양방향 포트 A핀
Vdd	전원 공급 핀
Vss	접지 핀
OSC1	수정/공진 발진기 및 외부 클럭 입력 핀
OSC2	수정/공진 발진기 입력 핀
MCLR	리셋 입력 핀
INT	외부 인터럽드 입럭 핀
T0CK1	타이머 클럭 입력 핀(선택사양으로 RA3과 함께 사용)

여기서 하나 주목할 것은 핀 이름 위에 $\overline{MCLR}$ 와 같이 줄이 그어진 경우는 공급되는 신호가 낮은 논리값 즉, 논리값이 0일 때 활성화 된다는 뜻이다.

그리고 PIC16F84가 제공하는 4개의 외부 및 내부 인터럽트는 다음과 같다.

- INT 핀의 외부 인터럽트
- 타이머 시간 초과(timer overflow) 인터럽트
- B 포트(RB4 - RB7)의 윗자리 4개 비트에 대한 상태 변화 인터럽트

- EEPROM에 데이터 쓰기 완료 인터럽트

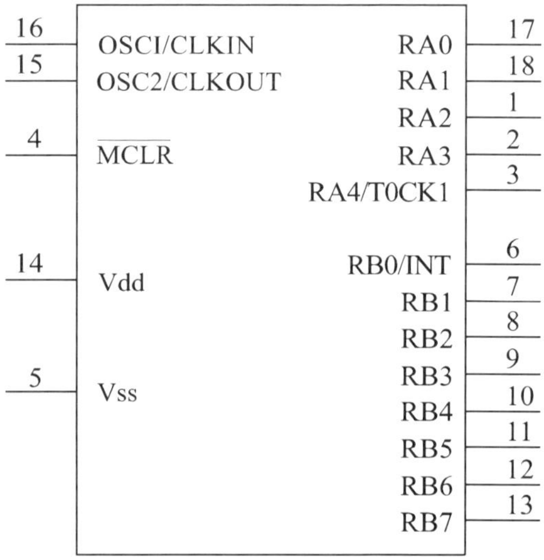

[그림 3.13] PIC16F84의 핀 구성도

마이크로제어기의 RAM을 레지스터 파일 지도(register file map 혹은 RFM)라고도 하는데 PIC16F84인 경우는 80 바이트로 [그림 3.14]와 같이 두 개의 줄(bank) 즉, 줄0과 줄1로 구성되어 있고, 이때 각 줄은 두 부분 즉, 특별한 함수를 담고 있는 전용 레지스터(special function resister 혹은 SFR)와 범용 레지스터(general purpose resister 혹은 GPR)로 나누어져 있다. 각 레지스터를 읽고 쓸 때는 줄 번호를 먼저 지정해야 한다. 어떤 레지스터는 양쪽 줄에 모두 있는 경우도 있기 때문이다.

SFR은 마이크로제어기의 CPU가 내부 동작이나 외부 장치를 제어하기 위해 즉, 레지스터의 I/O 방향(읽는 경우인지 쓰는 경우인지)을 정한다거나 데이터를 I/O 포트로 보낸다거나, 혹은 타이머 레지스터의 값을 읽어 온다거나 하는 따위의 일을 할 때 사용하는 레지스터이다. 고급 언어를 써서 프로그래밍 할 때 사용하는 SFR에 대해서는 이어서 하나씩 살펴보기로 한다.

PIC16F84 마이크로제어기는 64 비트의 비휘발성 EEPROM 메모리도 가지고 있는데 여기에는 보통 장치의 기본 구성 값이나 실시간으로 측정할 데이터의 최소 및 최대 값 따위가 저장되어 있다. 그리고 이 메모리를 관리하기 위해 EEDATA, EEADR, EECON1 및 EECON2와 같은 레지스터나 메모리의 내용을 읽고 쓸 수 있는 명령어를 따로 마련해 두고 있다.

	Bank 0	Bank 1	
00	Indirect address	Indirect address	80
01	TMR0	OPTION	81
02	PCL	PCL	82
03	STATUS	STATUS	83
04	ISR	ISR	84
05	PORTA	TRISA	85
06	PORTB	TRISB	86
07	–	–	87
08	EEDATA	EECON1	88
09	EEADR	EECON2	89
0A	PCLATH	PCLATH	8A
0B	INTCON	INTCON	8B
0C	**68-byte GPR**	**Access in bank 0 (mapped)**	8C
…			…
…			…
…			…
4F			CF
50	**50 to 7F not used**		D0
…			…
7F			FF

Bank 0 **Bank 1**

[그림 3.14] PIC16F84의 RFM

3.3.1.1 OPTION_REG 레지스터

OPTION_REG는 RFM의 Ox81 번지(16진수 표현)에 위치한 읽고 쓸 수 있는 레지스터로 타이머를 미리 스케일링 한다거나 타이머의 클럭이나 외부 인터럽트의 인식 방식을 정한다거나, 혹은 포트 B의 풀업 저항(3.2절의 앞부분 참조)을 관리하는 일을 할 때 쓴다. [그림 3.15]는 OPTION_REG의 각 비트에 대한 정의를 보여주고 있다. 예를들어, 외부 인터럽트를 구성하여 펄스가 내려올 때 인터럽트로 받아들이고자 한다면 OPTION_REG의 데이터 형태가 정의에 따라 X0XXXXXX이 되어야 한다는 것을 알 수 있다. 여기서 X는 0이나 1 중에서 아무 값이라도 상관없는 비트이다.

3.3.1.2 INTCON 레지스터

INTCON는 인터럽트 제어 레지스터로 RFM의 Ox0B와 Ox8B 번지에 있고 [그림 3.16]에 이의 각 비트를 정의해 놓았다. 이 레지스터는 여러 인터럽트(인터럽트 표시자(flag) 포함)를 사용 가능하게 하거나 불가능하게 할 때 쓰는데 CPU가 어떤 인터럽트를 받아들이기 위해서는 반드시 다음 조건을 만족해야 한다.

- INTCON에서 인터럽트의 전역 표시자(global flag)가 활성화 즉, GIE = 1이 되어야 한다.
- INTCON에서 인터럽트 발생원의 인터럽트 표시자가 활성화되어 있어야 한다. 예를들어, 외부 인터럽트를 쓰기 위해서는 INTE = 1이 되어야 한다.
- 인터럽트가 실제 일어나야 한다. 예를들어, INT 핀의 논리값이 1이 되어야 한다.

인터럽트가 확인되면 프로그램은 즉각 ISR(interrupt service routine)로 옮겨가 이를 실행하게 되는데, 이때 인터럽트 발생원의 인터럽트 표시자(외부 인터럽트인 경우 INTCON의 INTF 비트)는 다음 인터럽트를 위해 0으로 지워져야 한다.

7	6	5	4	3	2	1	0
RBPU	**INTEDG**	**T0CS**	**TOSE**	**PSA**	**PS2**	**PS1**	**PS0**

Bit 7: PORTB pull-up control
  1: PORTB pull-ups disabled
  0: PORTB pull-ups enabled

Bit 6: INT external interrupt edge detect
  1: Interrupt on rising edge of INT input
  0: Interrupt on falling edge of INT input

Bit 5: TMR0 timer clock source
  1: T0CK1 external pulse
  0: internal clock

Bit 4: TMR0 source edge select
  1: incerment on HIGH to LOW of T0CK1
  0: incerment on LOW to HIGH of T0CK1

Bit 3: Pre-scaler assignment
  1: Pre-scaler assigned to watchdog timer
  0: Pre-scaler assigned to TMR0

Bit 2-0: Pre-scaler rate
  000 1:2
  001 1:4
  010 1:8
  011 1:16
  100 1:32
  101 1:64
  110 1:128
  111 1:256

[그림 3.15] OPTION_REG의 비트 정의

7	6	5	4	3	2	1	0
GIE	EEIE	T0IE	INTE	RBIE	T0IF	INTF	RBIF

Bit 7: Global interupt control
1: Enable all unmasked interrupts
0: Disable all interrupts

Bit 6: EEPROM write complete interrupt
1: Enable EEPROM write complete intertupt
0: Disable EEPROM write complete intertupt

Bit 5: TMR0 overflow interrupt
1: Enable TMR0 interrupt
0: Disable TMR0 interrupt

Bit 4: INT external interrupt control
1: Enable INT External interrupt
0: Disable INT External Interrupt

Bit 4: RB4−RB7 port change interrupt control
1: Enable RB4−RB7 port change interrupt
1: Disable RB4−RB7 port change interrupt

Bit 1: INT interrupt flag
0: INT interrupt occurred
0: INT interrupt did not occur

Bit 0: RB4−RB7 port change interrupt flag
1: IOne or more of RB4−RB7 pins changed state
0: None of RB4−RB7 pins shanged state

[그림 3.16] INTCON의 비트 정의

3.3.1.3 TRISA와 포트 A 레지스터

포트 A는 RFM의 번지로 0x05이며 핀 RA0에서 RA4까지 5개 비트로 구성되어 있는데, 이때 아래쪽 4개 비트(RA0 - RA3)에 CMOS 출력 드라이버(25mA의 소스 및 싱크 전류 가능)를 연결할 수 있다. 하지만 RA4는 아무것도 연결되지 않은 드레인(drain) 포트이기 때문에 적당한 풀업 저항을 연결해야 출력 포트로 쓸 수 있다.* 포트

* 반도체의 대표적 형식에는 TTL(transistor−transistor logic)과 CMOS (complementary MOS)가 있는데 TTL은 말 그대로 트랜지스터 논리를 직접 이용하여 만든 반도체이고 CMOS는 MOSFET 즉, 금속산화물 반도체(metal−oxide semiconductor 혹은 MOS)를 전계 효과를 이용하여 만든 트랜지스터(field effect transistor 혹은 FET)를 짝으로 써서 만든 반도체이다. CMOS가 TTL에 비해 소자의 구성이 좀 복잡할 수도 있으나 꼭 그렇지만은 않다. 다만, CMOS에는 본문에 나온 용어처럼 포트에 아무 것도 연결시키지 않은 드레인(open drain)(개방 콜렉터(open collector)도 있음) 따위가 쓰여 그렇게 보일 수 있다. 이 말은 책의 주제와 떨어진 전문 용어인 만큼 필요할 때 독자 스스로 뜻을 파악하는 것이 좋을 듯싶다. 참고로, TTL은 속도가 빠르지

A는 양방향 특성을 지닌 핀인데 이는 TRISA 레지스터의 값으로 결정된다. 즉, TRISA의 어떤 비트를 1로 하면 해당하는 포트 A의 핀은 입력이 되고 0으로 하면 출력이 된다는 뜻이다. 예를들어, 포트 A의 0과 1, 2의 핀을 입력으로 하고 나머지는 출력이 되도록 하고자 한다면 TRISA 레지스터의 값을 00000111로 등록한다.

3.3.1.4 TRISB와 포트 B 레지스터

포트 B는 RFM의 번지로 0x06이며 핀 RB0에서 RB7까지 8개 비트로 구성되어 있고 이 핀들은 모두 CMOS 출력 드라이버(25mA의 소스 및 싱크 전류 가능)에 연결할 수 있다. 또, 핀 RB0은 외부 인터럽트 핀으로 사용할 수 있고 RB4 - RB7은 이 핀들의 상태 값이 변할 때 인터럽트 신호를 만들도록 할 수도 있다. 포트 B는 양방향 특성을 지닌 핀인데 이는 TRISB 레지스터의 값으로 결정된다. 다시 말하면, TRISB의 어떤 비트를 1로 하면 해당하는 포트 B의 핀은 입력이 되고 0으로 하면 출력이 된다는 뜻이다. 예를들어, 포트 B의 0과 2, 4의 핀을 입력으로 하고 나머지는 출력이 되도록 하고자 한다면 TRISB 레지스터의 값을 00010101로 등록한다.

3.3.1.5 TMR0 레지스터

PIC16F84는 TMR0라는 8 비트 타이머를 탑재하고 있는데 이는 타이머뿐만 아니라 카운터로도 사용할 수 있다. [그림 3.17]은 TMR0의 구조이다. TMR0가 카운터이면 클럭 펄스가 이 장치의 외부 핀인 T0CK1에 부가될 때마다 이 레지스터의 값이 1씩 증가하고, 또 타이머이면 OPTION_REG에 정해진 스케일링 값과 클럭 주파수의 빠르기만큼 증가한다. 이때, 미리 스케일링 할 수 있는 값의 범위는 1:2에서 1:256이다. 만약 클럭 주파수가 4MHz이고 기본적인 명령 사이클(instruction cycle)은 1μs(클럭의 주기가 0.25μs이기에 클럭이 4개 발생할 때마다 1개의 명령이 실행), 그리고 스케일링 값이 1:8이면 타이머 레지스터는 8μs마다 1씩 증가하게 되는 셈이다.

타이머 레지스터의 값이 255에서 0으로 넘어갈 때 타이머의 넘침 인터럽트(overflow interrupt)가 발생하는데 이 인터럽트는 INTCON 레지스터의 5번째 비트를 조작하여 소프트웨어적으로도 활성화 할 수 있다. 예를들어, 클럭 주파수가 4MHz인 경우에 200μs마다 인터럽트가 일어나도록 한다고 생각해 보자. 스케일링 값은 1:4이다. 그러면 명령어 사이클로 따져 타이머의 실효 클럭(effective clock)은 4μs이므로 인터럽트가 일어나기 전에 타이머 레지스터로 보낼 수 있는 클럭 수는 200/4 = 50이 된다. 따라서 넘침 인터럽트가 발생하기 전에 TMR0 레지스터가 받아들일 수 있는 클럭 수는 256 - 50 = 206개인 것을 알 수 있다.

만 소비 전력이 큰 단점이 있는 반면 CMOS는 이와 반대이기 때문에 이 둘을 함께 즉, 장치의 입/출력 단자는 CMOS, 그리고 내부는 TTL을 주로 쓰는 경향이 있다.

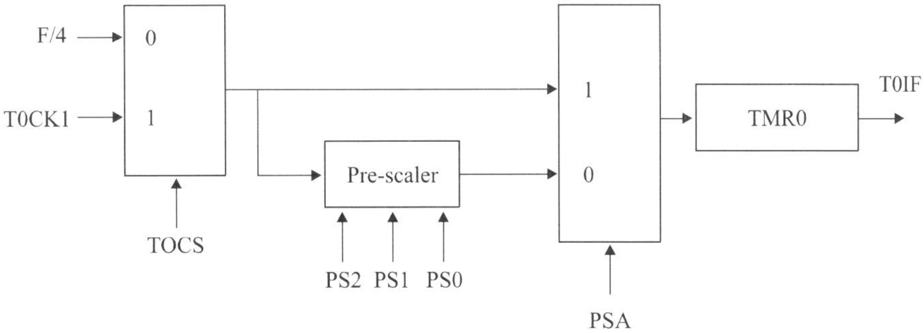

[그림 3.17] TMR0의 구조

3.3.2 PIC16F877 마이크로제어기

PIC16F877은 40핀이 달린 마이크로제어기로 역시 많이 사용하고 있는데 중요 특징은 다음과 같다.

- 8192×16 워드의 플래시 프로그램 메모리
- 256×8 바이트의 EEPROM 데이터 메모리
- 368×8 바이트의 RAM 데이터 메모리
- 10 비트 8 채널의 A/D 변환기
- 33개의 양방향 I/O 핀
- 2개의 8 비트 디이미와 1개의 16 비트 디이머
- 감시 타이머
- 14개의 인터럽트
- 비교기와 PWM 모듈
- USART 통신
- 25mA의 소스 및 싱크 전류

PIC16F877의 핀 구성은 [그림 3.18]과 같다. I/O 핀은 PIC16F84의 경우와 같이 방향 레지스터(TRIS)를 써서 입력과 출력으로 구분한다. 이 제어기는 PIC16F84와 달리 해상도가 10 비트인 8 채널 A/D 변환기가 있다는 것이 특징이다. A/D 변환기는 마이크로제어기 응용 실무에서 아주 중요한 장치인데 바로 아래에서 자세히 다루기로 한다.

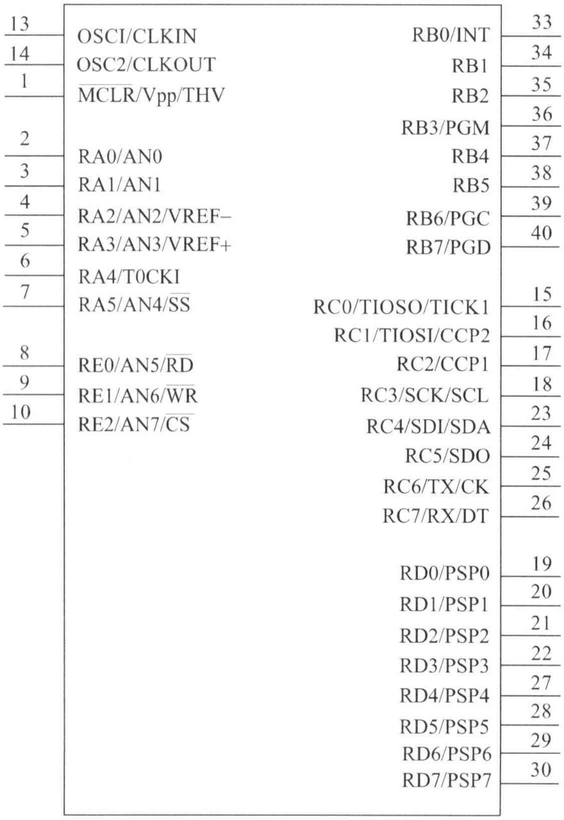

[그림 3.18] PIC16F877의 핀 구성도

3.3.2.1 A/D 변환기

A/D 변환기의 8개 입력은 이름이 AN0 - AN7로 되어 있는데([그림 3.19] 참조) PORTA와 PORTE의 디지털 입력과 서로 공유한다. 하나의 아날로그 데이터가 들어오면 언제든지 디지털 신호로 바꾸어 주는데, 이때 디지털 출력은 10 비트이다. 그리고 이 변환기는 다음과 같은 4개의 레지스터를 가지고 있다.

- A/D 결과 표시 레지스터(높은 자리) - ADRESH
- A/D 결과 표시 레지스터(낮은 자리) - ADRESL
- A/D 제어 레지스터 0번 - ADCON0
- A/D 제어 레지스터 1번 - ADCON1

A/D 제어 레지스터는 말 그대로 A/D 변환기의 동작을 제어하는데 ADCON0 레지스터의 비트 정의는 [그림 3.20]과 같다. ADCON0은 변환 주파수나 A/D 채널, A/D의 상태, 그리고 변환 명령 등을 조정하고 관리한다.

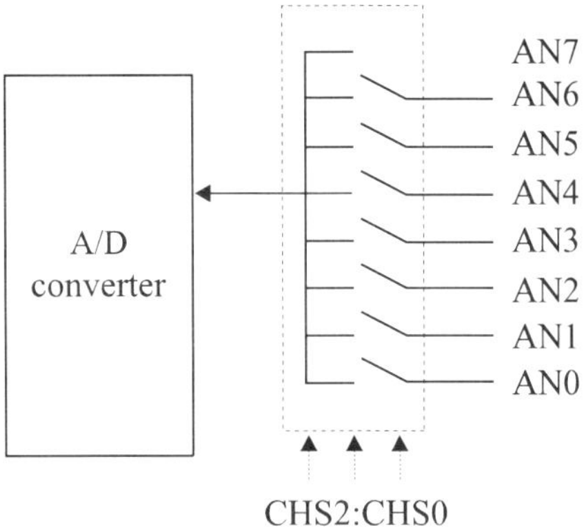

[그림 3.19] A/D 변환기의 블록 선도

ADCON1 레지스터는 A/D 입력 핀의 기능을 조정하고 A/D 변환기의 기준 전압을 관리할 때 쓰는데 이의 비트 정의는 [그림 3.21]과 같다. 특히, 7번 비트인 ADFM은 변환된 데이터의 형식을 지정하는 비트인데 1이면 10 비트의 데이터가 오른쪽으로 자리맞춤 하여 ADRESH 레지스터의 위쪽 6자리 비트를 0으로 읽어 들인다. 또, 0으로 되어 있으면 왼쪽으로 자리맞춤 하고 ADRESH의 아래쪽 6자리 비트를 0으로 읽는다. ADCON1의 0에서 3까지 비트는 [그림 3.22]에 보인 것처럼 A/D 변환기의 입력 핀을 아날로그와 디지털 중에서 선택할 때 쓴다. [그림 3.22]에서 Vref+와 Vref-는 각각 A/D 변환기의 양 및 음의 기준 전압이다. 프로그래머가 외부의 기준 전압을 선택할 수 있으나 대부분의 경우 Vref+는 Vdd(공급 전원)와, 그리고 Vref-는 Vss(공급 접지)와 같게 해 둔다.

A/D 변환 동작은 ADCON1 레지스터의 GO/DONE 비트가 1이 될 때 일어나고 변환 동작을 끝내는 일은 다음 두 방법 중의 어느 하나가 담당한다. 가장 쉬운 방법은 GO/DONE 비트가 0으로 지워질 때까지 계속 확인하는 것이고, 두번째 방법은 변환이 완성되었을 때 인터럽트가 발생하도록 프로그램으로 짜는 것이다. A/D 변환기를 사용하는 단계를 요약하면 다음과 같다.

- A/D 변환기를 미리 구성한다.
  - 아날로그 핀과 기준 전압을 구성한다.

7	6	5	4	3	2	1	0
ADCS1	ADCS0	CHS2	CHS1	CHS0	GO/DONE	–	ADON

Bit 7–6: ADSC1:ADSC0 A/D converter clock selection

00: $f_{ose}/2$
01: $f_{ose}/8$
10: $f_{ose}/32$
11: f_{rc}

Bit 5–3: CHS2:CHS0 analog channel select bits

000: Select channel 0 (AN0)
001: Select channel 1 (AN1)
010: Select channel 2 (AN2)
011: Select channel 3 (AN3)
100: Select channel 4 (AN4)
101: Select channel 5 (AN5)
110: Select channel 6 (AN6)
111: Select channel 7 (AN7)

Bit 2: GO/DONE A/D conversion status bit

1: A/D conversion in progress (setting it starts the A/D conversoin)
0: A/D converter not in progress (cleared by hardware when conversion is complete)

Bit 1: Not used

Bit 0: A/D on bit

1: A/D module is pterating
0: A/D module is shut

[그림 3.20] ADCON0의 비트 정의

- A/D 입력 채널을 선택한다.
- A/D 변환의 빠르기(클럭)를 선택한다.
- A/D 변환기에 전원을 넣는다.

- A/D 인터럽트를 구성한다.(필요한 경우만)
- A/D 변환 동작을 시작한다.
- ADCON1의 GO/DONE 비트를 1로 둔다.
- 변환이 끝날 때까지 기다린다.
- GO/DONE 비트가 0이 될 때까지 계속 확인하거나 A/D 인터럽트를 기다린다.
- A/D 변환 결과를 ADRESH와 ADRESL 레지스터에서 읽는다.
- 위 단계를 필요한 만큼 반복한다.

7	6	5	4	3	2	1	0
ADFM	–	–	–	PCFG3	PCFG2	PCFG1	PCFG0

Bit 7: ADFM A/D resulf format

1: Right-justified. Six most significant bits of ADRESH are cleared to 0

0: Left-justified. Six least significant bits of ADRESH are cleared to 0

Bit 6-4: Not used

1: Enable EEPROM write complete interrupt

0: Disable EEPROM write complete interrupt

Bit 3-0: PCFG3-PCFG0 A/D port pin configuration

[그림 3.21] ADCON1의 비트 정의

PCFG3: PCFG0	AN7	AN6	AN5	AN4	AN3	AN2	AN1	AN0	Vref+	Vref-
0000	A	A	A	A	A	A	A	A	VDD	VSS
0001	A	A	A	A	Vref+	A	A	A	RA3	VSS
0010	D	D	D	A	A	A	A	A	VDD	VSS
0011	D	D	D	A	Vref+	A	A	A	RA3	VSS
0100	D	D	D	D	A	D	A	A	VDD	VSS
0101	D	D	D	D	Vref+	D	A	A	RA3	VSS
0110	D	D	D	D	D	D	D	D	VDD	VDD
0111	D	D	D	D	D	D	D	D	VDD	VSS
1000	A	A	A	A	Vref+	Vref-	A	A	RA3	RA2
1001	D	D	A	A	A	A	A	A	VDD	VSS
1011	D	D	A	A	Vref+	A	A	A	RA3	VSS
1011	D	D	A	A	Vref+	Vref-	A	A	RA3	RA2
1100	D	D	D	A	Vref+	Vref-	A	A	RA3	RA2
1101	D	D	D	D	Vref+	Vref-	A	A	RA3	RA2
1110	D	D	D	D	D	D	D	A	VDD	VSS
1111	D	D	D	D	Vref+	Vref-	D	A	RA3	RA2

★D-디지털 입력 A-아날로그 입력

[그림 3.22] A/D 변환기 입력 핀의 구성도

3.4 연습문제

1. 대부분의 PIC 마이크로제어기에 공통인 특징을 설명하라.
2. 외부의 누름단추를 써서 PIC 마이크로제어기의 리셋 회로를 만드는 방법에 대하여 설명하라.
3. 4MHz의 수정 발신기를 사용하는 PIC 시스템의 최소 구성을 회로도로 그려 보라.

4. 저항과 커패시터를 써서 약 2MHz의 클럭 주파수가 발생하도록 하는 PIC 시스템의 최소 구성을 회로도로 그려 보라.
5. 수정 및 공진 발진기의 차이와 이 중에서 시간을 정확하게 맞추어야 하는 경우에는 어떤 것이 더 나은지 말해 보라.
6. RFM(resister file map)이 무엇이고 어디에 쓸 수 있는지 설명하라.
7. PIC16F84로 마이크로제어기를 꾸밀 때 포트 A의 핀 RA0와 RA2를 입력으로 하고 포트 B의 모든 핀은 출력으로 하고자 한다. 포트 A와 B의 방향 레지스터에 들어갈 값을 결정하라.
8. PIC16F84와 PIC16F877의 중요한 차이를 설명하라.
9. PIC16F877에는 열(bank)이 몇 개 있는지 알아보고 왜 PIC16F84보다 더 많은지 그 까닭을 따져 보라.
10. A/D 변환기의 용도를 설명하고 PIC16F877의 A/D 변환기에는 몇 개의 채널이 있고, 또 이 변환기의 해상도는 얼마인지 말해 보라.
11. PIC16F877의 A/D 변환기에서 데이터를 읽어 오는 단계를 설명하라.
12. 4MHz의 수정 발진기를 이용하여 120μs마다 타이머 인터럽트를 발생시키고자 한다. 타이머 레지스터 TMR0에 등록될 값을 결정하고, 이때 스케일링 값을 얼마로 했는지 말해 보라.
13. A/D 변환기로 아날로그 데이터를 채널 AN2에서 읽어 오도록 할 때 필요한 단계를 설명하고 데이터 형식이 무언지 이 데이터를 어떻게 오른쪽 맞춤으로 할 수 있는지 언급해 보라.

더 읽어 볼 책

Microchip Data on CDROM, Microchip Technology Inc., www.microchip.com.

Microchip Databook, Microchip Technology Inc., www.microchip.com.

PICC User's Guide, Hi-Tech Software, www.htsoft.com.

Ibrahim, D., *Microcontroller Based Temperature Monitoring and Control,* Newnes, London, 2002.

Iovine, J., *PIC Microcontroller Project Book*, McGraw-Hill, New York, 2000.

James, M. R., *Microcontroller Cookbook PIC and 8051,* Newnes, London, 1977.

Kalani, G., *Microprocessor Based Distributed Control Systems,* Prentice-Hall, Englewood Cliffs, NJ, 1989.

PIC 마이크로제어기의 C 프로그래밍

제4장

마이크로제어기의 프로그래밍은 전통적으로 어셈블리 언어가 담당해 왔다. 이 언어는 마이크로제어기의 명령어를 약식 기호(mnemonics)를 써서 나타내고 마이크로제어기마다 서로 다른 형식을 채택하고 있기 때문에 범용으로 쓸 수 있는 형편이 못 된다. 비록 처리 속도는 빠르지만 사용이 복잡하고 유지 및 보수하는 일도 아주 어렵다는 것이 단점이다. 그래서 어셈블리 언어로 프로젝트를 개발하고자 하면 시간이 엄청 들 뿐만 아니라 디버깅이나 시험하는데 상당한 노력을 바쳐야 한다.

요즘의 마이크로제어기는 고급 언어 즉, BASIC, PASCAL, FORTRAN 및 C 언어로 프로그래밍 할 수 있다. 대부분의 이런 언어가 이제는 마이크로제어기의 프로그램 메모리에 탑재될 수 있는 기계어 코드를 직접 만들 수 있기 때문이다.

이 장에서는 PIC 마이크로제어기를 C로 프로그래밍 하는 방법에 대하여 살펴볼 것이다. C는 오늘날 가장 흔히 쓰는 프로그래밍 언어 중의 하나지만 이의 컴파일러(compiler)는 여럿 있다. 그래서 이 책에서는 Hi-Tech Software 회사가 개발한 PICC Lite C 컴파일러를 사용한다. *PICC Lite*는 마이크로제어기 중에서 PIC16F84, PIC16F877, PIC16F627, 그리고 PIC16F629 계열을 프로그래밍 하는데 아주 우수하고 그러면서도 공짜이다. 자체에 문법을 인식하여 시각적으로 보여 주는 편집기를 갖추고 있어 프로그램 개발이 수월하며, 또 풍부한 라이브러리 함수를 제공하여 프로그래머가 마음대로 쓸 수 있도록 해준 것도 빼놓을 수 없는 장점이다. PICC Lite 컴파일러를 선택한 몇 가지 까닭을 더 들면 다음과 같다.

- 부동 소수점 연산을 지원
- 풍부한 수학 함수를 제공
- LCD 화면을 직접 지원
- 습득과 사용이 편리

프로그래밍 언어로서 살펴볼 때 C는 PASCAL이나 FORTRAN과 비슷하다. 값을 변수에 저장하고 프로그램이 구조화 되어 있다거나 함수를 정의하고 호출하는 형식 따위가 그렇고, 또 프로그램의 흐름을 if나 while, 루프 등으로 제어하는 것이나 배열이나 구조체를 써서 관련 데이터를 모으는 것도 마찬가지다.

C로 프로그램을 개발하는 절차는 아주 간단하다. 고급 언어는 대부분 개인의 PC에서 적당한 편집기로 작업할 수 있기 때문에 이의 번역도 메뉴를 통해 쉽게 할 수 있다. 번역 과정에서 잘못이 없으면 목적 코드(object code)를 마이크로제어기의 프로그램 메모리로 연결선을 통해 내려받기(download) 해 주면 되고, 이 과정을 각각의 프로그램을 필요한 만큼 작성할 때까지 계속 반복하면 그만이다. 이제부터 PICC Lite에 대해 하나씩 배워 보기로 한다.

4.1 PICC Lite의 데이터 형

PICC Lite가 지원하는 데이터 형(data type)은 다음과 같다. 여기서 괄호 속에 영어로 표시한 것은 앞의 우리말에 대한 PICC Lite의 명령 키워드이다.

- 비트(bit)
- 부호 없는 문자(unsigned char)
- 부호 있는 문자(signed char)
- 부호 없는 정수(unsigned int)
- 부호 있는 정수(signed int)
- 부호 없고 긴 정수(long)
- 부호 없이 긴 정수(unsigned long)
- 단밀도 실수(float)
- 배밀도 실수(double)

4.1.1 비트 형

비트(bit)는 Boole 변수의 값 즉, 0과 1을 저장하는데 프로그램에서 보통 표시자(flag)로 주로 사용한다. 예를들어, bit answer;와 같이 생성된 변수 *answer*는 항상 0과 1만 가지게 된다.

4.1.2 부호 없는 문자 형

부호 없는 문자(unsigned char)는 8비트 저장 공간을 가지며 주로 ASCII 문자나 범위가 0에서 255(비트 형식으로는 '11111111')까지인 정수를 담는다. 다음 예에서 변수 *count*와 *initial*을 부호 없는 문자형으로 선언하였고, 이때 *count*에는 120을, 그리고 *initial*에는 문자 'T'를 할당했다.

```
unsigned char count, initial;
count = 120;
initial = 'T';
```

4.1.3 부호 있는 문자 형

부호 있는 문자(signed char 혹은 간단히 char)는 8비트 저장 공간을 가지며 십진수로 범위가 −128(비트 형식으로는 '10000000')에서 +127(비트 형식으로는 '01111111')까지를 담는다. 다음 예에서 변수 *first*는 십진수 −180을, 그리고 변수 *count*는 십진수 25를 초기값으로 저장한다.

```
signed char first, count;
first = -180;
count = 25;
```

4.1.4 부호 없는 정수 형

부호 없는 정수(unsigned int)는 다음 예에서 변수 *result*에 28512를 할당했다.

```
unsigned int result;
result = 28512;
```

4.1.5 부호 있는 정수 형

부호 있는 정수(signed int 혹은 간단히 int)는 16 비트의 저장 공간에 범위가 −32768(비트 형식으로는 '1000000000000000')에서 +32767(비트 형식으로는 '0111111111111111')까지의 수를 저장할 때 쓴다. 다음 예에서 변수 *count*를 부호 있는 정수로 선언하여 음의 값 −25000을 저장해 놓았다.

```
signed int count;
count = -25000;
```

4.1.6 부호 있는 긴 정수 형

부호 있는 긴 정수(long)는 32 비트의 저장 공간을 가지며 주로 절대값이 아주 큰 정수를 담을 때 쓴다. 범위는 −2147483648에서 +2147483647까지다. 아래 예에서 45000을 변수 *sum*에 저장하였다.

```
long sum;
sum = 45000;
```

4.1.7 부호 없는 긴 정수 형

부호 없는 긴 정수(unsigned long)는 32 비트의 저장 공간에 부호가 없는 큰 정수를 담는데 범위는 0에서 4294967295까지다. 아래 예에서 변수 *cnt*는 3200000의 아주 큰 수를 갖게 된다.

```
unsigned long cnt;
cnt = 3200000;
```

4.1.8 단밀도 실수 형

단밀도 실수(float)는 저장 공간이 24 비트이며 주로 정수가 아닌 분수(부동소수점 실수(floating−point real number)라고도 함)를 담는다. 컴퓨터에서 쓰는 부동소수점 실수는 모두 IEEE 754 규칙을 따라야 하는데 이를 간단히 요약하면 다음과 같다.

- 부호 비트를 1 비트 확보한다.
- 지수(exponent) 부분을 위해 8 비트 확보한다. 이때, 지수에 저장되는 값은 127을 초과하는 값이다. 즉, 지수 0은 127을 뜻한다.
- 가수(mantissa) 부분을 위해 15 비트 확보한다. 즉, 실제의 유효 숫자는 15개의 비트로 표현하고, 이때 소수점 왼쪽에는 묵시적인 비트가 있어 항상 1이라고 가정한다.

위의 규칙을 간단히 식으로 나타내면 다음과 같다.

$$(-1)^{\text{부호}} \times 2^{(\text{지수}-127)} \times 1.\text{가수}$$

하나의 예로, 실수 48.03125를 비트 형식으로 쓰면

```
0 10000100 100 0000 0010 0000
```

인데, 여기서 지수는 132이고 가수는 $1 + 2^{-1} + 2^{-10} = 1.500\ 976\ 562\ 5$이다. 즉, 가수에 32(2132-127 = 32)를 곱하면 찾아야 하는 수인 48.03125가 되는 것이다. 다음은 실수 2.35를 변수 *temp*에 저장하는 예이다.

```
float temp;
temp = 2.35;
```

4.1.9 배밀도 실수 형

배밀도 실수(double)는 24 비트나 32 비트의 저장 공간(C 언어를 번역할 때 비트 수를 선택할 수 있음)에 배밀도(double-precision)의 부동소수점 실수를 담는다. IEEE 754의 32 비트 실수 형에 대한 규칙은 다음과 같다.

- 부호 비트는 1 비트이다.
- 지수 비트는 8 비트로 127을 초과하는 수를 저장하도록 한다.
- 가수 비트는 23 비트이다.

다음 예는 변수 *temp*에 12.34567을 배밀도 부동소수점 실수로 저장한다.

```
double temp;
temp = 12.34567;
```

4.2 변수

C에서 변수(variable)는 프로그램에서 사용하기 전에 반드시 먼저 선언되어야 하는데 보통 코드 블록의 앞에 내놓는다. 모든 변수는 이름과 값을 가지고 있다. 즉, 이름은 변수를 식별하는데 쓰고 값은 변수에 저장된 데이터이다. 변수 이름에 적용되는 규칙은 이렇다. 변수 이름은 모두 첫 글자를 문자로 해야 하지만 나머지는 문자나 숫자, 밑줄 중에서 아무거나 써도 된다. 그리고 C는 변수 이름에서 대문자와 소문자를 서로 구분하고, 또 if나 while, switch 따위와 같은 키워드는 변수 이름으로 사용할 수 없다.

변수 선언(variable declaration)은 데이터 형에 대한 키워드를 쓰고 이어서 1개 이상의 변수 이름을 놓으면 되는데, 이때 변수가 여러 개일 때는 콤마로 서로 구분하고 세미콜론으로 끝마쳐야 한다. 즉,

```
int sum, low, high;
```

와 같다. 변수의 값은 변수 선언 후에 할당되어야 한다. 즉,

```
int low, high, sum;
unsigned char name;
low = 0;
high = 200;
sum = 10;
name = 'R';
```

와 같은데 다음과 같이 변수를 선언하면서 동시에 값을 할당할 수도 있다.

```
int low = 0;
int high = 200;
int sum = 10;
unsigned char name = 'R';
```

4.3 프로그램의 설명

설명(혹은 주석(comment))은 프로그램이나 코드의 목적을 명확하게 할 때 쓰고, 이 때 컴파일러는 이런 설명문을 무시한다. 설명문을 다는 방식은 두 가지이다. 즉, 설명문 앞에 이중 사선('//')을 사용하는 것이 한 방법인데 예는 다음과 같다.

```
j = 0;                  // 변수 j를 0으로 둠
sum = sum + 1;          // 변수 sum에 1을 증가
//
// 다음 코드에서 변수 k와 m을 0으로 둠
//
k = 0;
m = 0;
```

설명문을 붙이는 다른 방법으로는 문자 '/*' 다음에 설명할 말을 적고 문자 '*/'로 끝맺는 것이다. 이 방법은 설명문을 몇 줄에 걸쳐 확장할 수 있다는 것이 장점인데 예는 다음과 같다.

```
/* 이 프로그램은 두 개의 정수 x와 z를 더한다.
   그리고 이 결과를 변수 z에 넣는다.
```

```
   그런 다음에 z를 1만큼 증가시킨다.
*/
z = x + y;
z = z + 1;
```

프로그램에 설명문을 두 가지 방법을 섞어서 달 수도 있는데 예는 다음과 같다.

```
/* 이 프로그램은 두 개의 정수 x와 y를 곱한 후에
   결과를 변수 z에 저장한다.
*/
z = x + y;                        // 두 수의 곱셈
```

4.4 프로그램 메모리에 변수 저장

변수는 프로그램이 실행되는 동안에 자주 값이 바뀔 수 있으므로 마이크로제어기의 RAM에 저장되는 것이 보통이다. 하지만 프로그램이 끝날 때까지 값이 바뀌지 않는 변수(이를 상수(constant)라 함)도 있는데 이를 경우에는 플래시 메모리나 EPROM과 같은 프로그램 메모리에 저장할 수도 있다. 대부분의 마이크로제어기는 RAM의 크기가 한정되어 있어 변수를 될 수 있으면 프로그램 메모리에 저장함으로써 RAM의 공간을 더 확보하도록 한다. 변수를 선언할 때 키워드 const를 앞에 붙여 쓴 변수는 프로그램 메모리에 자동 저장되는데 다음 예의 *pi* 변수가 해당한다. 물론 변수 *sum*은 RAM에 저장될 것이다.

```
float sum;
const float pi;
```

4.5 정적 변수

정적 변수(static variable)는 보통 함수에서 사용하는데 선언된 함수 안에서만 참조할 수 있다. 정적 변수의 값은 프로그램 제어가 해당 함수를 벗어났을 때도 사라지지 않고 남아 있다가 나중에 다시 그 함수가 호출될 때 그대로 사용할 수 있다. 정적 변수는 다른 일반적인 변수와 같이 초기화 할 수 있지만 반드시 프로그램이 시작할 때 꼭 한번만 이루어져야 한다. 그리고 정적 변수로 선언하려면 키워드 static을 사용하는데 예는 다음과 같다.

```
static int sum;
```

4.6 변동 변수

변동 변수(volatile variable)는 프로그램이 아닌 인터럽트 서비스 루틴(ISR) 따위와 같은 특별한 상황에 따라 값을 바꾸는 변수이다. 키워드 volatile로 변동 변수를 선언하면 컴파일러는 이 변수의 값이 프로그램 코드가 아닌 다른 방식으로 언제든지 바뀔 수 있다는 것을 알게 된다. 따라서 I/O와 관계있는 변수나 ISR과 공유하는 변수는 반드시 변동 변수로 선언되어야 하는데 다음의 예에서 count 변수가 그런 셈이다.

```
volatile int count;
```

4.7 영속 변수

변수의 초기값은 보통 프로그램이 다시 시작할 때 즉, 마이크로제어기에 리셋이 걸렸을 때 0으로 지워진다. 하지만 영속 변수(persistent variable)는 그렇지 않다. 다음 예에서 max가 키워드 persistent를 써서 영속 변수로 선언되었기 때문에 리셋 이후에도 이의 값은 지워지지 않는다.

```
persistent int max;
```

4.8 절대 주소를 갖는 변수

변수를 선언할 때 마이크로제어기의 메모리에 절대 주소(absolute address)를 미리 정하여 그곳에 변수가 저장될 수 있도록 할 수 있는데 다음과 같이 변수 이름 다음에 문자 '@'를 쓰면 된다.

```
unsigned char Portbit @ 0x06
```

즉, 변수 *Portbit*는 16진수로 나타낸 6번지의 절대 주소에 할당된다. 여기서 한 가지 알아 둘 것은 컴파일러가 *Portbit*를 위해 메모리 위치를 새로 만드는 것이 아니라 지정한 주소로 변수를 연결시켜 놓는다는 것이다.

비트 데이터 형과 절대 주소를 갖는 변수를 함께 쓰면 레지스터의 각 비트를 참조하는데 아주 유용하다. 예를들어, PORTA 레지스터가 절대 주소 5번지에 있을 때 이의 비트 1을 참조하려면 *PA1* 변수를 다음과 같이 선언할 수 있다.

```
unsigned char PORTA @ 0x05;
bit PA1 @ (unsigned)&PORTA*8+1;
```

4.9 열1 자격자

열1 자격자(bank1 qualifier)는 정적 변수를 RAM의 열1에 저장하도록 할 때 쓴다. 이렇게 지정하지 않는 보통의 경우에는 RAM의 열0에 변수를 저장한다. 다음은 정수형 정적 변수 *temp*를 열1에 담는 예이다.

```
static bank1 int temp;
```

4.10 배열

배열(array)은 같은 형의 변수를 묶어 놓은 것이다. 그래서 정수 형 데이터 10개를 한데 모아 정수 배열 *results*로 만들고자 한다면 다음과 같이 명령한다.

```
int results[10];
```

배열은 [그림 4.1]과 같이 각 배열의 요소를 첨자로 구분하는데, 이때 첨자는 반드시 0부터 시작한다. 이 경우엔 첫 번째 요소의 첨자는 0이고 마지막 10번째 요소의 첨자는 9이다. 배열의 요소는 해당하는 첨자를 대괄호 속에 넣어 참조한다. 예를 들어, 배열 results의 첫 번째 요소는 results[0]이고 두 번째 요소는 results[1], 그리고 마지막 요소는 results[9]인 것이다. 배열의 요소에 값을 할당할 때는 배열의 데이터 형과 같은 데이터를 사용해야 한다. 따라서 세 번째 요소인 results[2]에 값을 넣으려면 results[2] = 25; 와 같이 반드시 정수 형 데이터를 사용해야 한다. 배열의 요소는 데이터를 콤마로 구분하여 중괄호에 감싸서 초기화 할 수 있는데, 이때는 배열의 요소 개수를 지정해서는 안 된다. 즉, 다음의 예와 같이 홀수를 배열 *results*의 요소로 하고자 명령하면 요소 개수는 자동으로 10이 되는 것이다.

```
int results[] = {1, 3, 5, 7, 9, 11, 13, 15, 17, 19};
```

results[0]
results[1]
results[2]
results[3]
results[4]
results[5]
results[6]
results[7]
results[8]
results[9]

[그림 4.1] 요소가 10개인 배열

배열의 요소는 마이크로제어기의 RAM 메모리나 프로그램 메모리 중에서 어디에나 저장할 수 있다. 하지만 배열 요소가 프로그램이 실행되는 동안에 결코 변하지 않는다면 프로그램 메모리에 저장하여 다른 목적을 위해 값비싼 RAM의 공간을 좀 더 확보해 두는 것이 좋을 것이다. 다음 예와 같이 키워드 const를 쓰면 값이 변하지 않는 상수로 지정하는 것이니 프로그램 메모리에 저장되는 것은 당연하다.

```
const int results[] = {1, 3, 5, 7, 9, 11, 13, 15, 17, 19};
```

배열에는 문자도 저장할 수 있는데 배열 *device*에 문자 COMPUTER를 저장하려면 다음과 같이 명령하면 된다.

```
unsigned char device[] = {'C', 'O', 'M', 'P', 'U', 'T', 'E', 'R'};
```

이때, 배열 *device*의 크기는 8로 자동 지정되며 각 요소에 할당된 값은

```
device[0] = 'C'
device[1] = 'O'
device[2] = 'M'
device[3] = 'P'
device[4] = 'U'
device[5] = 'T'
device[6] = 'E'
device[7] = 'R'
```

이다. 문자를 저장하는 또 다른 방법으로 문자열(string) 변수를 사용하기도 한다. 문자열은 말 그대로 배열에 문자만을 연속적으로 저장한 것인데 반드시 ASCII 코드 값으로 0인 빈문자(null character)로 끝맺어져 있다는 것이 특징이다. 위와 같은 예를 이 방법으로 하면

```
unsigned char device[] = 'COMPUTER';
```

와 같다. 하지만 이 경우엔 배열의 크기는 마지막 배열 요소로 빈문자를 포함하기 때문에 9가 되는데 각 요소의 값은 다음과 같이 할당된다.

```
device[0] = 'C'
device[1] = 'O'
device[2] = 'M'
device[3] = 'P'
device[4] = 'U'
device[5] = 'T'
device[6] = 'E'
device[7] = 'R'
device[8] = 0
```

배열은 다차원 배열(multi-dimensional array)로 쓸 수도 있다. 예를들어, 배열의 행의 크기에 이어 열의 크기도 함께 지정하여 2차원 배열로 선언할 수 있다는 것인데 행이 3개이고 열이 5개인 정수 배열 *temp*의 선언은

```
int temp[3][5];
```

이 되는 것이다. 그러면 *temp*는 [그림 4.2]와 같이 요소를 15개 가지게 되고, 이때 첫 번째 요소(왼쪽 맨 위의 요소)를 첨자로 표시하면 temp[0][0]이고 마지막 요소(오른쪽 맨 아래의 요소)는 temp[2][4]이다. 2차원 배열에 값을 할당하는 일도 첨자의 자리를 하나 더 둔다는 것만 빼면 그냥 배열일 때 했던 방법과 똑같다. 그래서 배열 *temp*의 첫 번째 행과 세 번째 열에 정수 50을 대입하고자 하면

```
temp[0][2] = 50;
```

와 같이 쓰면 된다.

temp[0][0]	temp[0][1]	temp[0][2]	temp[0][3]	temp[0][4]
temp[1][0]	temp[1][1]	temp[1][2]	temp[1][3]	temp[1][4]
temp[2][0]	temp[2][1]	temp[2][2]	temp[2][3]	temp[2][4]

[그림 4.22] 차원 배열

4.11 ASCII 상수

PICC Lite 컴파일러는 몇몇 ASCII 상수를 지원해 주고 있는데 이를 프로그램에 쓸 때는 상수에 대한 ASCII 코드 값 대신에 다음에 보인 상수에 대한 기호를 바로 사용하면 된다.

\n 줄 바꾸기
\t 수평 탭
\\ 역사선
\' 홑따옴표
\0 빈문자

4.12 산술, 관계 및 논리 연산자

PICC Lite 컴파일러는 산술, 관계 및 논리 연산자를 아주 많이 지원하는데 이 중에서 가장 흔히 쓰는 것을 요약하면 다음과 같다.

() [] 괄호
! 부정 논리
~ 비트 보수
+ - * / 덧셈, 뺄셈, 곱셈, 나눗셈
% 나머지
++ 1 증가
-- 1 감소
& 번지
<< 왼쪽 이동
>> 오른쪽 이동
>= 크거나 같음
> 큼
<= 작거나 같음

```
<       작음
sizeof 변수의 크기(바이트 수)
==      같음
!=      같지 않음
||      논리합(OR)
&&      논리곱(AND)
+=      더하여 대입
-+      빼서 대입
/=      나누어서 대입
|=      논리합 후 대입
^=      논리 부정 후 대입
&=      논리곱 후 대입
>>=     오른쪽 이동 후 대입
<<=     왼쪽 이동 후 대입
```

여러 연산자 중에서 특히 C 언어만 독특하게 지원하는 연산자는 좀더 세밀히 다룰 필요가 있다. 증가 및 감소 연산자가 그 중 하나인데 변수의 앞에 붙이느냐 뒤에 붙이느냐에 따라 평가 방법이 달라진다. 다음을 살펴보자.

원 식	등가 식
++i;	i = i + 1;
i++;	i = i + 1;
--i;	i = i - 1;
i--;	i = i - 1;

증가 및 감소 연산자를 변수의 앞 혹은 뒤에 붙였을 때 등가 식에 차이가 없는 것은 원 식에 변수가 1개만 들어 있기 때문이다. 기본 원리를 아는 것이 중요하다. 앞에 붙이면 식을 평가하기 전에 변수의 값이 먼저 변하고 뒤에 붙이면 변수의 현재 값으로 식을 평가한 후에 변수의 값을 나중에 바꾼다는 것을. 그래서 x = a*b++;는 x = a*b;와 b = b + 1; 두 문장과 등가이고 x = ++b*a;의 등가 식은 순서를 바꾸어 b = b + 1;와 x = b*a;인 것이다. 다음의 경우도 마찬가지다.

원 식	등가 식
x = a*b--	x = a*b; b = b - 1;
x = --b*a	b = b - 1; x = x*b

두 연산자를 합쳐 놓은 복합 연산자도 C 언어를 독특하게 만드는 것 중의 하나인

데 사용법은 다음과 같다.

```
원 식                 등가 식
i += 5;              i = i + 5
i -= 5               i = i - 5
i *= 5               i = i * 5
i /= 5;              i = i / 5;
```

비트를 왼쪽이나 오른쪽으로 옮겨 데이터 값을 바꿀 수도 있다. 예를들어, 변수 sum의 값을 8(비트 형식으로 '00001000')이라고 할 때 '<<'(비트를 왼쪽으로 이동)와 '>>'(비트를 오른쪽으로 이동)을 써서 sum = sum << 1; 혹은 sum <<= 1;는 비트를 왼쪽으로 한 칸만 이동했으니 sum의 값은 16이 되는 것이고 8이 담긴 sum을 sum = sum >> 2; 혹은 sum >>= 2;로 명령하면 비트를 오른쪽으로 두 칸 이동시킨 것이니 sum은 2인 것이다.

논리 보수나 AND, OR 연산자는 변수의 모든 비트에 적용된다. 예를들어, 8 비트인 부호 없는 문자 형 변수 a와 b에 대해 a = 6(비트 형식으로 '00000110')와 b = 2(비트 형식으로 '00000010')일 때 x = ~a;는 a의 보수를 x에 저장하라는 명령이니 x = 249(비트 형식으로 '11111001')이고 x = a & b;는 비트끼리 즉, '00000110'와 '00000010'를 AND로 연산해야 하므로 '00000010'이 되고 따라서 x = 2와 같다. x = a | b;이 x = 6인 것도 마찬가지다.

논리 연산자는 관계 연산자를 연결할 때도 쓴다. 그래서

```
x < 10 && x > 5
```

는 x가 10보다 작고 5보다는 클 때에만 참이 되는 복합 조건이 만들어진 셈이다. 비슷한 관점에서 x > 20 || y > 20는 x나 y 중에서 어느 하나가 20보다 크면 참이 되는 복합 조건이다. C에서 식의 논리적 연결은 좀 색다르다. 다시 말하면, 식을 왼쪽에서 오른쪽으로 평가해 가다가 오른쪽의 식은 이를 평가해야 할 환경이 조성될 때에만 평가한다는 것이다. 예를들어, '거짓 && 거짓'와 같이 연결되어 있으면 두 번째 식이 참이더라도 평가할 필요 없이 복합 조건의 결과를 거짓으로 판정한다. 연산자 &&는 두 조건이 참일 경우에만 참이고 거짓이 하나라도 있는 경우이면 항상 거짓이기 때문이다. 같은 까닭으로, '참 || 참'이면 두 번째 식은 복합 조건의 결과와는 전혀 상관없는 식이 된다. 이른바 게으른 평가(lazy evaluation) 혹은 단락 평가(short-circuit evaluation)라는 말이 나오게 된 배경이다.

예제 4.1
변수 *sum*과 *count*, *total*은 모두 8 비트의 부호 없는 문자형이다. sum = 65와 count = 240일 때 다음 식의 값을 찾아라.

(1) total =~ sum;
(2) total = sum | count;
(3) total = sum & count;
(4) count += 1;
(5) count |= sum;
(6) total = count++;
(7) total = ++sum;
(8) total = sum >> 1
(9) total =~ count;
(10) sum >>= 1;

풀이
(1) sum = 0100 0001이므로 total =~ sum은 1011 1110이다.
(2) sum = 0100 0001이고 count = 1111 0000이므로 total은 1111 0001이다.
(3) total은 0100 0000이다.
(4) count = count + 1이므로 241이다.
(5) sum = 0100 0001이고 count = 1111 0000이므로 count |= sum은 1111 0001이다.
(6) total = count + 1이므로 241이다.
(7) total = sum + 1이므로 66이다.
(8) sum = 0100 0001이므로 sum >> 1는 0010 0000이다.
(9) count = 1111 0000이므로 ~count는 0000 1111이다.
(10) sum = 0100 0001이므로 0010 0000이다.

4.13 밑수 체계

PICC Lite는 정수를 표현할 때 수의 밑수(base)를 달리하여 나타낼 수 있는데 [표 4.1]에 간단히 요약해 놓았다.

[표 4.1] 밑수 체계

Number base	Format	Example
Binary	0bnumber	0b10000001
Octal	0number	0774
Decimal	number	218
Hexadecimal	0 × number	0 × 7F

4.14 구조체

구조체(structure)는 관계있는 데이터를 서로 모아 놓은 것이다. 예를들어, 사람에 대해 설명하고자 한다면 이름이나 성, 나이, 주소 따위와 같이 데이터 형은 서로 다르더라도 사람이라는 대상을 놓고 보면 서로 관계있는 데이터가 되는 것이다. 즉,

```
unsigned char name[80];
unsigned char surname[80];
unsigned int age;
unsigned char address[80];
```

을 한데 뭉쳐 다음과 같이 구조체로 선언할 수 있다.

```
struct person
{
        unsigned char name[80];
        unsigned char surname[80];
        unsigned int age;
        unsigned char address[80];
}
```

이렇게 선언된 구조체는 아직 메모리의 어떤 위치를 차지하지 못한다. 그래서 구조체 person의 데이터 형을 갖는 변수를 다음과 같이 새로 선언해야 제대로 쓸 수 있다.

```
struct person my_details;
```

구조체의 요소(이를 전문 용어로 멤버(member)라 함)는 구조체 이름 다음에 점

(dot)을 찍고 멤버 이름을 써서 참조할 수 있다. 즉,

```
my_details.age = 20;
```

와 같다. 구조체는 키워드 typedef으로도 다음과 같이 선언될 수 있다.

```
typedef struct {
        unsigned char name[80];
        unsigned char surname[80];
        unsigned int age;
        unsigned char address[80];
} person;
```

사실 위의 명령은 새로운 변수 형인 person을 사용자가 직접 만든 셈인데, 이때 person이 여러 멤버를 가진 구조체인 것이다. 그래서 이 person을 int나 char 따위의 기본적인 데이터 형에 대한 키워드처럼 person my_details;와 같이 써서 구조체 변수를 만들어 사용하면 된다.

구조체를 만들어 사용하는 또 다른 대표적인 경우는 복소수이다. 복소수는 허수부와 실수부가 함께 있어야 하기 때문에 다음과 같이 정의하여 쓰기가 딱 알맞다.

```
typedef struce {
        double real_part;
        double imag_part;
} complex;
```

PICC Lite는 비트 필드도 구조체의 멤버가 되는 것을 허락한다. 비트 필드(bit field)는 비트의 모임인데 메모리에 저장될 워드의 가장 아래쪽 비트부터 순서대로 할당되는 규칙을 따른다. 그리고 비트 필드는 항상 8 비트를 한 단위로 한다. 따라서 구조체 flags를

```
struct flags
{
        unsigned char x:1;
        unsigned char y:1;
        unsigned char z:6;
}
```

와 같이 선언하면 이의 멤버인 x는 첫 번째 비트, y는 두 번째 비트, 그리고 나머지 6 비트는 z로 이름을 붙여 놓은 것과 같다.

4.15 프로그램 제어

PICC Lite C가 지원하는 프로그램 제어에 쓸 수 있는 문장은 다음과 같다.

- if-else
- for
- while
- do
- goto
- break
- continue
- switch-case

4.15.1 If-Else 문장

이 문장은 어떤 조건의 결과에 따라 문장(혹은 여러 문장)을 실행할 것인지 말 것인지를 결정할 때 쓴다. 여러 형식이 있는데 가장 간단한 경우는

```
if(condition) statement;
```

와 같이 문장 하나에 대해 판단할 때이다. 그래서 if(result > 45) student = 'P';는 학생의 시험 점수가 합격점을 넘었는지 확인하여 넘었다면 문자 'P'를 학생에게 부여하도록 한다. 실행할 문장이 여럿인 경우는 다음과 같이 중괄호로 감싸야 한다.

```
if(conditin)
{
        statement;
         …
        statement;
}
```

if 문을 else 문과 함께 써서 조건이 만족되지 않았을 때 실행할 문장을 따로 정

할 수도 있는데 이의 일반적인 형식은 다음과 같다.

```
if(condition)
{
        statement;
         …
        statement;
}
else
{
        statement;
         …
        statement;
}
```

따라서 앞의 학생 점수를 판단하는 예에 이어서 만약 합격점을 넘으면 'P'의 부여와 동시에 새로운 변수를 1씩 증가시키고 그렇지 않으면 'F'를 할당하고 1씩 감소하도록 하려면

```
if(result > 50)
{
        student = 'P';
        count++;
}
else
{
        student = 'F';
        count--;
}
```

와 같이 작성할 수 있는 것이다.

4.15.2 Switch-Case 문장

이 문장은 양자택일(alternative)보다는 다중 의사결정(multi-way decision)을 할 때 쓰면 아주 유용한데 다음의 경우로 사용할 수 있는 범위가 제한되어 있다는 것이 약간의 흠이다.

- 오직 한 변수만 조건에 참석할 수 있다.
- 조건 변수의 값은 오직 하나의 선택만 가능하다.

switch-case 문장의 일반적인 형태는 다음과 같다.

```
switch(number)
{
case n1:
        statement;
         …
        statement;
        break;
case n2:
        statement;
         …
        statement;
        break;
 …
default:
        statement;
         …
        statement;
        break;
}
```

먼저 변수 number의 값을 따지는데 만약 이 값이 n1이면 이 아래부터 case n2: 사이에 있는 문장을 실행한다. n2이면 case n2: 다음부터 case n3: 사이에 있는 문장 등등과 같이 실행할 문장을 선택하게 된다. 그리고 number의 값이 어떤 case 문과도 연결이 안 되면 default: 다음에 있는 문장을 실행한다. 여기서 한 가지 주목할 것은 모든 case 문 안에는 break 문을 두었다는 것이다. break 문은 switch-case 문장을 아예 벗어나라는 뜻인데 이 때문에 프로그램의 제어가 다음 case 문까지 계속 진행하지 못하는 원인이다. 다음 예는 변수 no에 A와 F 사이의 16진수 값을 저장했다가 switch-case 문에서 이를 십진수로 바꾸어 변수 deci에 저장하는 프로그램이다.

```
switch(no)
{
```

```
case 'A':
        deci = 65;
        break;
case 'B':
        deci = 66;
        break;
case 'C':
        deci = 67;
        break;
case 'D':
        deci = 68;
        break;
case 'E':
        deci = 69;
        break;
case 'F':
        deci = 70;
        break;
}
```

4.15.3 For 문장

이 문장은 프로그램에서 루프(loop)를 만드는데 루프를 생성하기 전에 이미 반복 횟수를 아는 경우에 쓴다. for 문의 일반적인 형태는 다음과 같다.

```
for(initial: condition: increment)
{
        statement;
         ...
        statement;
}
```

여기서 첫 번째 파라미터 initial은 초기 조건으로 우선 이 조건이 만족해야 루프가 돌기 시작한다. 두 번째인 condition은 말 그대로 조건을 뜻하고 이 조건이 거짓이 될 때에만 루프를 마친다. 마지막 파라미터 increment는 루프를 한번 완성할 때마다 실행되는데 보통 루프의 횟수를 조정한다. for 문에 대한 간단한 예는 다음과 같다.

```
for(i = 0; i < 10; i++)
```

```
{
        sum++;
        total = total + sum;
}
```

이 루프는 10번 반복한다. 즉, 변수 i의 초기값이 0이고 루프를 한번 돌 때마다 1씩 증가하게 되어 있으니 i가 10이 될 때 루프를 마치므로 10번일 수밖에 없다. 루프의 횟수만 생각하면 for(i = 1; i <= 10; i++)도 마찬가지다.

4.15.4 While 문장

이 문장은 처음에 정한 조건이 거짓이 될 때까지 문장을 계속 반복적으로 실행하는 일을 하는데 이의 일반적인 형식은 다음과 같다.

```
while(condition)
{
        statement;
         …
        statement;
}
```

물론 실행할 문장이 하나이면 간단히 while(condition) statement;와 같이 나타낼 수 있다. 다음은 while 문에 대한 간단한 예이다.

```
i = 0;
while(i < 10)
{
        cnt++
        total = total + cnt;
        i++;
}
```

while 문의 시작에서 조건이 참이 되니 반복을 계속할 것인데 i++;의 문장이 루프를 반복할 때마다 실행되어 i를 1씩 증가시키므로 횟수는 꼭 10이 되겠다. 만약 while 문의 안에서 조건 변수 i를 바꾸는 i++:와 같은 문장이 없으면 어떻게 되겠는가? 그렇다. i가 항상 0으로 남아 있으니 조건은 늘 참이 되고 그래서 루프는 무한 루프가 되는 것이다.

4.15.5 Do 문장

이 문장은 루프가 끝나는 곳에서 조건을 검사한다는 것만 빼면 while 문과 전적으로 같다. 루프의 시작에서 조건을 검사하면 루프가 한번도 돌지 않을 수 있지만 끝나는 곳이면 꼭 한번은 루프를 실행하게 되므로 이것이 do 문의 특징인데 이의 기본 형식은 다음과 같다.

```
do
{
        statement;
         ...
        statement;
} while(condition);
```

다음은 do 문에 대한 간단한 예인데 루프를 5번 돌린다.

```
j = 0;
do
{
        cnt++;
        j++;
} while(j < 5);
```

4.15.6 Break 문장

이 문장은 이미 switch-case 문에서 각 case 문을 탈출할 때 사용했었다. break 문의 또다른 사용은 조건을 새로 검사하기 전에 루프를 탈출해야 할 때인데 아래 예에서 변수 j가 10이 되면 조건이 참인 경우라도 루프를 벗어난다.

```
while(i < 100)
{
        j++;
        sum = sum + j;
        if(j = 10) break;
}
```

4.15.7 Continue 문장

이 문장은 break 문과 비슷하지만 자주 사용하는 편은 아니다. continue 문은 말 그대로 루프 중간에서 다시 루프의 시작으로 돌릴 때 쓴다. 그리니까 while 문이면 프로그램 제어를 조건 문장이 있는 곳으로, 그리고 for 문인 경우에는 for 문의 처음으로 되돌린다는 말이다.

4.16 함수

대부분의 프로그래밍 언어는 함수(function)나 이와 비슷한 개념을 쓸 수 있도록 지원하는데 어떤 경우에는 서브루틴(subroutine)이나 프로시주어(procedure)라고 부르기도 하고, 또 변수를 돌려주는 함수와 그렇지 못한 함수를 서로 구분하기도 한다.

함수에는 두 종류가 있다. 즉, 사용자 함수와 내장 함수이다. 사용자 함수(user function)는 프로그래머가 직접 개발하는 함수이고 내장 함수(built-in function)는 컴파일러와 함께 공급되는 함수이다. 여기서는 이 두 함수에 대해 간단히 살펴보기로 한다.

4.16.1 사용자 함수

앞에서 설명했듯이 사용자 함수는 프로그래머가 직접 작성하는 함수이다. 모든 함수는 이름을 갖고 있고, 또 선택적이긴 하지만 인수(argument)도 갖는데 이는 함수 이름 다음에 괄호를 붙여 반드시 이 안에 넣어야 한다. 함수는 필요한 연산을 하여 호출한 프로그램에 값을 돌려주기도 한다. 물론 모든 함수가 다 값을 돌려주는 것은 아닌데 함수 이름 앞에 키워드 void가 붙어 있으면 값을 돌려주지 않는 함수이다. 즉,

```
void led_on()
{
	led = 1;
}
```

와 같다. 함수가 돌려 줄 값은 return 문장에 담아서 수행한다. 예를들어, 두 개의 정수 형 변수 a와 b를 받아 이의 합을 돌려주는 함수 sum은

```
int sum(int a, int b)
{
	int z;
	z = a + b;
	return(z);
}
```

이 한 예가 될 수 있는데, 여기서 함수 이름 앞에 정수 형 키워드 즉, int가 붙은 것은 돌려주는 변수 *z*가 정수 형이기 때문이다. 함수는 함수 이름을 하나의 변수로 보고 값을 돌려받을 변수에 할당하여 호출할 수 있다. 즉, 위의 sum 함수를 이용하여 3과 4의 결과를 변수 *w*에 받고 싶으면

```
w = sum(3, 4);
```

와 같이 적으면 된다.

예제 4.2

함수 이름을 area로 하여 삼각형의 면적을 구하는 함수를 작성하라. 이때, 함수의 입력은 밑변과 높이이다. 또, 이 함수를 밑변은 20.2(cm)로, 그리고 높이는 15.5(cm)로 호출하여 면적을 직접 계산해 보라.

풀이

삼각형의 면적은 밑변을 base로, 그리고 높이를 height로 둘 때 base*height/2이다. 따라서

```
float area(float base, float height)
{
        float a;
        a = base*height/2;
        return(a);
}
```

와 같이 작성할 수 있다. 또, 이를 데이터로 호출하여 실제 면적을 구해 보려면 my_area = area(20.2, 15.5);로 적으면 된다.

4.16.2 내장 함수

PICC Lite 컴파일러는 프로그래머가 직접 불러 쓸 수 있는 내장 함수를 아주 많이 제공하는데 자세한 내용은 *PICC Lite User's Guide*를 참고하고 여기서는 사용 빈도가 높은 몇몇 함수만 살펴보도록 한다.

4.16.2.1 abs
이 함수는 절대값을 계산해 준다. 변수 total의 절대값을 따로 계산하여 담아 두려면

```
int sum, total;
sum = abs(total);
```

와 같다.

4.16.2.2 cos
이 함수는 임의의 각에 대한 코사인 값을 돌려주는데, 이때 각은 반드시 radian이어야 한다. 45°에 대한 코사인 값을 계산하려면

```
float pi, rad, k;
pi = 3.14159;                   // pi 값
rad = 45.0*pi/180;              // degree를 radian으로
k = cos(rad);                   // 코사인 값의 계산
```

와 같다.

4.16.2.3 sqrt
이 함수는 제곱근을 계산해 준다. 14.5의 제곱근을 구해 변수 no에 담으려면

```
double no, k;
k = 14.5;
no = sqrt(k);
```

와 같다.

4.16.2.4 isupper
이 함수는 어떤 문자가 A와 Z 사이의 영어 대문자인지 검사하여 참이면 1을, 그리고 거짓이면 0을 돌려준다. 하나의 예는

```
if(isupper(c))
       b = 10;
else
       b = 2;
```

와 같다.

4.16.2.5 isalnum

이 함수는 어떤 문자가 숫자는 0에서 9, 그리고 영어 문자는 a에서 z와 A에서 Z사이인지 검사한다. 하나의 예는

```
if(isalnum(c))
        sum++;
else
        sum--;
```

와 같다.

4.16.2.6 strlen

이 함수는 문자열의 길이를 계산하여 돌려준다. 하나의 예는

```
k = strlen('tea');
```

인데 3을 돌려 준다.

4.16.2.7 strcpy

이 함수는 문자열을 문자 배열에 복사한다. 하나의 예는

```
char buffer[80];
strcpy(buffer, 'Computer');
```

인데 문자열 'Computer'가 문자 배열인 buffer에 그대로 들어 간다.

4.17 포인터

포인터(pointer)는 C 프로그램에서 아주 중요한 요소 중의 하나인데 다른 변수의 주소를 저장하는 변수이다. 포인터 변수를 선언할 때는 변수 이름 앞에 문자 '*'를 붙인다. 즉, int *p;와 같이 적어 놓으면 p를 정수 형 변수에 대한 포인터로 사용한다는 뜻이다. 하지만 p가 포인터로 선언만 되었을 뿐 아직 어떤 값도 할당되지 않았기 때문에 제 일을 충실히 하기에는 이르다. 그래서 포인터 변수에 값 즉, 어떤 변수(여기

서는 정수 형 변수)의 주소 값을 주어야 하는데 이는 변수 이름 앞에 문자 '&'을 붙여 p = &sum와 같이 얻는다. 두 문장을 한 문장으로 줄여 int *p = &sum와 같이 쓸 수도 있다.

이제 p는 변수 sum의 주소를 가지고 있다. 주소를 알고 있는 변수의 값은 포인터 변수의 앞에 문자 '*'을 붙여 참조할 수 있다. 해당 변수를 직접 이용하여 값을 참조하는 것이 아니라 포인터 변수를 통해 간접적으로 참조한다 하여 '*'를 간접 연산자(indirect operator)라 한다. 그래서 sum에 10을 저장하려면 *p = 10;이 되는데, 이때 변수 sum이 전혀 사용되지 않았다는 점에 주목해야 한다.

C에서 변수를 함수의 인수로 보낼 때는 변수의 값이 해당하는 함수 파라미터 즉, 형식 인수(formal argument)에 복사되기 때문에 함수의 호출로 변수의 값이 바뀌는 것은 아니다. 이처럼 함수 호출에 변수의 값을 넘겨주는 것을 '값으로 호출(call- by -value)'이라고 한다. 한편, 대부분의 프로그래밍 언어는 함수를 이용하는 과정에서 변수의 값이 바뀔 수 있도록 '참조로 호출(call-by-reference)'이라는 메커니즘을 지원하고, 이때 C는 포인터가 이 일을 담당한다. 즉, 변수 자체를 함수로 넘겨주는 것이 아니라 변수의 주소를 인수로 사용한다. 그래서 두 정수 형 변수의 값을 자리바꿈하는 함수는

```
void swap(int *p, int* q)
{
        int temp;
        temp = *p;              // p의 값을 temp에 저장
        *p = *q;                // q의 값을 p에 저장
        *q = temp;              // temp의 값 즉, p의 값을 q에 저장
}
```

와 같이 포인터를 써서 쉽게 작성할 수 있고 이를 이용하려면 인수로 두 정수 형 변수(여기서는 n과 m)의 주소를 써서 swap(&n, &m)처럼 쓰면 된다.

포인터는 함수뿐만 아니라 배열에서도 흔히 이용된다. 사실 배열은 이름 그 자체가 배열의 첫 번째 요소(첨자의 표시는 0)에 대한 포인터(주소)이다. 따라서 배열을 다룰 때는 포인터를 이용하는 것이 훨씬 더 쉬운데 간단한 예는 다음과 같다.

```
char buffer[10];        // 문자 형 배열을 선언
char *p;                // 문자 형 포인터를 선언
p = buffer;             // p에 배열의 첫 번째 요소 즉, buffr[0]의 주소를 저장
*p = 0;                 // 첫번째 요소 buffer[0]에 0을 저장
```

```
p++;                       // p를 한 단위 증가 즉, p에 buffer[1]의 주소를 저장
*p = 10;                   // 두번째 요소 buffer[1]에 10을 저장
```

배열의 이름이 바로 포인터라 했기 때문에 배열을 함수의 인수로 쓰면 '참조로 호출'에 해당하는 셈이고, 그래서 배열의 요소를 일일이 함수의 인수로 사용하지 않아도 함수에서 배열의 요소를 수정할 수 있는 것이다. 함수의 인수를 정수 형 배열 p로 하고 싶으면 int p[];이든 int *p;이든 '참조로 호출' 측면에서 보면 똑같다. 그리고 함수의 형식 인수 측면에서 보아도 배열이든 포인트이든 사용법에 있어서는 아무 차이가 없다. 간단한 예로 어떤 배열의 요소 10개를 다 더하는 함수를 작성하려면

```
int sum(int a[])
{
        int total = 0;
        int i;
        for(i = 0; i < 10; i++) total = total + a[i];
        return(total);
}
```

혹은

```
int sum(int *a)
{
        int total = 0;
        int i;
        for(i = 0; i < 10; i++) total = total + a[i];
        // 혹은 포인터 형식을 직접 써서 total = total + *(a+i);도 됨
        return(total);
}
```

이 모두 가능하다. 물론 이 함수를 사용하려면 int t[10]이 미리 정의된 상태에서 sum(t)와 같이 호출하면 된다.

4.18 선행처리기

C 프로그램에서 첫 번째 열을 문자 '#'로 시작한 문장이 선행처리기(preprocessor)이다. C는 C의 능력을 좀 더 확장하고자 할 때 이와 같은 선행처리기를 이용한다. 여기

서는 평소에 자주 쓰는 선행처리기 몇 개를 살펴볼 것이다.

4.18.1 #define

이 명령은 숫자 값이나 표현 식을 기호로 대체할 때 주로 쓰는데 몇몇 예는 다음과 같다.

```
#define       PI              3.14159
#define       MAX             1000
#define       MIN             0
#define       MULT(a, b)      2*(a+b)
#define       SECONDS         (60*60*24)
```

프로그램에 #define로 정의된 기호가 나타나면 컴파일러는 기호를 해당하는 값이나 식으로 대체한다. 번역하기 전에 이처럼 미리 처리한다 하여 선행처리기인 것이다. 예를들어, if(result > MAX)와 같은 문장은 if(result > 1000)로 바꾼 후에 컴파일러가 제 일을 한다는 말이다. 좀 복잡하지만 유용한 예로

```
#define        SQ(x)          ((x)*(x))
```

도 있다. 즉, 어떤 수를 제곱하는 정의인데 인수마다 괄호로 둘러 싼 것에 주목해야 한다. 만약 괄호가 없는 상태로 정의했다면 프로그램에서 만난 SQ(2+3)는 (2+3*2+3)로 대체될 터이니 요구한 값을 얻기가 어려울 것은 확실하다.

#define는 매크로(macro)를 정의할 때도 아주 편하다. 매크로는 한 줄로 짠 함수와 마찬가지인데 아주 흔한 예로

```
#define        MIN(x, y)      (((x) < (y)) ? (x) : (y))
```

을 들 수 있다. 이 매크로는 x와 y를 비교하여 x가 작으면 x를, 그렇지 않으면 y를 값으로 갖는다.

예제 4.3

두 바이트로 구성된 정수를 위쪽 바이트와 아래쪽 바이트로 분리하는 매크로를 각각 작성하되 이름은 ubyte와 lbyte로 하라.

풀이
위쪽 바이트를 분리하기 위해 비트를 8번 오른쪽으로 이동시킨다. 즉,

```
#define        ubyte(x)        (unsigned char) (x >> 8)
```

와 같다. 아래쪽 바이트는 정수와 0xFF(16진수 표현)를 논리곱으로 추출해 낸다. 즉,

```
#define        lbyte(x)        (unsigned char) (x & 0xFF)
```

와 같다. 여기서 정수 x를 문자형으로 바꾸기 위해 식 앞에 모두 '(unsigned char)'을 두었는데 바로 C의 캐스트 연산자(cast operator)를 쓴 셈이다.

예제 4.4
변수의 지정한 비트를 1로 두거나 0으로 하는 매크로를 작성하라.

풀이
비트를 1로 만드는 매크로의 이름을 bit_set이라 하면

```
#define        bit_set(var, bitno)            ((var) = (1 << (bitno)))
```

와 같이 작성할 수 있고, 또 0으로 두는 매크로의 이름을 bit_reset이라 하면

```
#define        bit_reset(var, bitno)          ((var) = ~(1 << (bitno)))
```

이 될 수 있다. 그래서 변수 x의 세 번째 비트를 1로 하고 싶으면 bit_set(x, 3)와 같이 사용하고, 또 변수 y의 여섯 번째 비트를 0으로 만들려면 bit_reset(y, 6)로 명령하면 되겠다.

4.18.2 #include
이 명령은 명령이 나타난 자리에 지정한 파일의 내용을 그대로 복사하고자 할 때 쓰는데 사용법은 다음과 같다.

```
#include <myproject.h>
#include 'myproject.h'
```

PICC Lite 컴파일러로 마이크로제어기를 위해 프로그램을 짤 때는 제일 앞에 반드시

```
#include <pic.h>
```

을 포함시켜야 한다. 파일 pic.h에 PIC 제어기의 레지스터를 정의해 놓았기 때문이다.

4.18.3 #asm와 #endasm

이 명령은 C 프로그램에 어셈블리 명령어를 쓸 수 있도록 해주는데 시작할 때는 #asm로, 그리고 끝낼 때는 #endasm로 구분한다. 간단한 예는 다음과 같다.

```
...
i = 10;
#asm
movlw 10h
#endasm
...
```

4.19 EEPROM 메모리의 참조

PIC16F84 따위와 같은 몇몇 마이크로제어기는 비휘발성 데이터를 저장할 수 있는 EEPROM 메모리를 가지고 있다. 따라서 PICC Lite는 이 메모리에 데이터를 읽고 쓸 수 있는 독자적인 명령어를 제공하는데 EEPROM_WRITE는 EEPROM에 1 바이트의 데이터를 쓸 때, 그리고 EEPROM_READ는 1 바이트의 데이터를 읽을 때 쓰는 명령어이다. 예를들어, EEPROM의 번지 2에 데이터 0x2E(16진수 표현)를 쓰려면

```
EEPROM_WRITE(2, 0x2E);
```

이고, 또 번지 5에서 1 바이트를 읽어 변수 k에 담으려면

```
k = EEPROM_READ(5);
```

와 같이 명령하면 된다.

4.20 인터럽트 사용하기

인터럽트(interrupt)는 실시간 프로그램을 작성할 때 거의 필수적인 요소이다. 그리고 대부분의 마이크로제어기는 내부 및 외부 인터럽트를 탑재하고 있는데 내부 인터럽트는 보통 타이머가 만들어 주는 반면에 외부 인터럽트는 I/O 핀을 통해 직접 들어온다.

인터럽트가 발생하면 프로그램 제어가 바로 ISR(interrupt service routine)로 넘어간다. 중간 크기의 마이크로제어기(예를들어, PIC16F84 따위)는 단 하나의 ISR을 갖는데 프로그램 메모리의 0x04 번지에 있다. 인터럽트가 여러 곳에서 일어난다면 INTCON 레지스터의 비트를 조사하여 각 인터럽트를 확인해야 한다.

PICC Lite는 인터럽트를 특별한 함수 형태로 쓸 수 있도록 한다. 그래서 인터럽트가 발생하면 프로그램 제어는 이 함수로 옮겨 간다. ISR 함수를 짤 때는 사용자가 정한 이름 앞에 interrupt라는 단어를 꼭 써야 하고, 또 돌려주는 값도 함수의 인수도 없어야 한다. 즉, my_int라는 ISR 함수를 작성하려면

```
void interrupt my_int(void)
{
        statement;
         …
        statement;
}
```

의 형식이 되어야 한다. 인터럽트를 사용하기 위해서는 마이크로제어기가 인식하기 전에 먼저 활성화 되어 있어야 하는데 ei()와 di()이 각각 인터럽트를 활성화 하고, 또 활성화를 그만 둘 때 쓰는 명령어이다. 나아가, 각 인터럽트 발생원의 제어 비트도 적당한 SFR 레지스터에 미리 활성화 되어 있어야 한다. 타이머 인터럽트를 활성화 하려면 INTCON 레지스터의 T0IE 비트를 1로 두는 따위가 그 예가 되겠다.

4.21 동작 늦추기

마이크로제어기를 산업 현장에 실시간으로 응용하다 보면 실행 속도를 좀 늦추어야 할 경우가 종종 있다. 컴퓨터의 속도가 너무 빨라 관련 장치의 동작 예를들면, LED에 불을 켜는 일 따위가 눈으로 확인하기가 어렵기 때문이다. PICC Lite는 이를 위해 지연 함수(delay function)를 제공하는데 두 종류가 있다. 즉, 10^{-6}초의 지연 함수와 10^{-3}초의 지연 함수가 되겠다. 그리고 이런 함수를 프로그램에 사용하려면 파일

<delay.c>를 프로그램의 앞에 미리 포함해 놓아야 한다.

함수 DelayUs(x)는 지연 시간이 1에서 255μs까지인 경우에 쓰는데 200μs만큼 컴퓨터의 동작을 늦추려면 DelayUs(200)와 같이 명령할 수 있고, 또 10ms처럼 10^{-3}초의 단위로 지연시키고자 한다면 DelayMs(10)와 같이 사용하면 된다. 여기서 함수 DelayMs(x)의 지연 시간 범위는 1에서 255ms까지다.

마이크로제어기의 동작을 오랫동안 늦추려면 지연 함수를 루프 안에서 사용하면 된다. 그리고 위에서 설명한 지연 함수는 마이크로제어기가 기본적으로 4MHz의 빠르기로 동작한다는 가정을 밑에 깔고 있기 때문에 혹시 빠르기가 다른 경우라면 프로그램의 시작 부분에 미리 이런 정보를 다음과 같이 주어야만 한다.

```
#undef      XTAL_FREQ
#define     XTAL_FREQ      2MHz
```

4.22 C 프로그램의 구조

C 프로그램의 가장 간단한 모습은 다음과 같이 단 3줄로 작성할 수 있다.

```
main(void)
{
}
```

여기서 main은 C 프로그램의 시작을 뜻하고 C 프로그램의 각 문장은 짝으로 놓인 중괄호 사이에 적으면 된다. 세 수 5, 7, 그리고 9의 평균을 구하는 프로그램은 이를 계산하는 문장이 있어야 하니

```
main(void)
{
      float average;
      average = (5 + 7 + 9)/3;
}
```

와 같이 배치시키면 된다는 말이다. 프로그램을 작성할 때는 각 부분의 동작이나 왜 필요한지를 밝혀 주기 위해 설명문을 다는 일에 익숙할 필요가 있다. 설명문은 프로그램의 시작 부분에도 종종 나타나는데 여기에는 프로그램의 목적이나 작성자, 작성 날짜, 파일 이름, 수정 사항 따위를 설명해 놓는다. 그리고 파일 <pic.h>도 PICC

Lite를 쓰는 이상 프로그램의 앞에 꼭 포함해야 하는데 간단한 예는 다음과 같다.

```
// ************************************************************
//                          평균 구하기
//                          ==========
//       작성자: D. Ibrahim
//       날짜: 2005년 2월
//       파일: AVERAGE.C
//
// 이 프로그램은 세 수 3, 5, 그리고 9의 평균을 계산한다.
// ************************************************************
#include <pic.h>
// Main Program
// ************
main(void)
{
     float average;
     average = (3 + 5 + 9)/3;
}
```

만약 프로그램이 함수를 포함하면 보통 main 함수 앞에 두어야 하는데 이는 다음의 예제를 통해 살펴보기로 한다.

예제 4.5

어떤 수의 제곱을 구하는 프로그램을 작성하되 반드시 함수를 사용하라.

풀이

```
// ************************************************************
//                          제곱 구하기
//                          ==========
//       작성자: D. Ibrahim
//       날짜: 2005년 2월
//       파일: SQUARE.C
//
// 이 프로그램은 정수의 제곱을 계산한다.
// ************************************************************
#include <pic.h>
```

```
// 함수
// ************
int square_of_number(int x)
{
    int k;
    k = x*x;
    return(k);
}
// Main Program
// ************
main(void)
{
    int p, z;
    p = 5;
    z = square_of_number(p);
}
```

4.23 마이크로제어기의 입력-출력 인터페이스

마이크로제어기는 입/출력 포트를 통해 외부 세계와 정보를 교환하고, 이때 이런 정보는 아날로그나 디지털 형식 모두 가능하다. 아날로그 포트는 아날로그 장치의 데이터(저항에 걸리는 전압 따위)를 읽고 디지털 포트는 디지털 장치의 데이터(누름단추의 On/Off 상태 따위)를 받는다. 마이크로제어기의 출력은 보통 LED나 LCD, 부저(buzzer), 7 비트 표시기 등에 연결되고 입력은 누름단추 스위치나 키보드 등이다.

PIC 마이크로제어기의 출력 포트는 25mA의 전류를 낼 수도 있고, 또 받아들일 수도 있다. 이른바 25mA의 소스 및 싱크 전류 기능이 있다는 말이다. 따라서 LED나 LCD, 혹은 25mA 이하의 전류로 작동하는 작은 장치들은 마이크로제어기의 출력 포트에 바로 연결하여 쓸 수 있다. 이보다 큰 전류를 요구하는 장치는 포트 핀의 전류 크기를 맞추기 위해 트랜지스터 스위치를 사용한다.

4.23.1 LED 연결하기

대부분의 LED는 약 2V의 전원 공급으로 작동하는데, 이때 나오는 전류는 약 10mA이다. 따라서 LED를 마이크로제어기에 바로 연결하려면 [그림 4.3]과 같이 저항을 LED와 직렬로 연결하여 전류의 크기를 줄이도록 해야 한다. 이때, 출력 포트의 전압 V_o를 +5V라 할 때 사용해야 할 저항 값은 다음과 같이 계산할 수 있다.

$$R = \frac{V_o - 2}{10mA} = \frac{5V - 2V}{10mA} \approx 330\,\Omega$$

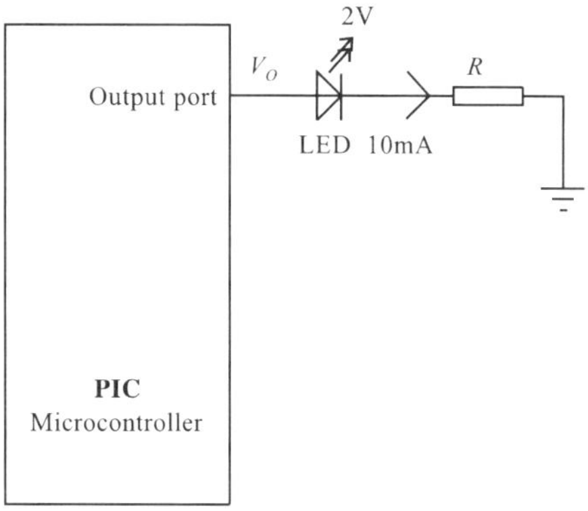

[그림 4.3] LED 연결하기

예제 4.6

LED를 PIC16F84 마이크로제어기의 포트 B에 있는 비트 0 즉, RB0 핀에 연결할 때 LED에 100ms마다 불이 들어오도록 하는 프로그램을 작성하라. 이때, 하드웨어 구성은 [그림 4.4]와 같고 마이크로제어기의 수정 발진기의 빠르기는 4MHz이다.

풀이

프로그램은 [그림 4.5]와 같다. 프로그램의 시작 부분에 포트 B가 출력 포트라는 것을 지정해 두었고, 따라서 이 포트의 핀(RB0)에 논리 값 1을 보내어 불을 결 수 있다. 100ms만큼 지연시킨 후에 LED는 불이 꺼지는데(RB = 0) 이 과정을 무한 루프로 돌린다.

4.23.2 누름단추(스위치) 연결하기

누름단추(push-button)는 마이크로제어기의 입력 장치(스위치)이다. 이 스위치를 연결하는 가장 간단한 방법은 마이크로제어기의 포트 핀 중의 하나에 이를 연결하고 여기서 전원 공급 +V 사이에 풀업 저항을 달아 두는 것이다. 풀업 저항은 스위치가 연결된 포트를 정상 상태에서 논리 값 1로 만들어 주기 때문에 스위치가 눌려지면 이 포트는 접지와 떨어져서 논리 값 0으로 바뀐다.

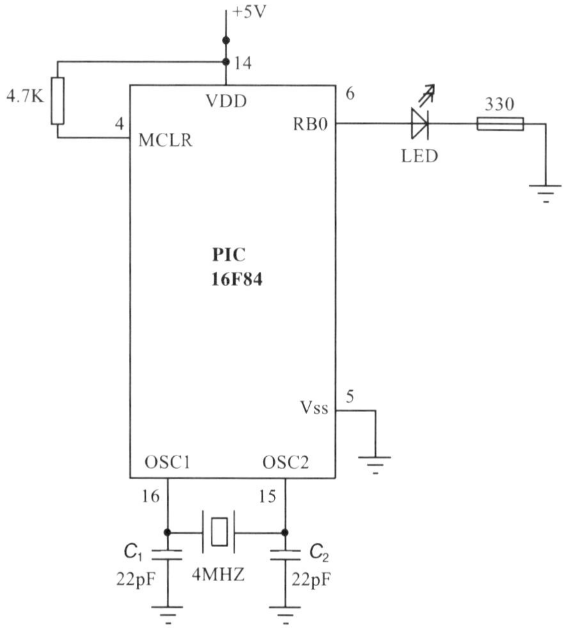

[그림 4.4] 예제 4.6에 대한 하드웨어 구성

```
// ************************************************************
//                  LED 불 켜기 프로그램
//                  =================
//
//   작성자: D. Ibrahim
//   날짜: 2005년 5월
//   파일: FLASH.C
//
//이 프로그램은 PIC16F84의 포트 RB0에 연결된 LED의 불을 켜고,
//이때 이 마이크로제어기의 수정 발진기는 빠르기가 4MHz이다.
// ************************************************************
#include <pic.h>
#include <delay.c>
// 프로그램
  main(void)
  {
        TRISB = 0;                          /* 포트 B가 출력 포트 */
```

```
        for(;;)                    /* 무한 루프 */
    {
         RB0 = 1;                  /* LED 불 켜기 */
         DelayMs(100);             /* 100ms 지연 */
         RB0 = 0;                  /* LED 불 끄기 */
         DelayMs(100);             /* 100ms 다시 지연 */
    }
}
```

[그림 4.5] LED 불 켜기 프로그램

예제 4.7

PIC16F84 마이크로제어기의 포트 B(핀 RB0)에는 LED가, 그리고 포트 B의 7번째 비트(핀 RB7)에는 누름단추가 저항과 함께 연결되어 있다. 스위치가 눌려질 때 LED가 ON 될 수 있도록 하는 프로그램을 작성하라. 이때, 하드웨어 구성은 [그림 4.6]과 같다.

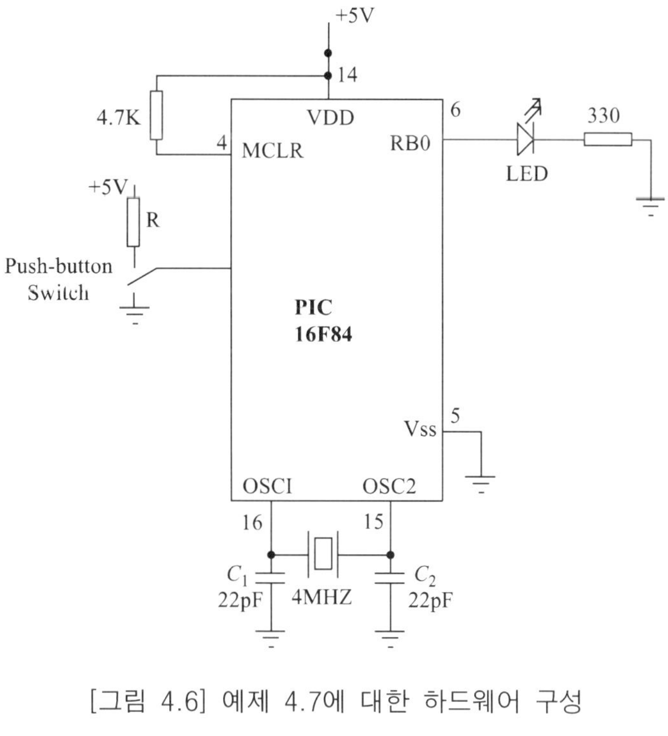

[그림 4.6] 예제 4.7에 대한 하드웨어 구성

풀이

프로그램은 [그림 4.7]과 같다. 프로그램의 시작 부분에 핀 RB0는 출력으로, 그리고 핀 RB7은 입력으로 지정해 두었다.(비트 형식으로 10000000 = 0x80을 TRISB 레지스터에 보냄) 그리고 스위치의 상태를 계속적으로 검사하여 눌려질 때마다 LED에 불을 켠다.

```
****************************************************************
//                     누름단추와 LED 프로그램
//                     ====================
//
//  작성자: D. Ibrahim
//  날짜: 2005년 5월
//  파일: BUTTON.C
//
//이 프로그램은 누름단추가 눌려졌을 때 LED에 불을 켠다. LED는
//핀 RB0에, 그리고 누름단추는 핀 RB7에 연결되어 있다.
//이 마이크로제어기의 수정 발진기는 빠르기가 4MHz이다.
****************************************************************
#include <pic.h>
// 프로그램
   main(void)
   {
        TRISB = 0x80;         /* RB0는 출력, RB7은 입력 */

        RB0 = 0;              /* 시작할 때 LED 불 꺼놓기*/
        while(RB7 == 1);      /* 스위치가 눌려질 때까지 기다리기 */
        RB0 = 1;              /* LED 불 켜기 */
   }
```

[그림 4.7] 예제 4.7에 대한 프로그램

4.23.3 LCD 연결하기

LCD 출력 장치는 변수의 값을 나타내고, 또 사용자에게 데이터의 입력을 재촉하거나 필요한 정보를 주기 위해 마이크로제어기에 흔히 사용되고 있다. LCD는 문자나 그래픽을 기반으로 하는 장치인데 문자 기반 LCD가 대부분이다. 값도 싸고 프로그램도 쉽기 때문에 그렇다. 가장 많이 사용하고 있는 LCD의 내장 칩(제어기)은 HD44780인데 이 칩을 사용하는 몇몇 LCD 모델은 다음과 같다.

LM016L	2행 × 16문자/행
LM017L	2행 × 20문자/행
LM018L	2행 × 40문자/행
LM044L	4행 × 20문자/행

LCD 프로그램은 일반적으로 복잡하여 프로그래머가 LCD 칩의 내부 동작을 알 필요가 있다. 하지만 PICC Lite는 다행히도 HD44780 형식의 LCD를 지원해 주고 있기 때문에 다음과 같은 간단한 함수를 써서 데이터를 LCD에 나타낼 수 있다.

lcd_init	LCD 초기화 함수
lcd_clear	LCD 내용을 지우는 함수
lcd_goto	커서를 지정한 위치로 이동시키는 함수
lcd_write	문자를 LCD에 보내는 함수
lcd_puts	문자열을 LCD에 보내는 함수

[표 4.2] LCD 핀의 구성

Pin no.	Name	Function
1	Vss	Ground
2	Vdd	+V supply
3	Vee	Contrast control
4	RS	Select
5	R/W	Read/write
6	E	Enble
7	D0	Data0
8	D1	Data1
9	D2	Data2
10	D3	Data3
11	D4	Data4
12	D5	Data5
13	D6	Data6
14	D7	Data7

HD44780 형식의 LCD는 보통 14개의 핀을 가지고 있는데 [표 4.2]에 각 핀의 이름과 기능을 요약해 두었다. 핀 3을 공급 전원에 연결해 두고 전위차계를 이용하면 이 장치의 명암비(contrast)를 조정할 수 있다. RS 핀은 제어 메시지나 그냥 텍스트 메시지를 LCD로 보낼 때 쓴다. 또, R/W 핀이 논리 값 0을 가질 때 데이터를 LCD에 보낼 수 있고 논리 값이 1인 경우에는 LCD의 상태가 어떤지 확인할 수 있다. LCD

는 핀 E가 논리 값 0일 때 활성화 되고 데이터는 핀 D0 - D7을 통해 받아들인다. 한편, LCD는 8 비트 완전 모드나 4 비트 반쪽 모드(위쪽 데이터 핀 4개 이용)로 사용할 수 있는데 대부분의 경우 반쪽 모드를 선택한다. 왜냐하면 사용하는 핀의 수가 작아 마이크로제어기의 입/출력 핀을 여유로 더 많이 확보해 둘 수 있기 때문이다.

지금까지 살펴본 LCD를 출력 장치로 쓰기 위해서는 이의 각 핀을 마이크로제어기의 포트 핀에 어떤 식으로든 연결해야 하는데 기본적인 연결 방식은 다음과 같다.

포트 핀	LCD 핀
RB0	D4
RB1	D5
RB2	D6
RB3	D7
RA2	RS
RA3	E

하지만 PICC 컴파일러가 제공하는 LCD 구성 파일인 <lcd.c>를 수정하여 이런 연결 방식을 바꿀 수도 있다.

예제 4.8
LCD가 PIC16F84 마이크로제어기에 [그림 4.8]과 같이 연결되어 있다. 문자열 'CONTROL'을 LCD에 나타내는 프로그램을 작성하라.

풀이
프로그램은 [그림 4.9]와 같다. 프로그램의 시작 부분에 포트 A와 B를 출력으로 지정해 두었다. 그리고 LCD를 초기화 한 다음에 문자열 'CONTROL'을 LCD에 보내는데 함수 lcd_puts을 사용했다.

예제 4.9
LM35DZ의 IC 방식의 아날로그 온도 센서를 PIC16F877 마이크로제어기의 아날로그 입력 핀인 AN0(혹은 RA0)에, 그리고 LCD는 [그림 4.10]과 같이 연결했다. LCD에 센서가 감지한 주위 온도를 'TEMP = nn'와 같은 형식으로 표시하는 프로그램을 작성하라. 여기서 nn이 온도이고 따라서 이 예는 디지털 온도계를 사용한 셈이 되었다.

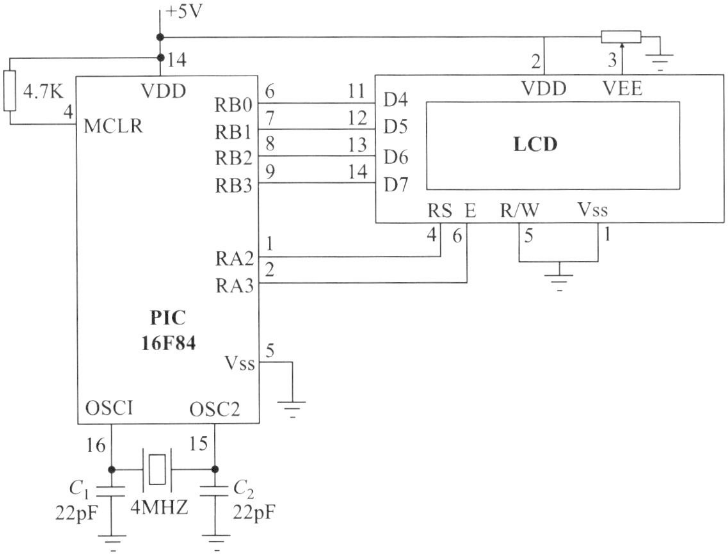

[그림 4.8] LCD 연결하기

```
//**********************************************************
//                        LCD 표시 프로그램
//                        ***************
//
//    작성자: D. Ibrahim
//    날짜: 2005년 5월
//    파일: LCD.C
//
//이 프로그램은 문자열 'CONTROL'을 LCD에 보낸다. LCD는
//마이크로제어기에 PICC Lite C 컴파일러가 요구하는 대로 연결했고
//이 마이크로제어기는 4MHz의 빠르기로 작동한다.
//**********************************************************
#include <pic.h>
#include <delay.c>
#include <lcd.c>
// 프로그램
main(void)
{
TRISA = 0;            /* 포트 A를 출력으로 지정 */
TRISB = 0;            /* 포트 B를 출력으로 지정 */
```

```
    lcd_init();            /* LCD 초기화 */
    lcd_clear();           /* LCD 내용 삭제 */
    lcd_puts("CONTROL"); /* LCD에 문자열 보내기 */
}
```

[그림 4.9] 예제 4.8에 대한 프로그램

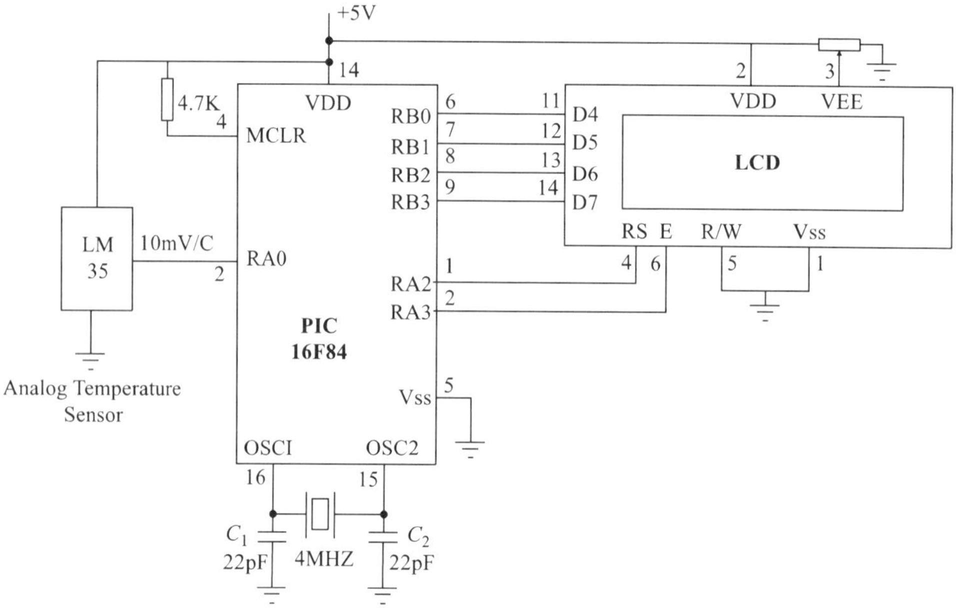

[그림 4.10] 디지털 온도계의 하드웨어 구성

풀이

LM35DZ는 핀이 3개인 집적 회로로 온도에 비례하는 전압을 출력하는데 온도 측정 범위는 0 - 125℃이다. 핀 3개 중에서 2개는 전원과 접지에 연결하고 나머지 하나는 출력 V_0를 내는 핀인데 V_0 = 10mV/℃이다. 즉, 20℃에서는 200mV를, 그리고 30℃에서는 300mV를 출력한다는 말이다.

디지털식으로 온도를 출력하는 프로그램은 [그림 4.11]과 같다. 프로그램의 시작 부분에 포트 A의 0 비트는 입력으로, 그리고 포트 B는 출력으로 지정해 두었다. 또, ADCON1 레지스터에는 비트 형식으로 '10001110 = 0x8E'을 보내 RA0 핀은 아날로그로 하고 RA2와 RA3 핀은 디지털 방식이 되도록 하였다. ADCON1의 7번 비트

(ADFM)가 1이기 때문에 변환된 데이터의 8개 비트는 레지스터 ADRESL에 저장될 것이며 위쪽 2개 비트는 ADRESH 레지스터의 0과 1 비트에 자리 잡을 것이다. 그리고 A/D 변환기의 클럭은 $f_{osc}/8$로 했고 ADCON0를 구성하여 채널 0번이 선택되도록 하였다.

A/D 변환기는 ADCON0 레지스터의 비트 2에 1을 보내면서 즉, 이 레지스터에 0x45를 보내면서 작동을 시작한다. 그러면 프로그램은 데이터 변환이 완료될 때까지 기다리는데 이를 위해 while 루프를 사용했다. 변환이 끝나면 마이크로제어기는 ADCON0의 비트 2를 0으로 바꾸는데 이를 프로그램이 인식하여 while 루프를 벗어난다. 이때, 프로그램은 변환된 10 비트 데이터의 위쪽 및 아래쪽 바이트를 읽어서 temp라는 변수에 모으고 이를 mV로 바꾼다. 따라서 실제 온도(℃)는 이 전압을 10으로 나누어 구할 수 있다. 온도를 LCD에 보내기 위해 문자열 변수 tempc에 저장한 후에 lcd_puts 함수를 사용한다. 그리고 프로그램은 LCD의 내용을 지우고 이런 과정을 1초 지연 시간을 사이에 두고 계속 반복한다. 이때, 1초 지연시키기 위해 함수 wait_a_second를 만들어 사용했다.

이 프로그램에서 사용한 헤드 파일(header file)은 <pic.h>, <delay.c>, <lcd.c>, 그리고 <stdio.h>이다. 여기서 <pic.h>는 PIC 마이크로제어기의 여러 정의를 담아 둔 파일이고, <delay.c>는 프로그램에서 시간 지연을 이용할 때, <lcd.c>는 LCD를 초기화 하고 여러 제어 기능을 쓸 때, 그리고 <stdio.h>는 정수를 문자열로 바꾸어 LCD에 출력하고자 할 때를 위해 포함했다.

```
//*****************************************************************
//                        디지털 온도계 프로그램
//                        ---------------------
//
//   작성자: D. Ibrahim
//   날짜: 2005년 5월
//   파일: THERMOMETER.C
//
//이 프로그램은 LM35DZ 형식의 아날로그 센서에서 1초마다 온도를
//읽어 LCD에 표시한다. 이 마이크로제어기의 빠르기는 4MHz이다.
//*****************************************************************
#include <pic.h>
#include <delay.c>
```

```
#include <lcd.c>
#include <stdio.h>
// 함수(1초 지연)
void wait_a_second()
{
      unsigned int j;
      for(j = 0; j < 4; j++) DelayMs(250);
}
// 프로그램
main(void)
{
      const float lsb = 5000.0/1024.0;
      float mV, temp, templ, temph;
      unsigned int tempc;
      unsigned char disp[] = "TEMP =      ";

      TRISA = 1;          /* RA0는 입력, 나머지 모두는 출력 */
      TRISB = 0;          /* 포트 B는 출력 */
      ADCON1 = 0x8E;      /* RA0은 아날로그, RA2와 RA3은 디지털 */
      ADCON0 = 0x41;      /* A/D 클럭 조정 및 채널 0 선택 */

      for(;;)
      {
            ADCON0 = 0x45;                    /* A/D 변환 시작 */
            while((ADCON0 & 4) != 0);         /* 변환 완료를 위해 대기 */
            temph = ADRESH;                   /* 위쪽 2개 비트 읽기 */
            templ = ADRESL;                   /* 아래쪽 8개 비트 읽기 */
            temp = 256.0*temph + templ;       /* 디지털로 온도 표현 */
            mV = temp*lsb;                    /* 온도를 mV로 환산*/
            tempc = mV/10.0;                  /* 온도를 섭씨로 환산 */
            sprintf(disp+7, "%d", tempc);     /* 온도를 문자열로 변환 */
            lcd_puts(tempc);                  /* 온도를LCD에 출력 */
            wait_a_second();                  /* 1초 지연 */
            lcd_clear();                      /* LCD 지우기 */
```

```
        }
}
```

[그림 4.11] 예제 4.9에 대한 프로그램

4.24 연습문제

1. 데이터 형 중에서 *unsigned char*와 *signed char*의 차이를 설명하라.
2. 데이터 형 중에서 *int*와 *float*의 차이를 말하라.
3. 정수 230이 이진수, 8진수, 그리고 16진수로 어떻게 표기되는지 확인해 보라.
4. 온도를 화씨(°F)에서 섭씨(℃)로 바꾸는 함수를 작성하라.
5. 다음 프로그램에서 변수 z의 값을 말하라.

```
int f(x)
{
        int p;
        p = x++;
        return(p);
}
main(void)
{
        int x, z;
        x = 10;
        z = f(x);
}
```

6. 함수 min(x, y)에 대한 수학적 표현은 조건 연산자(conditional operator)를 써서 (x < y) ? x : y로 표현할 수 있다. 비슷한 관점에서 입력 인수가 3개인 min(x, y, z)를 작성해 보라.
7. 한 바이트의 비트 값을 반대로 바꾸는 함수를 작성하라. 예를들어, '00000001'을 반대로 만든 비트는 '11111110'이다.
8. 변수 x를 받아서 이의 비트를 왼쪽으로 n만큼 이동시키는 함수를 작성하라.
9. 십진수 4, 6, 120, 그리고 240에 대한 8진수, 16진수, 그리고 2진수 표현을 찾는 함수를 각각 작성하라.
10. 차수가 n인 두 다항식을 곱하는 함수를 작성하라.

11. 행렬의 각 요소를 제곱하여 더하는 함수를 작성하여 이를 프로그램에서 호출하도록 하라. 여기서 행렬의 요소는 10개이다.
12. PICC Lite 프로그램에서 컴퓨터의 속도를 지연시키려면 어떻게 해야 하는지 설명하라. 그리고 do 루프를 사용하여 10초를 지연시킬 수 있도록 해 보아라.
13. PIC 마이크로제어기의 EEPROM 메모리에 데이터를 쓰려고 한다. 어떻게 해야 하는지 설명하고, 또 EEPROM의 처음 64개의 데이터를 모두 지울 수 있는 프로그램을 작성하라.
14. PIC 마이크로제어기의 EEPROM 메모리에서 데이터를 읽어 오려고 한다. 어떻게 해야 하는지 설명하고, 또 EEPROM의 처음 20개의 데이터를 모두 더하는 프로그램을 작성하라.
15. 8개의 LED가 PIC16F84 마이크로제어기의 포트 B에 연결되어 있다. 홀수 번호의 LED 즉, 포트의 핀 1, 3, 5, 그리고 7번에 연결된 LED에 불을 켜는 프로그램을 작성하라.
16. 8개의 LED는 PIC16F84 마이크로제어기의 포트 B에, 그리고 누름단추(스위치)는 RA0 핀에 연결되어 있다. 스위치가 눌려졌을 때는 LED를 시계 방향으로, 그리고 놓아졌을 때는 반시계 방향으로 불을 켜는 프로그램을 작성하라.
17. PIC16F84 마이크로제어기에 LCD가 연결되어 있다. LCD에 문자열 'My Computer'를 출력하는 프로그램을 작성하라.
18. PIC16F84 마이크로제어기를 어떤 사건을 세는 카운터로 사용할 예정이다. LCD는 마이크로제어기에 표준 방법에 따라, 그리고 스위치는 포트 A의 0 비트에 연결되어 있는데 스위치는 외부 사건이 일어날 때마다 닫히도록 할 요량이다. 사건이 일어난 횟수를 세어 LCD에 계속 출력하는 프로그램을 작성하라.
19. PIC16F877 마이크로제어기로 오븐의 온도를 감시하여 온도가 지정한 값을 넘으면 경고음을 내도록 하고자 한다. 이때, 오븐의 온도는 LM35DZ 아날로그 온도 센서를 써서 초마다 검출한다. 그리고 LED는 포트 B의 0 비트에 연결되어 있다. (a) 이 시스템의 회로 선도를 그려라. (b) 오븐의 온도가 50℃를 넘으면 LED에 불을 켜는 프로그램을 작성하라.

더 읽어 볼 책

Microchip Data on CDROM, Microchip Technology Inc., www.microchip.com.

PICC Lite User's Guide, Hi-Tech Software, www.htsoft.com.

Gomaa, H., *A software design method for real-time systems,* Commun. ACM, 27, 1984. pp. 938-949.

Gomaa, H., *Software development for real-time systems,* Commun. ACM, 29, 1986, pp. 657-668.

Ibrahim, D., *Microcontroller Based Temperature Monitoring and Control,* Newnes, London, 2002.

Iovine, J., *PIC Microcontroller Project Book,* McGraw-Hill, New York, 2000.

James, M. R., *Microcontroller Cookbook PIC and 8051,* Newnes, London, 1977.

Kalani, G., *Microprocessor Based Distributed Control Systems,* Prentice-Hall, Englewood Cliffs, NJ, 1989.

Kelley, A. L. and Pohl, I., *A Book on C,* The Benjamin/Cummings Publishing Co. Inc., Menlo Park, CA, 1984.

마이크로제어기를 이용한 프로젝트 개발

제5장

5.1 하드웨어 및 소프트웨어 조건

마이크로제어기를 이용한 프로젝트를 수행하기 위해서는 여러 가지 하드웨어와 소프트웨어가 필요하고, 이때 하드웨어에 대한 요구조건은 일반적으로 프로젝트의 복잡성에 따라 달라지겠지만 대개 경우에는 다음의 것들이 필요하다고 볼 수 있다.

- 마이크로제어기 프로그램 입력기(programmer)
- 마이크로제어기 개발 보드(board)와 관련된 여러 구성품
- 마이크로제어기 칩
- PC
- 전압 측정기나 펄스 발생기, 오실로스코프 따위와 같은 측정 및 검사 장비

[그림 5.1]은 마이크로제어기로 프로젝트를 개발할 때 반드시 필요한 기본적인 하드웨어이다. 프로그램 입력기는 PC와 연결되는데 사용자 프로그램을 마이크로제어기의 프로그램 메모리에 내려줄 때 쓴다. 플래시 형식의 메모리인 경우에는 별도의 하드웨어 장치가 필요하지 않지만 EPROM 형식의 프로그램 메모리를 사용하는 경우에는 EPROM 지우기(eraser)라는 장치가 따로 있어야 내용을 지우거나 다시 쓸 수 있다.

프로젝트의 규모가 작은 경우(예를들어, LED나 부저 따위와 같이 간단한 장치만 필요한 경우)에는 마이크로제어기의 개발 보드를 이용할 수 있다. 이 보드는 보통 LED나 스위치, 부저 따위를 자체에 갖추고 있어서 사용자가 프로그램을 직접 검사할 수 있고, 또 어떤 보드는 칩에 프로그램을 넣는 장치까지 탑재하므로 보드에서 마이크로제어기를 직접 프로그래밍 할 수 있는 이점도 있다. 프로젝트가 복잡하면 우선 실험기판(breadboard)에 회로를 만들어 놓고 검사해 보는 것이 좋고 프로젝트가 상업이나 산업 응용으로 진행되는 것이라면 나중에 프로젝트에 대한 인쇄회로기판

(printed circuit board 혹은 PCB)을 제작해야 한다. PC는 마이크로제어기를 이용하여 프로젝트를 개발할 때 두 가지 목적으로 쓰인다. 즉, 사용자 프로그램을 작성하고 번역하는 일과 번역하여 나온 목적 코드를 프로그램 입력기로 보내서 결국 마이크로제어기의 프로그램 메모리에 사용자 프로그램을 탑재하는 일을 한다.

프로젝트의 복잡성에 따라서 검사 장비도 필요할 수 있다. 프로젝트가 간단하면 전압 측정기(voltmeter) 정도로도 충분하지만 좀 복잡해지면 논리 분석기(logic analyzer), 펄스 발생기(pulser), 주파수 카운터(frequency counter), 혹은 오실로스코프(oscilloscope) 따위가 필요하다.

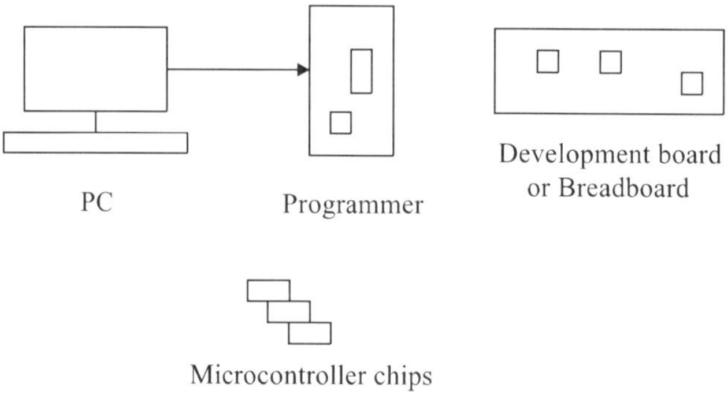

[그림 5.1] 마이크로제어기 프로젝트에 필요한 하드웨어

마이크로제어기를 이용한 프로젝트에는 지금까지 설명한 하드웨어 말고도 몇몇 소프트웨어가 필요한데 반드시 있어야 할 것은 다음과 같다.

- 프로그램 개발 소프트웨어
- 마이크로제어기 어셈블러(혹은 고급 언어를 쓴다면 해당하는 컴파일러)
- 프로그램 입력기 관련 소프트웨어

프로그램 개발 소프트웨어(혹은 편집기)는 프로그램 코드를 작성할 때 필요하다. 대부분의 어셈블러나 컴파일러는 자체에 이런 편집기를 가지고 있어 사용자 프로그램을 바로 개발할 수 있다. 프로그램이 작성되고 나면 반드시 어셈블러나 컴파일러를 통해 번역하여야 하는데 프로그램에 잘못이 없다면 목적 코드(object code)를 생산하는 셈이다. 끝으로, 목적 코드가 만들어졌다면 이를 마이크로제어기의 프로그램 메모리에 보내 주는 프로그램 입력기의 구동 소프트웨어가 필요하다.

프로젝트의 복잡성에 따라 소프트웨어도 몇 가지 더 필요할 수 있는데 프로그램의 동작을 좀더 고급으로 검사하고 점검하기 위해 시뮬레이터(simulator)나 디버거(debugger), ICE(in-circuit emulator)* 따위를 보탤 수 있다. 시뮬레이터를 PC에 작동시키면 여러 하드웨어 장치를 달지 않고도 실험해 볼 수 있다. 그래서 이 프로그램은 작성한 프로그램을 마이크로제어기에 탑재하기 전에 미리 검사할 때 아주 유용하다. 디버거는 말 그대로 프로그램에 있는 벌레(잘못)을 찾아낼 때 쓰는 프로그램이지만 목적 코드를 마이크로제어기에 미리 실어 놓아야 제대로 작동하는 경우가 있어 시뮬레이터에 견주어 사용이 번거로운 편이다. ICE는 프로젝트가 복잡할 때 진가를 발휘하는 프로그램인데 아래 각주를 참고하길 바란다.

5.2 프로그램 개발 도구

오래 전부터 프로그램을 모듈(module)로 나누어 작성하는 것이 소프트웨어 공학의 한 개념으로 인식되어 왔는데 이것이 구조화 프로그래밍(structured programming) 기법이다. 이는 프로그램이 하는 일을 사용자가 이해하고 다룰 수 있는 작은 일로 나누어 각 일을 독립적인 프로그램 코드로 작성하는 방법이다. 이때, 각 일에 대한 코드를 모듈이라 하는데 컴퓨터 프로그래밍 언어의 기본 요소로 잘 알려진 순차(sequence), 선택(selection), 그리고 반복(iteration) 표현의 문장이 주로 차지한다. 이런 구조화 프로그램이 프로그램을 작성할 때 잘못을 없게 해준다는 보장은 없지만 이를 줄이고 최종적인 프로그램을 더 읽기 쉽게 해주고, 또 나중에 유지하고 보수하는데도 큰 도움이 되는 것은 사실이다.

프로그램을 설계하고 개발할 때 도움이 되는 도구로 흔히 쓰는 것에는 흐름도(flow chart), 구조도(structure chart), 통합 모델링 언어(Unified Modeling Language), Nassi-Schneidermann 선도, Ferstl 선도, Hamilton-Zeldin 선도, 그리고 의사코드(pseudocode) 따위가 있다. 이 절에서는 이 중에서 몇몇을 살펴볼 것인데 좀 더 자세한 정보는 소프트웨어 공학과 관련된 책이나 잡지를 참조하면 좋겠다.

5.2.1 흐름도

흐름도(flow chart)는 프로그래밍이 시작되면서부터 계속 사용해 온 도구로 프로그램의 규모가 작은 경우에는 아주 유용하다. 하지만 흐름도를 그리거나 수정하는데 시간이 많이 걸린다는 것과, 또 흐름도를 따라 프로그램을 작성하면 구조화 되지 못한 코드를 만들 수 있어 나중에 유지 및 보수하기가 아주 어렵다는 것이 약점이다. [그림

* ICE는 마이크로제어기의 포트나 레지스터 등의 정보를 세세히 알려주는 장비로 하드웨어 상태를 눈으로 직접 확인하면서 디버깅 할 수 있다는 것이 보통의 디버거와는 다르다. 하지만 값이 비싼 것이 이 장치의 흠이다.

5.2]는 전형적인 흐름도에 대한 예이다.

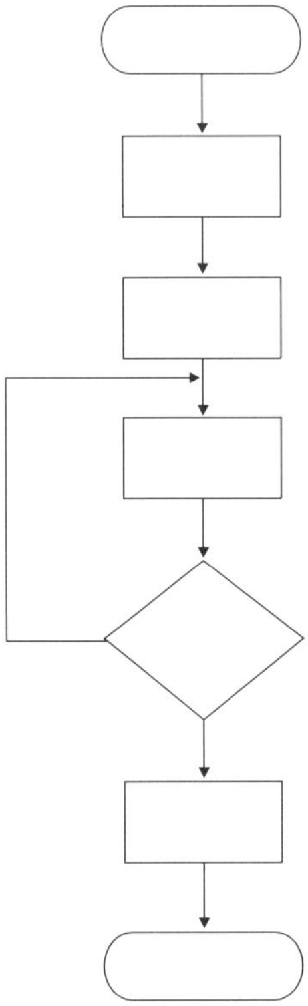

[그림 5.2] 전형적인 흐름도

5.2.2 구조도

Jackson의 구조화 프로그래밍 도구라고도 하는 구조도(structure chart)는 1970년대에 M. Jackson이 개발한 이후로 특히 유럽에서 폭넓게 사용해 온 소프트웨어 설계 도구이다. 이는 흐름도와 비슷하지만 그리거나 수정하기가 아주 쉽고, 또 이해나 보수가 쉬운 구조화 프로그램을 만들어 주기도 한다.

5.2.2.1 순차

순차(sequence)는 사각형으로 나타내는데 각각을 서로 옆에 놓아 왼쪽에서 오른쪽으로 순차적으로 동작하도록 한다. [그림 5.2]가 이의 한 예가 되는데 먼저 I/O 포트가 초기화 되고, 이어서 LED가 불이 켜지면 5초 후에 다시 불이 꺼지는 순서로 되어 있다.

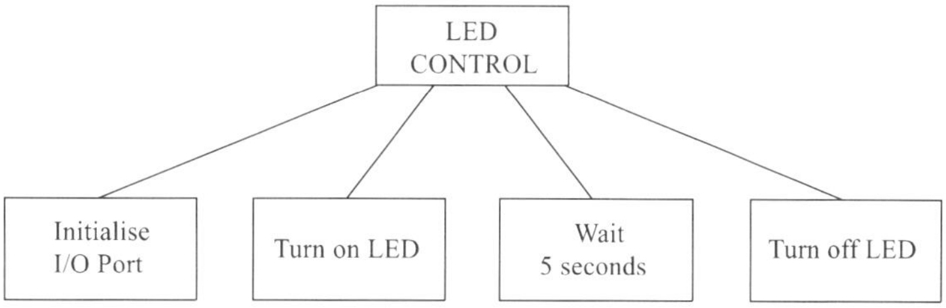

[그림 5.3] 구조도에서 순차의 예

5.2.2.2 선택

선택(selection)은 사각형의 오른쪽 위에 작은 원을 그려 표시한다. 이의 예가 [그림 5.4]에 나타나 있는데 조건에 따라 B나 C 중에 하나가 실행된다.

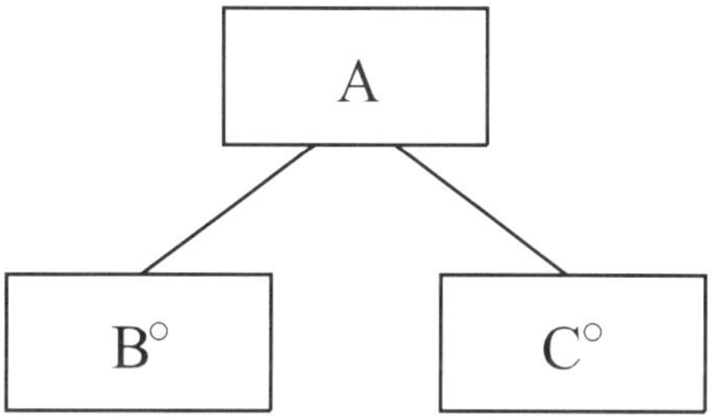

[그림 5.4] 구조도에서 선택의 예

5.2.2.3 반복

반복(iteration)은 사각형의 오른쪽 위에 별표(*)를 붙여 표시한다. [그림 5.5]가 이의 예가 되는데 여기서 B와 C가 반복되는 모듈이다.

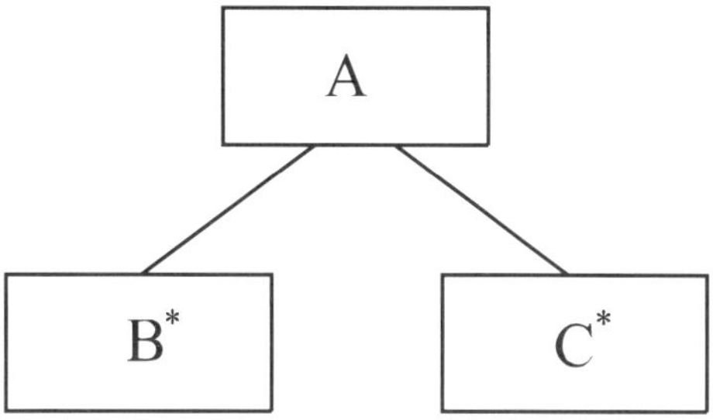

[그림 5.5] 구조도에서 반복의 예

5.2.2.4 모듈의 호출

구조도에서 모듈은 양 옆이 이중선으로 되어 있는 사각형이다. [그림 5.6]에서 ADD가 호출될 모듈이다.

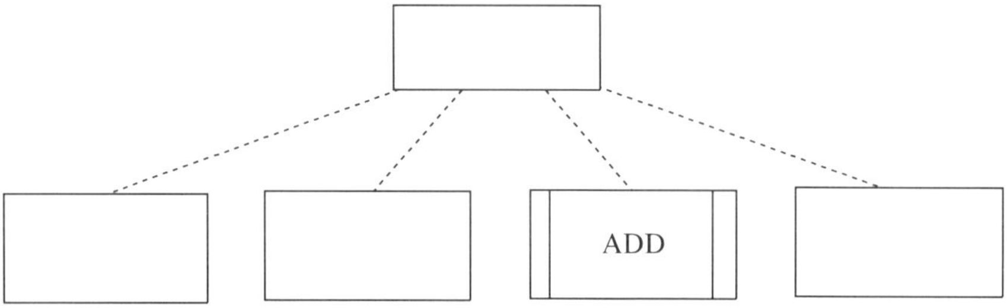

[그림 5.6] 구조도에서 모듈 호출하기

예제 5.1

키보드에서 세 개의 수를 읽어 합을 구하여 출력하는 프로그램을 작성하고자 하는데 합은 SUM이라는 모듈로 계산한다. 이의 구조도를 그려라.

풀이

이 예에 대한 구조는 [그림 5.7]과 같다.

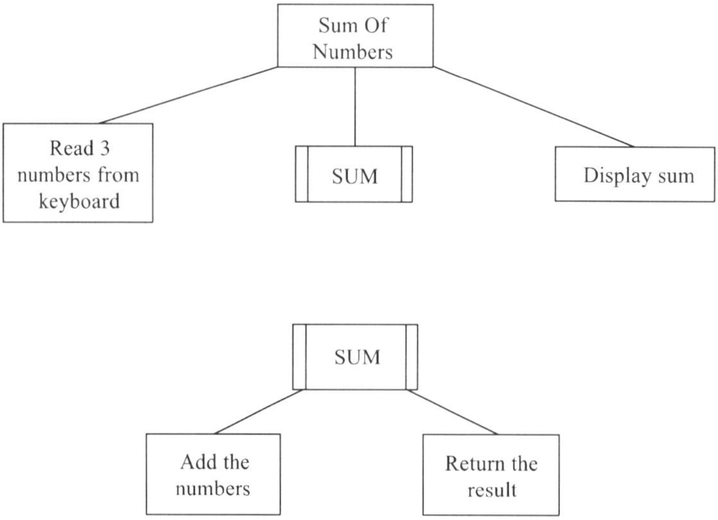

[그림 5.7] 예제 5.1에 대한 구조도

5.2.3 의사코드

흐름도나 구조도와 같이 그림으로 그려 프로그램을 설계하는 방법은 그리는데 시간이 걸린다는 점과 이의 수정이 쉽지 않다는 점이 흠이다. 의사코드(pseudocode)는 알고리즘의 동작과 순서를 체계적이면서도 간단하게 적은 말(보통 영어)로 프로그래머가 사용하는 컴퓨터 언어와 상관없이 알고리즘의 개발에만 집중할 수 있도록 해준다. 그리고 의사코드를 만드는 일에는 틀에 박힌 공식이나 기준이 없다. 각 개인이 취향에 따라 작성하면 된다. 하지만 의사코드를 읽기 좋게 하고, 또 강력한 도구가 될 수 있도록 하는데 도움을 주는 몇 가지 지침은 있다.

의사코드는 어떤 프로그램이든지 세 개의 중요한 요소 즉, 순차, 선택 및 반복으로 구성되어 있다는 개념을 밑바탕에 깔고 있다. 그래서 이에 해당하는 간단한 영어 문장을 컴파일러는 몰라도 사람은 아주 쉽게 이해할 수 있기 때문에 그대로 쓴다. 지금부터 의사코드를 위한 효과적인 영어식 표현을 살펴보기로 한다. 영어식 표현을 따르는 것이 좋겠지만 그래도 한국 도서로 번역한 책이기에 한국식 표현도 괄호로 감싸 함께 나타내 놓았다.

5.2.3.1 BEGIN-END (시작-끝)

이 구문은 프로그램이나 모듈의 시작과 끝을 나타낼 때 쓴다. 이때, 프로그램과 함수를 따로 구분하기 위해 ':MAIN(:프로그램)'나 ':ADD(:더하기)'와 같이 글자 앞에 콜론을 찍어 놓았다. 즉, 구동 프로그램인 경우는

```
:MAIN(:프로그램)
BEGIN(시작)
 ...
END(끝)
```

와 같고 함수인 경우는 함수 이름을 직접 써서

```
:ADD(:더하기)
BEGIN(시작)
 ...
END(끝)
```

와 같이 사용한다. BEGIN(시작)과 END(끝) 사이에 들어갈 말은 들여쓰기 하여 알고리즘을 읽기 좋도록 하면 더욱 효과적이다.

5.2.3.2 순차

순차는 작업할 일을 하나 다음에 하나와 같이 순차적으로 진행하는 것이다. 일의 순서만 차이가 날 뿐 중요도는 다 똑같기 때문에 한 줄에 한 동작씩 쓰고, 그리고 각 줄은 같은 들여쓰기를 하는 것이 좋다. 사용할 키워드는 다음과 같다.

입력: READ(읽기), GET(얻기), OBTAIN(구하기)
출력: SEND(보내기), PRINT(출력하기), DISPLAY(표시하기), SHOW(보이기)
초기화: SET(두기), CLEAR(지우기), INITIAL(초기화하기)
계산: ADD(더하기), CALCULATE(계산하기), DETERMINE(결정하기)
동작: TURN ON(켜기), TURN OFF(끄기)

다음은 이의 간단한 예이다.

```
:MAIN(:프로그램)
BEGIN(시작)
        Read three numbers(세 수를 읽기)
        Calculate their sum(세 수의 합을 계산하기)
        Display the result(결과를 표시하기)
END(끝)
```

5.2.3.3 IF-THEN-ELSE-ENDIF (만약-그러면-그렇지않으면-끝)

키워드 IF(만약), THEN(그러면), ELSE(그렇지 않으면), 그리고 ENDIF(끝)는 어떤 결정을 내릴 때 쓴다. 이 구문의 일반적인 형식은 다음과 같다.

```
IF(만약) condition THEN(그러면)
        statement
        …
        statement
ELSE(그렇지않으면)
        statement
        …
        statement
ENDIF(끝)
```

조건(condition)이 참이면 THEN(그러면) 다음에 있는 문장이 실행되고 그렇지 않으면 ELSE(그렇지않으면) 다음에 있는 문장이 실행되는데 이의 예를 한국식 표현을 먼저 쓰면

```
만약(IF) 온도(temperature) > 100 이면(THEN)
        히터 끄기(Turn off heater)
        팬 가동(Start the fan)
그렇지 않으면(ELSE)
        히터 켜기(Turn on heater)
끝(ENDIF)
```

와 같다. 영어식 표현(프로그래밍 언어도 영어)에 익숙하다 보니 약간 이상하게 보일 수 있지만 의사코드가 프로그램 개발을 위한 하나의 도구임을 생각해 보면 우리말로 써놓은 의사코드도 제 역할을 할 수 있다는 것에 조금도 의심치 않는다.

5.2.3.4 REPEAT-UNTIL (반복-만족않으면)

이 구문은 루프를 구성하는데 루프의 끝에서 조건을 검사한다. 즉, 적어도 한번은 실행되는 루프이고, 또 조건이 만족하지 않을 때는 무한 루프가 되는데 이의 일반적인 형식은 다음과 같다.

```
REPEAT(반복)
        statement
        …
        statement
UNTIL(만족않으면) condition
```

다음은 루프를 5번 실행하는 예이다.

```
set cnt = 0(cnt = 0로 둔다)
REPEAT(반복)
        Turn on LED(LED 불 켜기)
        Wait 1s(1초 대기)
        Turn off LED(LED 불 끄기)
        Increment cnt(cnt 1 증가)
```

UNTIL(만족않으면) cnt = 5

5.2.3.5 DO-WHILE (반복-만족하면)

이 구문은 REPEAT-UNTIL(반복-만족않으면)과 비슷하지만 루프가 조건이 참일 때에만 반복한다는 것이 다르다. 하지만 조건을 루프의 끝에서 검사한다는 것은 똑같다. 이의 일반적인 형식은 다음과 같다.

```
DO(반복)
        statement
        ...
        statement
WHILE(만족하면) condition
```

다음의 예 역시 5번 루프를 반복하는데 앞의 예와 견주기 위해 한글식 표기를 앞에 내놓았다. 참고하면 좋겠다.

```
cnt = 0로 두기(Set cnt = 0)
반복(DO)
        LED 불 켜기(Turn on LED)
        1초 기다리기(Wait 1s)
        LED 불 끄기(Turn off LED)
        cnt 1 증가시키기(Increment cnt)
만족하면(WHILE) cnt < 5
```

5.2.3.6 WHILE-WEND (반복-끝)

이 구문 역시 REPEAT-UNTIL(반복-만족않으면)과 비슷하지만 조건에 따라 루프가 한번도 실행되지 않을 수도 있다는 것이 다르다. 그리고 이 구문은 조건을 루프의 앞에서 검사하는데 일반적인 형식은 다음과 같다.

```
WHILE(반복) condition
        statement
        ...
        statement
WEND(끝)
```

다음은 루프가 한번도 실행되지 않는 예이다.

```
I = 0
WHILE(반복) I > 0
        Turn on LED(LED 불 켜기)
        Wait 3s(3초 기다리기)
WEND(끝)
```

다음 예에서는 루프가 10번 도는데 역시 서로 비교해 보기 위해 한글식을 먼저 나타내었다.

```
I = 0
반복(WHILE) I < 10
        모터 돌리기(Turn on motor)
        2초 기다리기(Wait 2 seconds)
        모터 끄기(Turn off motor)
        I 증가시키기(Increment I)
끝(WEND)
```

5.2.3.7 CASE-CASE ELSE-END CASE (경우-그렇지 아니면-끝)

이 구문은 다중선택을 할 때 쓰는데 표현식이 정해지면 이의 값에 따라 여러 조건을 상호 배타적으로 검사하여 들어맞는 경우의 문장을 실행한다. 이의 일반적인 형식은 다음과 같다.

```
CASE(경우) expression OF(중에서)
condition 1:
        statement
        …
        statement
condition 2:
        statement
        …
        statement
…
```

```
CASE ELSE(그렇지 않으면)
        statement
        …
        statement
END CASE(끝)
```

만약 expression이 condition 1과 같으면 condition 1 다음에 있는 문장이, 그리고 condition 2와 같으면 condition 2 다음에 있는 문장이 실행되는데 expression이 아무 조건과도 맞지 않으면 CASE ELSE(그렇지 않으면) 다음에 나오는 문장이 실행된다. 다음 예는 학점을 근거로 학생이 받을 점수를 계산한다.

```
CASE(경우) grade OF(중에서)
  A:      points = 10
  B:      points = 8
  C:      points = 6
  D:      points = 4
CASE ELSE(그렇지 않으면)
          points = 0
END CASE(끝)
```

짐작할 수 있듯이 CASE 구문은 IF-THEN-ELSE 구문과 서로 관계를 갖고 있는데 위 예를 바꾸면 다음과 같다.

```
IF(만약) grade = A THEN(그러면)
        points = 10
ELSE IF(만약) grade = B THEN(그러면)
        points = 8
ELSE IF(만약) grade = C THEN(그러면)
        points = 6
ELSE IF(만약) grade = D THEN(그러면)
        points = 4
ELSE(그렇지 않으면)
        points = 0
ENDIF(끝)
```

5.2.3.8 모듈 호출하기

모듈은 키워드 CALL(호출)을 모듈 이름 앞에 붙여 호출한다. 이렇게 호출하는 형식을 정하면 모듈의 입력 인수를 쉽게 나타낼 수 있고, 또 모듈의 헤드에도 인수를 표시할 수 있어 편하다. 이에 대한 예는 다음의 예제로 대체한다.

예제 5.2

키보드에서 세 수를 읽어 들여 이의 합을 계산하는 프로그램에 대한 의사코드를 작성하라. 이때, 합은 함수 SUM을 만들어 계산한다.

풀이

프로그램과 함수에 대한 의사코드는 [그림 5.8]과 같은데 마지막 예제인 만큼 순수 한글식으로 작성했다. 본문에 있는 영어식 의사코드와 한번 견주어 보길 바란다. 눈에 익으면 그렇게 이상하게 보이지만은 않을 것이다.

```
:프로그램
시작
   키보드에서 세 수(a, b 및 c) 읽기
   호출 SUM(a, b, c)
   결과 출력
끝

:SUM(입력: a, b, c 출력: 세 수의 합)
시작
   a, b 및 c의 합 계산
   합 반환
끝
```

[그림 5.8] 예제 5.2에 대한 의사코드

5.3 연습문제

1. 흐름도의 중요한 세 요소를 각각의 예와 함께 설명하라.
2. 간단한 정렬 알고리즘(sort algorithm)을 하나 선택하여 이에 대한 흐름도를 그려

보라.

3. 이진 탐색 알고리즘(binary search algorithm)에 대한 흐름도를 그려 보라.
4. 흐름도와 구조도의 차이를 설명하라.
5. 구조도의 중요한 세 요소를 각각의 예와 함께 설명하라.
6. 2차 방정식을 푸는 알고리즘에 대한 흐름도를 그려 보라.
7. 의사코드의 장점을 말해 보라.
8. 의사코드의 기본 요소에 대해 언급해 보라.
9. 키보드에서 삼각형의 밑변과 높이를 읽어 들여 삼각형의 면적을 구하는 프로그램에 대한 의사코드를 작성하라. 이때, 삼각형의 면적은 함수 AREA로 계산한다.
10. 반복(iteration)을 의사코드로 나타내고자 한다. 예를 들어 가면서 설명하라.
11. 다중선택 하는 문제를 CASE 구문을 써서 의사코드로 나타내고자 한다. 예를 들어 가면서 설명하고, 또 이를 IF-THEN-ELSE 구문으로 바꾸어 보라.

더 읽어 볼 책

Alford, M. W., *A requirements of engineering methodology for real-time processing*, IEEE Trans. Software Eng., SE-3, 1977, pp. 60-69.

Baker, T. P. and Scallon, G. M., *An architecture for real-time software systems,* IEEE Trans. Software Mag., 3, 3, 1986, pp. 50-58.

Bell, G., Morrey, I., and Pugh, J., *Software Engineering*, Prentic-Hall, Englewood Cliffs, NJ, 1992.

Bennett, S., *Real-Time Computer Control: An Introduction*, Prentice-Hall, Englewood Cliffs NJ, 1994.

Bibbero, R. J., *Microprocessors in Instruments and Control*, John Wiley & Sons, Inc., New York, 1977.

샘플 데이터 시스템과 z-변환

제6장

샘플 데이터 시스템(sampled data system)은 연속 시간 신호가 아닌 이산 시간 신호에 대해 동작하기 때문에 디지털 컴퓨터를 이런 시스템의 제어기로 사용한다. 물론 이 경우에는 D/A 변환기가 컴퓨터와 플랜트 사이에 놓여야 할 것이고, 또 컴퓨터로 들어오고 나가는 모든 신호는 고정된 시간 즉, 샘플링 시간(sampling time)에 이루어진다고 본다.

샘플 데이터 시스템의 전형적인 모습은 [그림 6.1]과 같다. 디지털 컴퓨터가 제어기나 보상기 구실을 하고 A/D 변환기는 오차 신호를 디지털 형태로 바꾸어 컴퓨터가 처리할 수 있도록 한다. 컴퓨터 출력 측에는 D/A 변환기가 달려 있어 디지털 신호를 플랜트가 받아들일 수 있는 연속 신호로 바꾸어 준다.

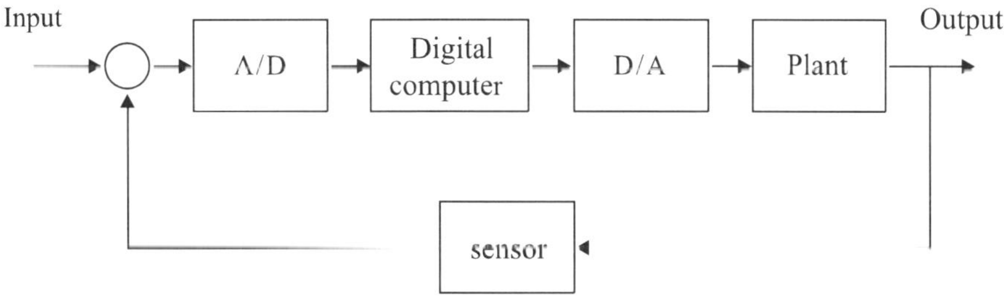

[그림 6.1] 샘플 데이터 제어 시스템

6.1 샘플링 과정

샘플링 장치(sampler)는 기본적으로 [그림 6.2]와 같이 T초마다 닫히는 스위치이다. 그래서 연속 신호 $r(t)$를 시간 T마다 샘플링 하면 이의 결과로 나타나는 이산 시간 신호 $r^*(t)$는 [그림 6.3]과 같은데, 여기서 q는 스위치가 닫혀 있는 시간이다. 하지만 스위치가 닫혀 있는 시간 q는 샘플링 시간 T에 비해 아주 작기 때문에 [그림 6.4]와 같이 윗면이 평평한 직사각형으로 근사화 할 수 있고, 여기다 제어 응용 측면에서 보면 T보다 아주 작은 q를 아예 무시하여 [그림 6.5]와 같은 출력을 고려하기도 한다. [그림 6.5]와 같은 샘플 신호(sampled signal)는 이상적인 샘플링 장치(ideal sampler)의 고유한 특징이다.

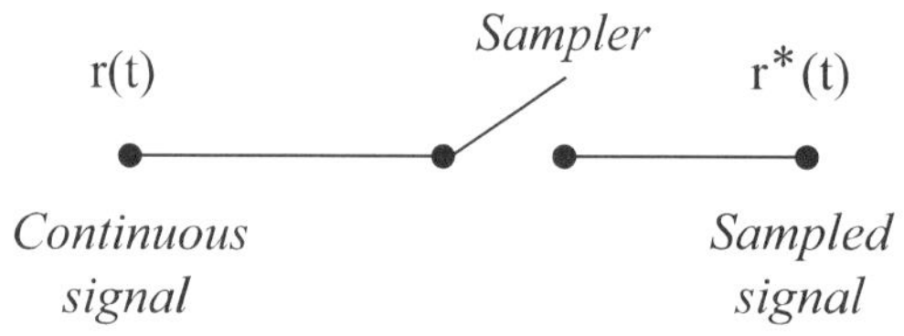

[그림 6.2] 샘플링 장치

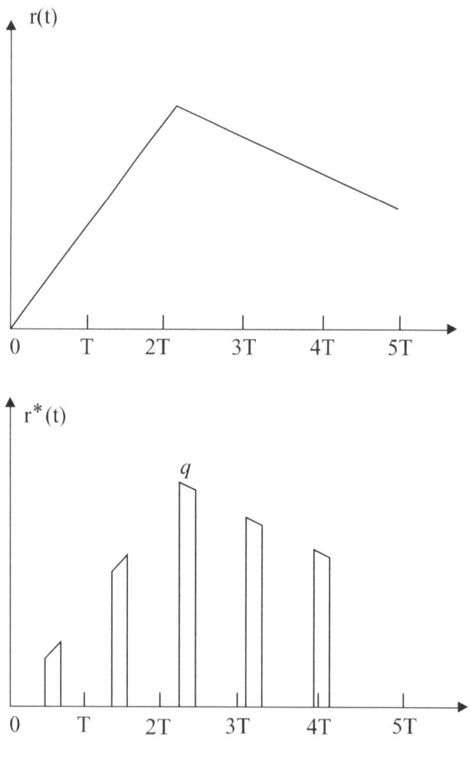

[그림 6.3] 샘플링 장치의 앞과 뒤 신호

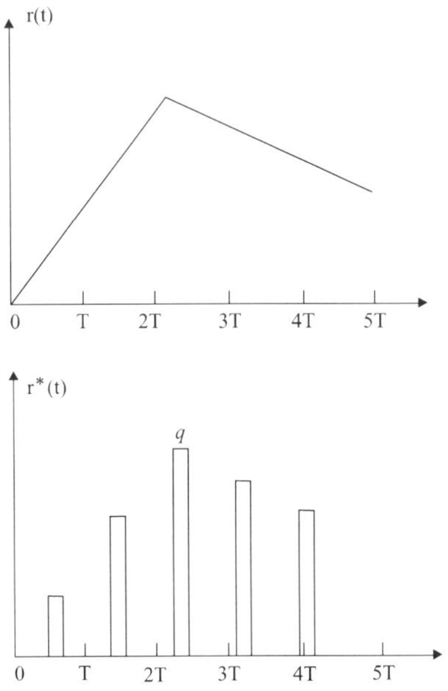

[그림 6.4] 윗면이 평평한 샘플링 신호

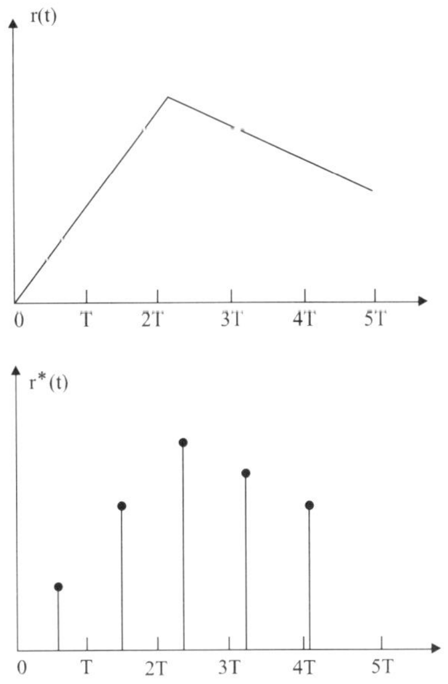

[그림 6.5] 이상적인 샘플링 장치의 앞과 뒤 신호

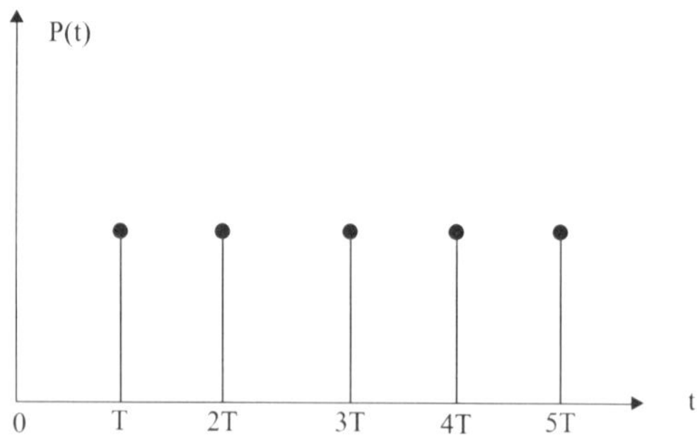

[그림 6.6] 델타 펄스열

이상적인 샘플링 과정은 수학적으로 연속 신호에 펄스열(pulse train)을 곱한 것으로 생각할 수 있다. 즉,

$$r^*(t) = P(t)r(t) \tag{6.1}$$

인데, 여기서 $P(t)$는 [그림 6.6]에 보인 것과 같은 델타(delta) 펄스열로

$$P(t) = \sum_{n=-\infty}^{\infty} \delta(t - nT) \tag{6.2}$$

이다. 따라서 샘플링 장치의 출력은

$$r^*(t) = \sum_{n=-\infty}^{\infty} r(nT)\delta(t - nT) \tag{6.3}$$

혹은

$$r^*(t) = \sum_{n=-\infty}^{\infty} r(nT)\delta(t - nT) \tag{6.4}$$

와 같다. 하지만 보통 $t < 0$인 경우는 $r(t) = 0$이므로

$$r^*(t) = \sum_{n=0}^{\infty} r(nT)\delta(t - nT) \tag{6.6}$$

로 다시 쓸 수 있고 이를 다시 Laplace 변환하여

$$R^*(s) = \sum_{n=0}^{\infty} r(nT)e^{-snT} \tag{6.7}$$

와 같은 샘플 신호의 Laplace 변환 형태를 얻을 수 있다. D/A 변환기는 샘플 신호

$r^*(t)$를 연속 신호 $y(t)$로 바꾸는 일을 하는데 보통 [그림 6.7]과 같은 0차 홀딩 장치(zero-order holder 혹은 ZOH)로 근사화 할 수 있다. ZOH는 샘플링 장치가 다시 작동할 때까지 현재 데이터를 그대로 기억하는 장치로 $r(nT)$의 값을 $nT \le t < (n+1)T$에서 일정하도록 해준다.* 즉, 샘플링 주기 동안에 ZOH가 출력하는 값이 $r(nT)$인 셈이다.

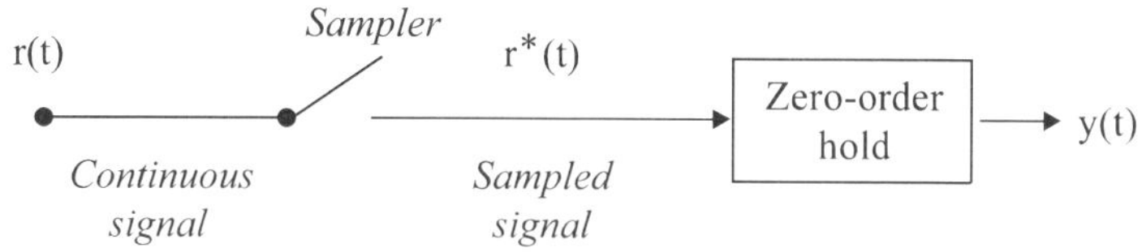

[그림 6.7] 샘플링 장치와 0차 홀딩 장치

0차 홀딩 장치의 임펄스 응답(impulse response)†은 [그림 6.8]과 같고 이를 식으로 나타내면 다음과 같다.

$$G(t) = H(t) - H(t-T) \tag{6.8}$$

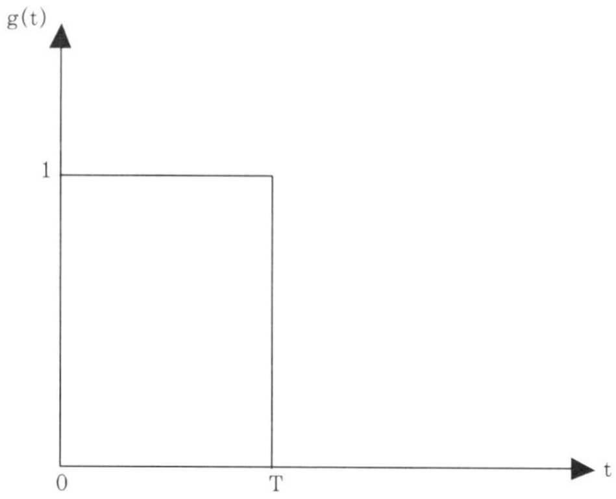

[그림 6.8] ZOH임펄스 응답

* 0차 홀딩 장치의 입력은 $r^*(t)$이지만 이상적인 샘플링 장치일 때는 식 (6.6)과 같이 r(t)에 펄스 신호를 곱한 것이 $r^*(t)$이므로 샘플링 순간에서 입/출력 신호의 값만 견주어 볼 때는 그냥 $r^*(t) = r(t)$이다.

† 임펄스 응답은 입력을 $t=0$에서 1로 주었을 때 나타나는 출력이다. $t=0$에서 입력으로 들어온 1이라는 값이 샘플링 주기 T동안에 그대로 유지한 모습이다.

여기서 $H(t)$는 스텝 함수(step function)*이다. 따라서 식 (6.9)를 Laplace 변환하여 0차 홀딩 장치의 전달 함수를 구하면 다음과 같다.

$$G(s) = \frac{1}{s} - \frac{e^{-Ts}}{s} = \frac{1-e^{-Ts}}{s} \tag{6.9}$$

샘플링 및 0차 홀딩 장치는 샘플링 주기 T가 입력 신호의 일시적인 변화에 견주어 아주 작을 때에는 이를 아주 잘 추종한다. [그림 6.9]는 램프 입력(ramp input)에 대한 샘플링 및 0차 홀딩 장치의 응답인데 비교를 위해 T의 값을 달리하여 각각 나타내 놓았다.

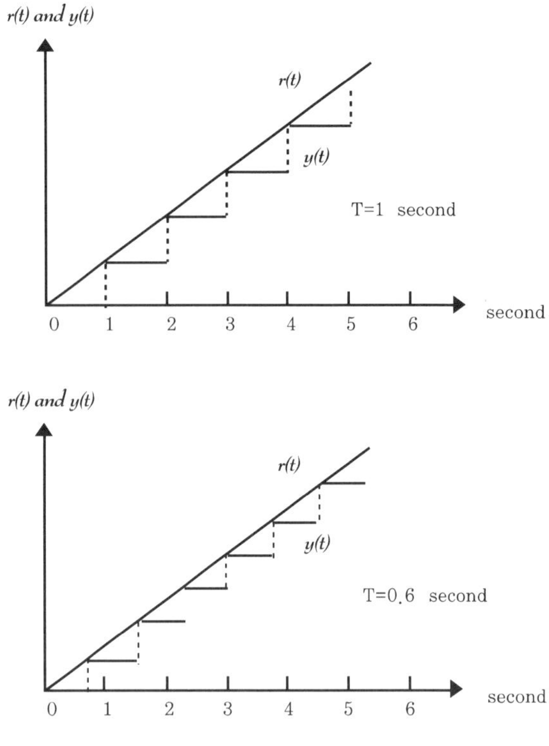

[그림 6.9] 램프 입력에 대한 샘플링 및 0차 홀딩 장치의 응답

예제 6.1

[그림 6.10]은 이상적인 샘플링 장치에 0차 홀딩 장치를 붙여 놓은 모습이다. 입력

---

* 스텝 함수는 크기가 1인 함수이다. 즉, $H(t)$는 $t \geq 0$에서 1이고 $H(t-T)$는 $t-T \geq 0$ (혹은 $t \geq T$)에서 1이다.

신호를 그림에 있는 것으로 가정할 때 샘플링 장치와 0차 홀딩 장치를 각각 통과한 후의 신호를 구분하여 그려 보라.

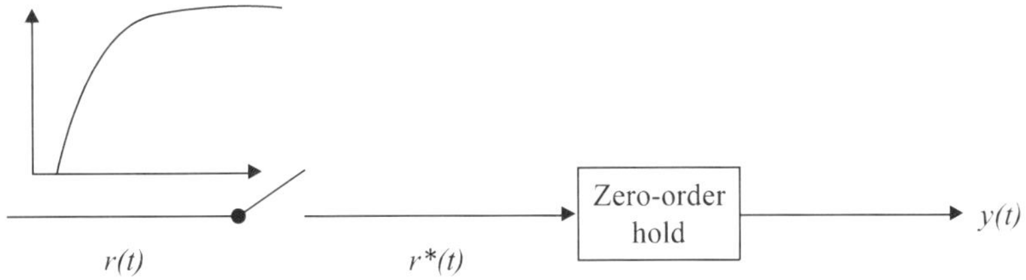

[그림 6.10] 예제 6.1에 대한 샘플링 및 0차 홀딩 장치

풀이

샘플링 및 0차 홀딩 장치를 통과한 각각의 신호는 [그림 6.11]과 같다.

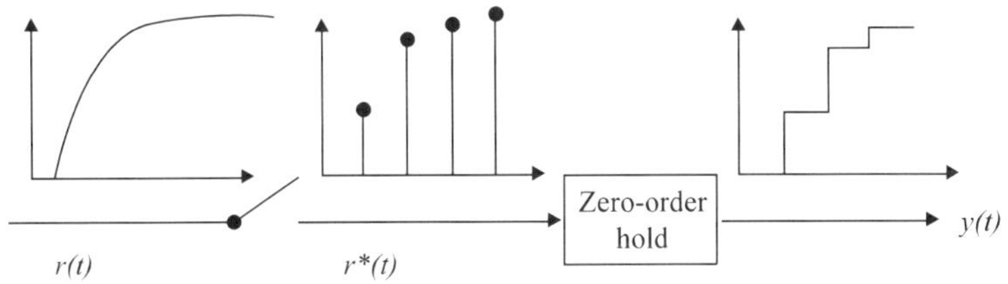

[그림 6.11] 예제 6.1의 각 지점에 나타나는 신호

6.2 z-변환

식 (6.7) 즉, 샘플 신호의 Laplace 변환 형태는 e^{-snT}에 대한 무한급수이다. 따라서 표현을 좀 간단하게 하기 위해

$$z = e^{sT} \tag{6.10}$$

을 정의하면 식 (6.7)은*

---

* 식 (6.10)을 써서 식 (6.7)을 그대로 표현하면

$$R^*\left(\frac{1}{T}\ln z\right) = \sum_{n=0}^{\infty} r(nT)z^{-n}$$

이다. 여기서 식 (6.10)을 $s = (\ln z)/T$로 바꾸어 사용했다. 하지만 $z-$변환에서는 샘플링 순간의 신호만 고려하기 때문에 $r^*(t)$의 $z-$변환은 $r(t)$의 $z-$변환과 같다. 즉,

$$R(z) = \sum_{n=0}^{\infty} r(nT) z^{-n} \tag{6.11}$$

와 같이 나타낼 수 있고 이를 $r(t)$에 대한 $z-$변환이라 하는데 기호로는 $Z[r(t)] = R(z)$ 처럼 나타낸다. z 변수에 Laplace 변수 s가 들어가 있으므로 이 역시 복소수인 것에 주의해야 한다. 그리고 식 (6.11)은 무한 급수로

$$R(z) = r(0) + r(T)z^{-1} + r(2T)z^{-2} + r(3T)z^{-3} + \cdots$$

와 같이 각 샘플링 순간의 입력 값인 $r(nT)$이 계수로 자리 잡고 있다는 것도 함께 기억해야 할 것이다. $z-$변환은 샘플 데이터 시스템에서 사용하는 도구이다. 연속 시스템에서 Laplace 변환을 유용한 도구로 이용했던 것처럼, 샘플 데이터 시스템의 응답은 출력의 $z-$변환을 구한 후에 이를 역 $z-$변환(inverse z-transform)하여 쉽게 구할 수 있다. 이제부터 흔히 쓰는 몇몇 함수에 대한 $z-$변환을 계산하는 방법에 대하여 알아보기로 한다.

6.2.1 단위 스텝 함수

[그림 6.12]와 같은 단위 스텝 함수(unit step function)의 수학적 정의는 다음과 같다.

$$r(nT) = \begin{cases} 0 & n < 0 \\ 1 & n \geq 0 \end{cases}$$

따라서 식 (6.11)을 이용하면

$$R(z) = \sum_{n=0}^{\infty} r(nT) z^{-n} = \sum_{n=0}^{\infty} z^{-n} = 1 + z^{-1} + z^{-2} + z^{-3} + \cdots$$

또는

$$R(z) = \frac{z}{z-1} \qquad |z| > 1$$

이다.

6.2.2 단위 램프 함수

[그림 6.13]과 같은 단위 램프 함수(unit ramp function)의 수학적 정의는 다음과

$$Z[r(t)] = Z[r^*(t)] = R(z) = \sum_{n=0}^{\infty} r(nT) z^{-n}$$

인 것이다.

같다.

$$r(nT) = \begin{cases} 0 & n < 0 \\ nT & n \geq 0 \end{cases}$$

따라서 식 (6.11)을 이용하면

$$R(z) = \sum_{n=0}^{\infty} r(nT) z^{-n} = \sum_{n=0}^{\infty} nTz^{-n} = Tz^{-1} + 2Tz^{-2} + 3Tz^{-3} + 4Tz^{-4} + \cdots$$

또는

$$R(z) = \frac{Tz}{(z-1)^2} \quad |z| > 1$$

이다.

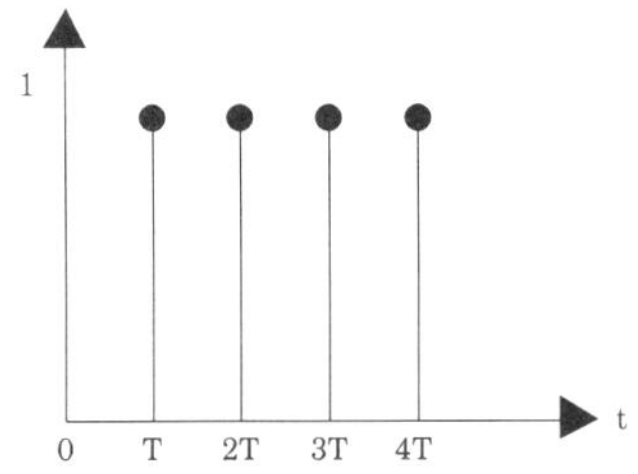

[그림 6.12] 단위 스텝 함수

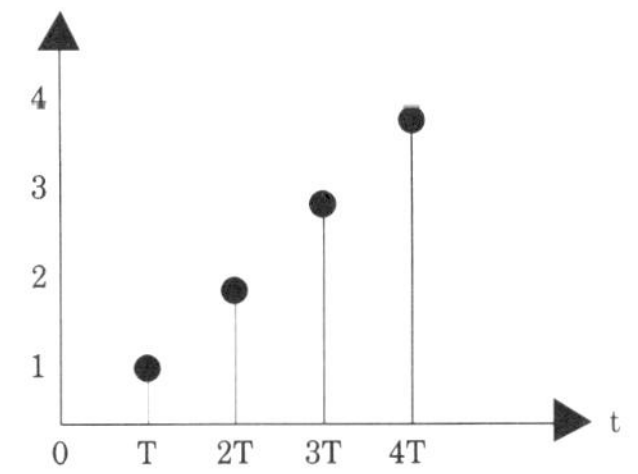

[그림 6.13] 단위 램프 함수

6.2.3 지수 함수

[그림 6.14]와 같은 지수 함수(exponential function)의 수학적 정의는 다음과 같다.

$$r(nT) = \begin{cases} 0 & n < 0 \\ e^{-anT} & n \geq 0 \end{cases}$$

따라서 식 (6.11)을 이용하면

$$R(z)=\sum_{n=0}^{\infty} r(nT)z^{-n}=\sum_{n=0}^{\infty} e^{-anT}z^{-n}=1+e^{-aT}z^{-1}+e^{-2aT}z^{-2}+e^{-3aT}z^{-3}+\cdots$$

또는

$$R(z)=\frac{1}{1-e^{-aT}z^{-1}}=\frac{z}{z-e^{-aT}} \quad |z|>e^{-aT} \qquad (6.12)$$

이다.

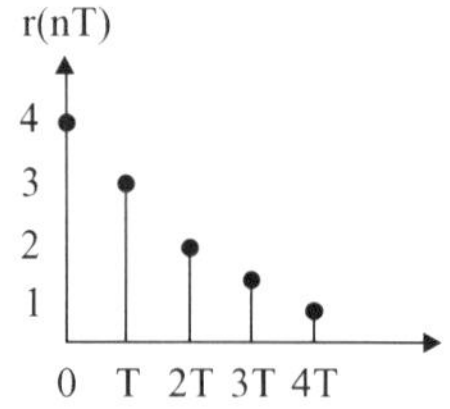

[그림 6.14] 지수 함수

6.2.4 일반 지수 함수

일반 지수 함수(general exponential function)의 수학적 정의는 다음과 같다.

$$r(nT)=\begin{cases}0 & n<0 \\ p^n & n\geq 0\end{cases}$$

따라서 식 (6.11)을 이용하면

$$R(z)=\sum_{n=0}^{\infty} r(nT)z^{-n}=\sum_{n=0}^{\infty} p^n z^{-n}=1+pz^{-1}+p^2z^{-2}+p^3z^{-3}+\cdots$$

또는

$$R(z)=\frac{z}{z-p} \quad |z|>p$$

이다.

6.2.5 사인 함수

다음과 같은 사인 함수(sine function)를 생각해 보자.

$$r(nT) = \begin{cases} 0 & n < 0 \\ \sin n\omega T & n \geq 0 \end{cases}$$

먼저 이를 지수 함수로 바꾸기 위해

$$\sin x = \frac{e^{jx} - e^{jx}}{2j}$$

을 이용하면 $n \geq 0$에서

$$r(nT) = \frac{e^{jn\omega T} - e^{-jn\omega T}}{2j} = \frac{e^{jn\omega T}}{2j} - \frac{e^{-jn\omega T}}{2j} \tag{6.13}$$

와 같다. 따라서 앞에서 배운 지수 함수에 대한 z-변환인 식 (6.12)를 이용하면

$$R(z) = \frac{1}{2j}\left(\frac{z}{z - e^{j\omega T}} - \frac{z}{z - e^{-j\omega T}}\right) = \frac{1}{2j}\left(\frac{z(e^{j\omega T} - e^{-j\omega T})}{z^2 - z(e^{j\omega T} + e^{-j\omega T}) + 1}\right)$$

또는

$$R(z) = \frac{z \sin \omega T}{z^2 - 2z\cos\omega T + 1}$$

와 같이 구할 수 있다.

6.2.6 코사인 함수

다음과 같은 코사인 함수(cosine function)를 생각해 보자.

$$r(nT) = \begin{cases} 0 & n < 0 \\ \cos n\omega T & n \geq 0 \end{cases}$$

먼저 이를 지수 함수로 바꾸기 위해

$$\cos x = \frac{e^{jx} + e^{-jx}}{2}$$

을 이용하면 $n \geq 0$에서

$$r(nT) = \frac{e^{jn\omega T} - e^{-jn\omega T}}{2} = \frac{e^{jn\omega T}}{2} + \frac{e^{-jn\omega T}}{2} \tag{6.14}$$

와 같다. 따라서 앞에서 배운 지수 함수에 대한 z-변환인 식 (6.12)를 이용하면

$$R(z) = \frac{1}{2}\left(\frac{z}{z - e^{j\omega T}} + \frac{Z}{z - e^{-j\omega T}}\right)$$

또는

$$R(z) = \frac{z(z-\cos\omega T)}{z^2 - 2z\cos\omega T + 1}$$

와 같이 구할 수 있다.

6.2.7 이산 임펄스 함수

이산 임펄스 함수(discrete impulse function)의 정의는 다음과 같다.

$$\delta(n) = \begin{cases} 1 & n = 0 \\ 0 & n \neq 0 \end{cases}$$

따라서 식 (6.11)을 이용하면

$$R(z) = \sum_{n=0}^{\infty} r(nT) z^{-n} = \sum_{n=0}^{\infty} z^{-n} = 1$$

이다.

6.2.7 지연 이산 임펄스 함수

지연 이산 임펄스 함수(delayed discrete impulse function)의 정의는 다음과 같다.

$$\delta(n-k) = \begin{cases} 1 & n = k > 0 \\ 0 & n \neq k \end{cases}$$

따라서 식 (6.11)을 이용하면

$$R(z) = \sum_{n=0}^{\infty} r(nT) z^{-n} = \sum_{n=0}^{\infty} z^{-n} = z^{-k}$$

이다.

6.2.9 z-변환 표

지금까지 살펴본 여러 함수에 대한 z-변환을 요약하여 [표 6.1]에 나타내었다. Laplace 변환 표처럼 이 표도 시스템의 응답 $y(t)$를 구할 때 유용하게 쓸 수 있는데 단지 시스템이 이산 시스템이라는 것과 표에서 $y(t)$를 찾을 때 즉, $Y(z)$에서 $y(t)$를 유도할 때 역 z-변환을 수행해야 한다는 것이 다르다.

[표 6.1] 대표적인 함수에 대한 z-변환 표

$f(kT)$	$F(z)$
$\delta(t)$	1
1	$\frac{z}{z-1}$
kT	$\frac{Tz}{(z-1)^2}$
e^{-akT}	$\frac{z}{z-e^{-aT}}$
kTe^{-akT}	$\frac{Tze^{-aT}}{(z-e^{-at})^2}$
a^k	$\frac{z}{z-a}$
$1-e^{akT}$	$\frac{z(1-e^{-aT})}{(z-1)(z-e^{-aT})}$
$\sin akT$	$\frac{z \sin aT}{z^2-2z\cos aT+1}$
$\cos akT$	$\frac{z(z-\cos aT)}{z^2-2z\cos aT+1}$

6.2.10 Laplace 변환 함수의 z-변환

Laplace 변환 함수 $G(s)$의 $z-$변환을 기호로는 $G(z)$로 쓸 수 있지만 답을 찾는데 s 대신에 z를 그냥 대입해서는 안 된다. $G(s)$를 $G(z)$로 바꾸는 몇 가지 방법이 있는데 이를 요약하면 다음과 같나.

- $G(s)$가 주어지면 먼저 역 Laplace 변환 기법을 이용하여 $g(t)$를 찾고, 그런 다음에 이 $g(t)$에 대한 $z-$변환인 $G(z)$를 정의에 따라 계산하거나 변환 표를 이용하여 찾는다.
- $G(s)$가 주어지면 Laplace 변환 표와 [표 6.1]과 같은 $z-$변환 표를 함께 사용하여 이의 $z-$변환인 $G(z)$를 찾는다.
- $G(s)$가 주어지면 이를 $G(s)=N(s)/D(s)$와 같이 나타낸 후에 다음의 공식을 써서 $G(z)$를 찾는다.

$$G(z)=\sum_{n=1}^{p}\frac{N(x_n)}{D'(x_n)}\frac{1}{1-e^{x_nT}z^{-1}} \tag{6.15}$$

여기서 D'는 $\partial D/\partial s$이고 $x_n (n=1,2,\cdots,p)$는 식 $D(s)=0$의 근이다. 다음의 예제를 통해 직접 문제를 풀어 보기로 하자.

예제 6.2

$G(s)$가 다음과 같을 때 위에서 언급한 각 방법으로 $G(z)$를 찾아라.

$$G(s)=\frac{1}{s^2+5s+6}$$

풀이

방법 1 : 역 Laplace 변환을 이용한다. 먼저, $G(s)$를 다음과 같이 부분 분수(partial fraction)로 나타낸다.

$$G(s)=\frac{1}{(s+3)(s+2)}=\frac{1}{s+2}-\frac{1}{s+3} \tag{6.16}$$

다음, 식 (6.16)을 역 Laplace 변환하는데 이는 다음과 같다.

$$g(t)=L^{-1}[G(s)]=e^{-2t}-e^{-3t} \tag{6.17}$$

따라서 식 (6.17)에 변환의 정의를 그대로 적용하면

$$\begin{aligned} G(z) &= \sum_{n=0}^{\infty}(e^{-2nT}-e^{-3nT})z^{-1} \\ &= (1+e^{-2T}z^{-1}+e^{-4T}z^{-2}+\cdots)-(1+e^{-3T}z^{-1}+e^{-6T}z^{-2}+\cdots) \\ &= \frac{z}{z-e^{-2T}}-\frac{z}{z-e^{-3T}} \end{aligned}$$

또는

$$G(z)=\frac{z(e^{-2T}-e^{-3T})}{(z-e^{-2T})(z-e^{-3T})}$$

와 같이 구할 수 있다.

방법 2 : 부분 분수로 바꾸고 z−변환 표를 이용한다. [표 6.1]을 보면 $1/(s+a)$의 z−변환이 $z/(z-e^{-aT})$이므로* [식 (6.16)]의 z−변환은

---

* [표 6.1]은 $G(s)$를 $G(z)$로 직접 변환하는 표는 아니다. 하지만 연속 시스템에 익숙하면 $G(s)$의 각 부분 분수에 대한 $g(t)$는 금방 알 수 있다. 즉, $1/s$는 1이고 $1/(s+a)$는 e^{-at}이고, 또 $s/(s^2+\omega^2)$는 $\cos\omega t$이고 하는 식이다. 그러므로 여기서는 비록 $G(s)$의 형태지만 부분 분수로 나타나면 이미 $g(t)$는 머리속에 그려졌다고 보고 [표 6.1]을 이용하였다.

$$G(z)=\frac{z}{z-e^{-2T}}-\frac{z}{z-e^{-3T}}$$

또는

$$G(z)=\frac{z(e^{-2T}-e^{-3T})}{(z-e^{-2T})(z-e^{-3T})}$$

와 같이 구할 수 있다.

방법 3 : 식 (6.15)를 직접 이용한다. 주어진 $G(s)$와 식 (6.15)를 비교해 보면 $N(s)=1$, $D(s)=s^2+5s+6$, $D'(s)=2s+5$, 그리고 $D(s)=0$의 근은 $x_1=-2$와 $x_2=-3$이다. 따라서 $x_1=2$일 때는

$$G_1(z)=\frac{1}{1}\frac{1}{1-e^{-2T}z^{-1}}$$

이고 $x_2=-3$일 때는

$$G_2(z)=\frac{1}{1}\frac{1}{1-e^{-3T}z^{-1}}$$

이므로

$$G(z)=\frac{1}{1-e^{-2T}z^{-1}}-\frac{1}{1-e^{-3T}z^{-1}}=\frac{z}{z-e^{-2T}}-\frac{z}{z-e^{-3T}}$$

또는

$$G(z)=\frac{z(e^{\ 2T}-e^{\ 3T})}{(z-e^{-2T})(z-e^{-3T})}$$

와 같이 구할 수 있다.

6.2.11 z-변환의 성질

z-변환의 성질(property)은 대부분 Laplace 변환의 성질과 일대일 대응 관계를 갖는데 이 절에서는 이런 z-변환의 성질을 다루게 될 것이다.

1. 선형성(linearity property)

$f(nT)$와 $g(nT)$의 z-변환을 각각 $F(z)$와 $G(z)$라 할 때 다음을 만족한다.

$$Z[f(nT) \pm g(nT)] = Z[f(nT)] \pm Z(g(nT) = F(z) \pm G(z) \qquad (6.20)$$

그리고 임의의 스칼라 a에 대해서는

$$Z[af(nT)] = aZ[f(nT)] = aF(z) \qquad (6.21)$$

이다.

2. 왼쪽 이동성(left-shifting property)

$f(nT)$의 $z-$변환을 $F(z)$라 하고, 또 $y(nT) = f(nT+mT)$라 둘 때 다음을 만족한다.

$$Y(z) = z^m F(z) - \sum_{i=0}^{m-1} f(iT) z^{m-i} \qquad (6.22)$$

이때, $f(iT) = 0(i = 0, 1, 2 \cdots, m-1)$이면

$$Z[f(nT+mT)] = z^m F(z) \qquad (6.23)$$

이다.

3. 오른쪽 이동성(right-shifting property)

$f(nT)$의 $z-$변환을 $F(z)$라 하고, 또 $y(nT) = f(nT-mT)$라 둘 때 다음을 만족한다.

$$Y(z) = z^{-m} F(z) + \sum_{i=0}^{m-1} f(iT-mT) z^{-i} \qquad (6.24)$$

이때, $f(iT-mT) = f((i-m)T) = f(kT)$이 $k < 0$에서 0이면

$$Z[f(nT+mT)] = z^{-m} F(z) \qquad (6.25)$$

이다.

4. 감쇠성(attenuation property)

$f(nT)$의 $z-$변환을 $F(z)$라 할 때 다음을 만족한다.

$$Z\left[e^{-anT} f(nT)\right] = F(ze^{aT}) \qquad (6.26)$$

이 성질은 임의의 함수 $f(nT)$에 e^{-anT}를 먼저 곱한 후에 $z-$변환을 하면 곱하지 않았을 때의 $z-$변환인 $F(z)$에서 z 대신에 ze^{aT}를 대입한 것과 같다는 것을 보여 준다.

5. 초기값 정리(initial value theorem)

$f(nT)$의 $z-$변환이 $F(z)$일 때 이의 시간 응답에 대한 초기값은 다음과 같다.

$$\lim_{n \to 0} f(nT) = \lim_{z \to \infty} F(z) \qquad (6.27)$$

6. 최종값 정리(final value theorem)

$f(nT)$의 $z-$변환이 $F(z)$일 때 이의 시간 응답에 대한 최종값은 다음과 같다.

$$\lim_{n\to\infty} f(nT) = \lim_{z\to 1}(1-z^{-1})F(z) \tag{6.28}$$

여기서 이와 같은 최종값 정리가 만족하려면 $(1-z^{-1})F(z)$의 극점이 반드시 단위원 (unit circle)이나 그 안에 있어야 한다.

예제 6.3

단위 램프 함수 $r(nT)$의 $z-$변환이 다음과 같을 때 $5r(nT)$의 $z-$변환을 구하라.

$$R(z) = \frac{Tz}{(z-1)^2}$$

풀이

선형성을 이용하여 다음과 같이 구한다.

$$Z[5r(nT)] = 5R(z) = \frac{5Tz}{(z-1)^2}$$

예제 6.4

삼각 함수 $r(nT) = \sin n\omega T$의 $z-$변환이 다음과 같을 때 $y(nT) = e^{-2T}\sin n\omega T$ 의 $z-$변환을 구하라.

$$R(Z) = \frac{z\sin\omega T}{z^2 - 2z\cos\omega T + 1}$$

풀이

감쇠성을 이용하여 다음과 같이 구한다.

$$Z[y(nT)] = \frac{ze^{2T}\sin\omega T}{(ze^{2T})^2 - 2(ze^{2T})\cos\omega T + 1} = \frac{ze^{2T}\sin\omega T}{z^2e^{4T} - 2ze^{2T}\cos\omega T + 1}$$

예제 6.5

$g(nT)$에 대한 $z-$변환이 다음과 같을 때 $g(nT)$의 최종값을 구하라.

$$G(z) = \frac{0.792z}{(z-1)(z^2 - 0.416z + 0.208)}$$

풀이

최종값 정리를 이용하면 다음과 같다.

$$\begin{aligned}\lim_{n\to\infty} g(nT) &= \lim_{z\to 1}(1-z^{-1})\frac{0.792z}{(z-1)(z^2-0.416z+0.208)} \\ &= \lim_{z\to 1}\frac{0.792}{z^2-0.416z+0.208)} \\ &= \frac{0.792}{1-0.416+0.208} = 1\end{aligned}$$

6.2.12 역 z-변환

역 z-변환(inverse z-transform)은 역 Laplace 변환과 비슷한 방법으로 얻을 수 있다. 즉, z-변환으로 얻은 함수는 보통 복소 변수 z에 대한 다항식의 비(차수가 m인 분모 다항식과 차수가 n인 분자 다항식의 비로 $m > n$)이기 때문에 이와 등가인 작은 분수들의 합으로 나타내도록 하면 되겠다. 여기서 작은 분수는 z-변환의 기본 형태로 [표 6.1]에 있는 모습과 같거나 비슷한 함수이다. 역 z-변환을 찾는 몇 가지 방법을 요약하면 다음과 같다.

- 분자 다항식을 분모 다항식으로 계속 나누어 z^{-1}제어할 것에 대한 거듭제곱 수열로 나타낸다.
- $Y(z)$를 부분 분수로 전개하여 z-변환 표를 이용한다.
- 역 z-변환을 정의하는 적분을 직접 수행한다.

그리고 임의의 z-변환 함수 $Y(z)$에 대해 역 z-변환을 하여 각 샘플링 순간의 값 $y(nT)$를 찾았으면 이의 시간 함수인 $Y(t)$는

$$y(t) = \sum_{n=0}^{\infty} y(nT)\delta(t-nT)$$

이다.

방법 1 : 계속 나누기. 이 방법은 분자 다항식을 분모 다항식으로 계속 나누어

$$Y(z) = y_0 + y_1 z^{-1} + y_2 z^{-2} + y_3 z^{-3} + \cdots$$

와 같은 급수 형태로 나타내는데, 이때 $y(n)$는 이 급수의 계수가 된다.

예제 6.6

다음 함수에 대해 역 z-변환을 하라.

$$Y(z) = \frac{z^2 + z}{z^2 - 3z + 4}$$

풀이

분자 다항식을 분모 다항식으로 계속 나눈다. 즉,

$$\begin{array}{r l}
 & 1 + 4z^{-1} + 8z^{-2} + 8z^{-3} \\
z^2 - 3z + 4 \,\big) & z^2 + z \\
 & \underline{z^2 - 3z + 4} \\
 & \quad 4z - 4 \\
 & \quad \underline{4z - 12 + 16z^{-1}} \\
 & \qquad 8 - 16z^{-1} \\
 & \qquad \underline{8 - 24z^{-1} + 32z^{-2}} \\
 & \qquad\quad 8z^{-1} - 32z^{-2} \\
 & \qquad\quad 8z^{-1} - 24z^{-2} + 32z^{-3} \\
 & \qquad\quad \cdots
\end{array}$$

와 같고, 따라서 이 급수의 계수를 이용하면

$$y(0) = 1$$

$$y(T) = 4$$

$$y(2T) = 8$$

$$y(3T) = 8$$

$$\cdots$$

이므로

$$y(t) = \delta(t) + 4\delta(t - T) + 8\delta(t - 2T) + 8\delta(t - 3T) + \cdots$$

이고 [그림 6.5]가 이의 처음 몇 샘플에 대한 모습이다.

예제 6.7

다음 $Y(z)$에 대한 역 z-변환을 찾아라.

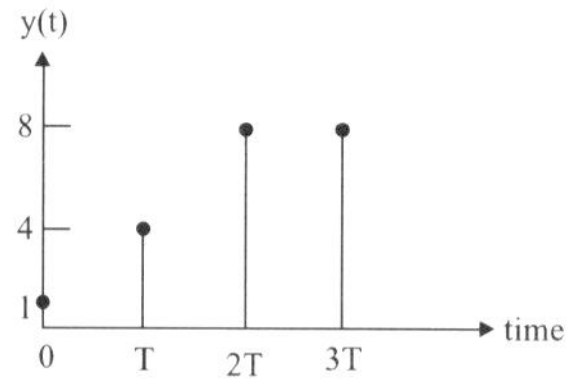

[그림 6.15] 예제 6.6의 y(t)에 대한 처음 몇 샘플

$$Y(z) = \frac{z}{z^2 - 3z + 2}$$

풀이

분자 다항식을 분모 다항식으로 다음과 같이 계속 나눈다.

$$\begin{array}{r l}
 & z^{-1} + 3z^{-2} + 7z^{-3} + 15z^{-4} \\
z^2 - 3z + 2 \,\big)\! & z \\
 & \underline{z - 3 + 2z^{-1}} \\
 & 3 - 2z^{-1} \\
 & \underline{3 - 9z^{-1} + 6z^{-2}} \\
 & 7z^{-1} - 6z^{-2} \\
 & \underline{7z^{-1} - 21z^{-2} + 14z^{-3}} \\
 & 15z^{-2} - 14z^{-3} \\
 & 15z^{-2} - 45z^{-3} + 30z^{-4} \\
 & \cdots
\end{array}$$

그러면 해로 나타난 급수의 계수가

$$y(0) = 0$$

$$y(T) = 1$$

$$y(2T) = 3$$

$$y(3T) = 7$$

$$y(4T) = 15$$

$$\cdots$$

이므로

$$y(t) = \delta(t-T) + 3\delta(t-2T) + 7\delta(t-3T) + 15\delta(t-4T) + \cdots$$

이고 이의 처음 몇 샘플에 대한 모습은 [그림 6.16]과 같다.

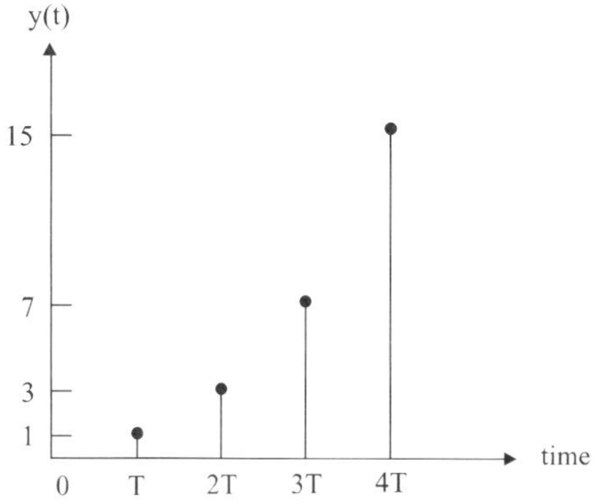

[그림 6.16] 예제 6.7의 y(t)에 대한 처음 몇 샘플

거듭제곱 형식의 급수 방법(power series method)의 단점은 나누기를 계속 진행하지 않는 한 역 z-변환의 완전한 형태를 결코 찾을 수 없다는 것이다. 시스템의 해석을 위해서는 때때로 해의 완전한 모습을 찾아야 하는 경우도 있는데 이때는 다른 방법을 사용하는 수밖에 없다.

방법 2 : 부분 분수로 전개하기. z-변환 함수 $Y(z)$를 부분 분수로 전개하여 z-변환 표를 이용해 역 z-변환을 찾는 방법으로 Laplace 변환에서 실시하는 방법과 거의 같은데 $Y(z)$의 분자에 보통 z항이 들어 있다는 측면에서 $Y(z)/z$의 부분 분수를 찾는다는 점에서 약간 차이가 있다. 물론 나중에 z를 곱하여 원래 문제로 복원하면 전혀 문제될 것이 없고 계산만 편하게 했을 뿐이다.

예제 6.8

다음 함수에 대한 역 z-변환을 수행하라.

$$Y(z) = \frac{z}{(z-1)(z-2)}$$

풀이

z로 나누어 부분 분수로 전개하면

$$\frac{Y(z)}{z}=\frac{z}{(z-1)(z-2)}=\frac{A}{(z-1)}+\frac{B}{(z-2)}$$

이고, 이때 A와 B의 값은 등식 양쪽의 분자를 같게 놓아 구할 수 있다. 즉,

$$A(z-2)+B(z-1)=1$$

에서 $A=-1$와 $B=1$이므로 원 식은

$$\frac{Y(z)}{z}=\frac{-1}{(z-1)}+\frac{1}{(z-2)}$$

또는

$$Y(z)=\frac{-z}{(z-1)}+\frac{1}{(z-2)}$$

와 같다. 따라서 $z-$변환 표를 이용하면

$$y(nT)=-1+2^n$$

와 같은 완전한 형태의 역 $z-$변환 함수를 찾을 수 있고, 여기서 $y(0)$, $y(T)$, $y(2T)$ 따위를 계산해 $y(t)$를 구하면 다음과 같다.

$$y(t)=\delta(t-T)+3\delta(t-2T)+7\delta(t-3T)+15\delta(t-4T)+\cdots$$

예제 6.9

다음 함수에 대한 역 $z-$변환을 수행하라.

$$Y(z)=\frac{1}{(z-1)(z-2)}$$

풀이

먼저, 주어진 함수를 z로 나누어 부분 분수로 전개하면

$$\frac{Y(z)}{z}=\frac{1}{(z-1)(z-2)}=\frac{A}{z}+\frac{B}{(z-1)}+\frac{C}{(z-2)}$$

이다. 다음, A와 B, 그리고 C의 값을 앞과 같이 등식 양쪽의 분자를 같게 놓아 구한다. 즉,

$$A(z-1)(z-2)+Bz(z-2)+Cz(z-1)\equiv 1$$

또는

$$A(z^2-3z+2)+Bz^2-2Bz+Cz^2-Cz\equiv 1$$

에서

$$\begin{aligned} A+B+C&=0\\ -3A-2B-C&=0\\ 2A&=1 \end{aligned}$$

이므로 $A=0.5$와 $B=-1$, 그리고 $C=0.5$이다. 따라서 원 식은

$$\frac{Y(z)}{z}=\frac{1}{2z}-\frac{1}{(z-1)}+\frac{1}{2(z-2)}$$

또는

$$Y(z)=\frac{1}{2}-\frac{z}{(z-1)}+\frac{1}{2(z-2)}$$

와 같다. 끝으로, z-변환 표를 이용하면

$$y(nT)=a-1\frac{2^n}{2}=a-1+2^{n-1}$$

인데, 여기서

$$a=\begin{cases}1/2 & n=0\\ 0 & n\neq 0\end{cases}$$

이다. 그리고 $y(0)$, $y(T)$, $y(2T)$ 따위를 계산해 $y(t)$를 구하면 다음과 같다.

$$y(t)=\delta(t-2T)+3\delta(t-3T)+7\delta(t-4T)+15\delta(t-5T)+\cdots$$

부분 분수 전개 방법(partial fraction expansion method)의 핵심은 전개할 때 나타나는 계수들을 어떻게 구하느냐에 달려 있고 이는 $y(z)$의 근의 형태와 아주 깊은 관계를 갖는다. 따라서 지금부터는 이 계수들을 찾는 방법에 대하여 알아 볼 것인데 $y(z)$의 근을 실수로 가정하고 근이 서로 떨어진 경우와 몇 개씩 겹치는 경우로 구분하여 설명한다.

경우 1 : 서로 떨어진 실수 근. $Y(z)$의 근이 서로 떨어져 있다면 다음과 같이 나타낼 수 있다.

$$Y(z)=\frac{N(z)}{(z-p_1)(z-p_2)(z-p_3)\cdots(z-p_n)}$$

따라서 이를 부분 분수로 전개하면

$$Y(z) = \frac{A_1}{(z-p_1)} + \frac{A_2}{(z-p_2)} + \frac{A_3}{(z-p_3)} + \cdots \frac{A_n}{(z-p_n)}$$

와 같고, 이때 계수 A_i는

$$A_i = (z-p_i)Y(z)|_{z=p_i} \quad i = 1,2,3,\cdots,\mathrm{n}$$

로 쉽게 찾을 수 있다.

예제 6.10
다음 함수에 대한 역 $z-$변환을 찾아라.

$$Y(z) = \frac{z}{(z-1)(z-2)}$$

풀이
우선, 함수를

$$\frac{Y(z)}{z} = \frac{A}{(z-1)} + \frac{B}{(z-2)}$$

와 같이 바꾼 후에 본문에서 설명한 공식을 적용하여 각 계수를 구하면 다음과 같다.

$$A = (z-1)\frac{1}{(z-1)(z-2)}\bigg|_{z=1} = -1$$

$$B = (z-2)\frac{1}{(z-1)(z-2)}\bigg|_{z=2} = 1$$

따라서 $Y(z)$를 부분 함수로 전개한 모습은

$$Y(z) = \frac{-z}{(z-1)} + \frac{z}{(z-2)}$$

이므로 표를 이용해 역 $z-$변환을 찾으면

$$y(nT) = -1 + 2^n$$

을 얻을 수 있는데 예제 6.7의 결과와 같다.

예제 6.11
다음 함수에 대한 역 $z-$변환을 구하라.

$$Y(z) = \frac{z^2 + z}{(z-0.5)(z-0.8)(z-1)}$$

풀이

$Y(z)/z$의 부분 분수 형태는

$$\frac{Y(z)}{z} = \frac{A}{(z-0.5)} + \frac{B}{(z-0.8)} + \frac{C}{(z-1)}$$

이고, 여기서 각 계수는

$$A = (z-0.5)\frac{z+1}{(z-0.5)(z-0.8)(z-1)}\bigg|_{z=0.5} = 10$$

$$B = (z-0.8)\frac{z+1}{(z-0.5)(z-0.8)(z-1)}\bigg|_{z=0.8} = -30$$

$$C = (z-1)\frac{z+1}{(z-0.5)(z-0.8)(z-1)}\bigg|_{z=1} = 20$$

이므로 $Y(z)$의 부분 분수 형태는 다음과 같다.

$$Y(z) = \frac{10z}{(z-0.5)} - \frac{30z}{(z-0.8)} + \frac{20z}{(z-1)}$$

따라서 역 $z-$변환은

$$y(nT) = 10(0.5)^n - 30(0.8)^n + 20$$

이고, 이때 $y(0) = 0$, $y(T) = 1$, $y(2T) = 3.3$, $y(3T) = 5.89$ 따위로 찾을 수 있으므로 $y(t)$는 다음과 같다.

$$y(t) = \delta(t-T) + 3.3\delta(t-2T) + 5.89\delta(t-3T) + \cdots$$

경우 2 : 서로 합쳐진 실수 근. $Y(z)$의 근이 한 점에 여러 개가 반복할 때는 즉, p_1은 단일근(simple root), p_2는 이중근(double root), p_3는 삼중근(triple root) 따위이면 다음과 같이 나타낼 수 있다.

$$Y(z) = \frac{N(z)}{(z-p_1)(z-p_2)^2(z-p_3)^3 \cdots (z-p_r)^r}$$

그러면 이의 r차 중근에 대한 부분 분수 전개는*

$$Y(z)= \frac{R_1}{z-p_r}+\frac{R_2}{(z-p_r)^2}+\frac{R_3}{(z-p_r)^3}+\cdots+\frac{R_r}{(z-p_r)^r}$$

이고, 이때 계수 $R_i(i=1,2,\cdots,r)$는

$$R_{r-k}=\frac{1}{k!}\frac{d^k}{dz^k}(z-p_r)^r\frac{Y(z)}{z}\Bigg|_{z=p_r} \tag{6.29}$$

로 구할 수 있다.

예제 6.12

다음 함수에 대한 역 $z-$변환을 구하라.

$$Y(z)=\frac{z^2+3z-2}{(z-5)(z-0.8)(z-2)^2}$$

풀이

$Y(z)$를 $Y(z)/z$로 바꾸어 기본적인 부분 분수 전개 형태로 나타내면

$$\frac{Y(z)}{z}=\frac{z^2+3z-2}{z(z+5)(z-0.8)(z-2)^2}=\frac{A}{z}+\frac{B}{(z+5)}+\frac{C}{(z-0.8)}+\frac{D_1}{(z-2)}+\frac{D_2}{(z-2)^2}$$

와 같고, 또 이의 각 계수를 계산하는데 A, B 그리고 C는

$$A=z\frac{z^2+3z-2}{z(z+5)(z-0.8)(z-2)^2}\Bigg|_{z=0}=\frac{-2}{5\times(-0.8)\times 4}=0.125$$

$$B=(z+5)\frac{z^2+3z-2}{z(z+5)(z-0.8)(z-2)^2}\Bigg|_{z=-5}=\frac{8}{-5\times(-5.8)\times 49}=0.0056$$

$$C=(z-0.8)\frac{z^2+3z-2}{z(z+5)(z-0.8)(z-2)^2}\Bigg|_{z=0.8}=\frac{1.04}{0.8\times 5.8\times 1.14}=0.16$$

이고, D_1과 D_2는 식 (6.29)를 써서 다음과 같이 구할 수 있다.

---

* $Y(z)$에 대한 전체 부분 분수 전개 형태는

$$Y(z)=\frac{A_1}{(z-p_1)}+\frac{B_1}{(z-p_2)}+\frac{B_2}{(z-p_2)^2}+\cdots+\underbrace{\frac{R_1}{(z-p_r)}+\frac{R_2}{(z-p_r)^2}+\cdots+\frac{R_r}{(z-p_r)^r}}_{r\text{개}}$$

이다.

$$D_2 = (z-2)^2 \frac{z^2+3z-2}{z(z+5)(z-0.8)(z-2)^2}\bigg|_{z=2} = \frac{8}{2\times 7\times 1.2} = 0.48$$

$$D_1 = \frac{d}{dz}(z-2)^2 \frac{z^2+3z-2}{z(z+5)(z-0.8)(z-2)^2}\bigg|_{z=2}$$

$$= \frac{z(z+5)(z-0.8)(2z+3)-(z^2+3z-2)(3z^2+8.4z-4)}{(z^3+4.2z^2-4z)^4}\bigg|_{z=2} = -0.29$$

따라서 $Y(z)$의 전체 부분 분수 전개 형태는

$$Y(z) = 0.125 + \frac{0.0056z}{z+5} + \frac{0.16z}{z-0.8} - \frac{0.29z}{z-2} + \frac{0.48z}{(z-2)^2}$$

이므로 역 $z-$변환은

$$y(nT) = 0.125a + 0.0056(-5)^n + 0.16(0.8)^n - 0.29(2)^n + 0.48n(2)^n$$

이고, 여기서

$$a = \begin{cases} 1 & n=0 \\ 0 & n\neq 0 \end{cases}$$

이다.

방법 3 : 적분 공식 이용하기. 역 $z-$변환에 대한 적분 공식은 다음과 같다.

$$y(nT) - \frac{1}{2\pi j}\oint_r Y(z)z^{n-1}dz \tag{6.30}$$

하지만 적분에 대한 유수 정리(theorem of residues)를 이용하면 식 (6.30)의 적분은

$$y(nT) = \sum_{\substack{Y(z)z^{n-1}\text{의} \\ \text{극점에서}}} \left[\, Y(Z)z^{n-1}\text{의 유수}\right] \tag{6.31}$$

와 같고, 여기서 $Y(z)$가 $z=a$에서 단일 극점이면 유수는 다음과 같다.

$$\text{유수}\big|_{z=a} = (z-a)Y(z)z^{n-1}\big|_{z=a} \tag{6.32}$$

예제 6.13

다음 함수의 역 $z-$변환을 찾아라.

$$Y(z) = \frac{z}{(z-1)(z-2)}$$

풀이

식 (6.31)과 (6.32)를 이용하면

$$y(nT) = \left.\frac{z^n}{z-2}\right|_{z=1} + \left.\frac{z^n}{z-1}\right|_{z=2} = -1 + 2^n$$

와 같고 이는 예제 6.8의 결과와 같다.

예제 6.14

다음 함수의 역 $z-$변환을 구하라.

$$Y(z) = \frac{z}{(z-1)(z-2)(z-3)}$$

풀이

식 (6.31)과 (6.32)를 이용하면

$$y(nT) = \left.\frac{z^n}{(z-2)(z-3)}\right|_{z=1} + \left.\frac{z^n}{(z-1)(z-3)}\right|_{z=3} = \frac{1}{2} - 2^n + \frac{3^n}{2}$$

이다.

6.3 펄스 전달 함수와 블록 선도

펄스 전달 함수(pulse transfer function)는 샘플링 순간에 측정한 입력과 출력(샘플 신호)의 $z-$변환에 대한 비이다. 출력이 다음과 같은 시스템([그림 6.17] 참조)을 샘플링 한다고 생각해 보자.

$$y(s) = e^*(s)G(s) \tag{6.33}$$

그러면 이 신호를 다시 샘플링 하면

$$y^*(s) = [e^*(s)G(s)]^* = e^*(s)G^*(s) \tag{6.34}$$

또는

$$y(z) = e(z)G(z) \tag{6.35}$$

이 될 것이다.

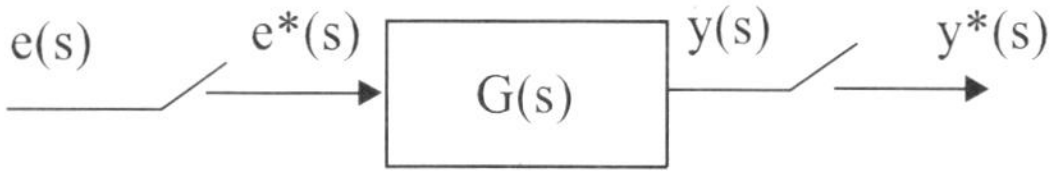

[그림 6.17] 시스템의 샘플링

식 (6.34)와 (6.35)는 신호의 곱에 연속 함수가 하나라도 포함되면 이를 샘플링 한 신호의 $z-$변환은 각 신호를 샘플링 하여 곱한 것과 같다는 사실을 보여 주는데 이의 유도 과정에서 이미 샘플링 한 신호를 다시 샘플링 해도 샘플링 효과는 없다는 사실 즉, $[e^*(s)]^* = e^*(s)$을 사용했다. 식 (6.35)의 $G(z)$가 펄스 전달 함수인데 샘플링 순간에 샘플 입력과 출력 사이의 전달 함수로 정의한다.

6.3.1 개루프 시스템의 블록 선도

개루프 시스템에 대한 출력의 $z-$변환을 몇몇 예를 통해 살펴보기로 한다.

예제 6.15

[그림 6.18]과 같은 개루프 샘플 데이터 시스템의 출력에 대한 $z-$변환을 유도하라.

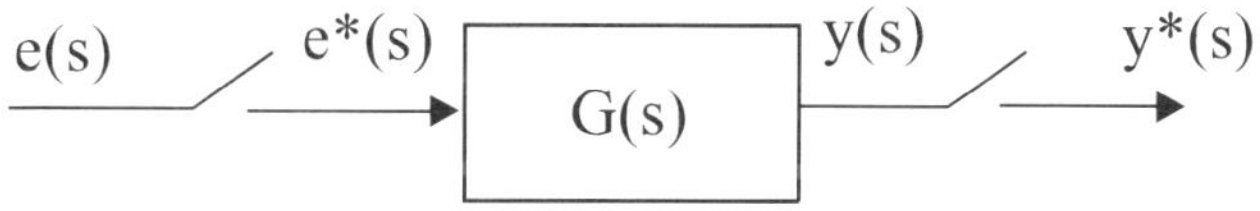

[그림 6.18] 예제 6.15의 개루프 시스템 블록 선도

풀이

이 시스템의 출력은

$$y(s) = e^*(s)G(s)$$

이므로 이를 다시 샘플링 한 신호 즉, $y(s)$의 $z-$변환은

$$y^*(s) = [e^*(s)G(s)]^* = e^*(s)G^*(s)$$

또는

$$y(z) = e(z)G(z)$$

이다.

예제 6.16
[그림 6.19]는 개루프 샘플 데이터 시스템이다. 이의 출력 신호를 z – 변환하라.

[그림 6.19] 예제 6.16의 개루프 시스템 블록 선도

풀이
이 시스템의 출력이

$$y(s) = e^*(s) G_1(s) G_2(s)$$

이므로

$$y^*(s) = \left[e^*(s) G_1(s) G_2(s)\right]^* = e^*(s) [G_1 G_2]^*(s)$$

또는

$$y(z) = e(z) G_1 G_2(z)$$

이다. 여기서

$$G_1 G_2(z) = Z[G_1(s) G_2(s)] \neq G_1(z) G_2(z)$$

인 것에 주의해야 한다. 하나의 예로,

$$G_1(s) = \frac{1}{s} \quad G_2(s) = \frac{a}{s+a}$$

이면

$$Z[G_1(s) G_2(s)] = Z\left[\frac{a}{s(s+a)}\right] = \frac{z(1-e^{-aT})}{(z-1)(z-e^{-aT})}$$

이어야지 $G_1(s)$와 $G_2(s)$에 대한 각각의 z – 변환인 $G_1(z)$와 $G_2(z)$를 직접 곱해서는 안 된다. 예제 6.17과 비교해 보라.

예제 6.17
[그림 6.20]과 같은 개루프 샘플 데이터 시스템에 대한 출력의 z – 변환을 찾아라.

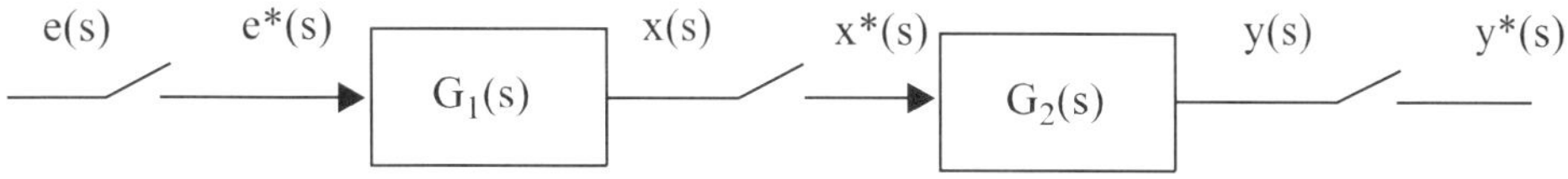

[그림 6.20] 예제 17의 개루프 시스템 블록 선도

풀이

먼저, 시스템 $G_1(s)$에 대한 출력의 z-변환은

$$x(s) = e^*(s)G_1(s)$$

로부터

$$x^*(s) = e^*(s)G_1^*(s) \qquad (6.36)$$

이고, 또 시스템 $G_2(s)$에 대해서는

$$y^*(s) = x^*(s)G_2^*(s) \qquad (6.37)$$

와 같다. 따라서 식 (6.36)과 (6.37)을 함께 묶으면

$$y^*(s) = e^*(s)G_1^*(s)G_2^*(s)$$

또는

$$y(z) = e(z)G_1(z)G_2(z)$$

로 구할 수 있다. 하나의 예로

$$G_1(s) = \frac{1}{s} \qquad G_2(s) = \frac{a}{s+a}$$

이면

$$Z[G_1(s)] = \frac{z}{z-1} \qquad Z[G_2(s)] = \frac{az}{z-ze^{-aT}}$$

이므로

$$y(z) = e(z)\frac{z}{z-1}\frac{az}{z-ze^{-aT}} = e(z)\frac{az}{(z-1)(1-e^{-aT})}$$

이다.

6.3.2 개루프 시스템의 시간 응답

개루프 시스템의 시간 응답은 출력을 역 z-변환하여 구할 수 있는데 여기서는 이와 관련한 몇몇 문제를 풀어 보기로 한다.

예제 6.18

단위 스텝 신호가 [그림 6.21]과 같은 RC 시스템에 작용하고 있다. 샘플링 주기가 $T=1$(초)일 때 이 시스템의 시간 응답을 계산하고, 또 그림으로 그려 보라.

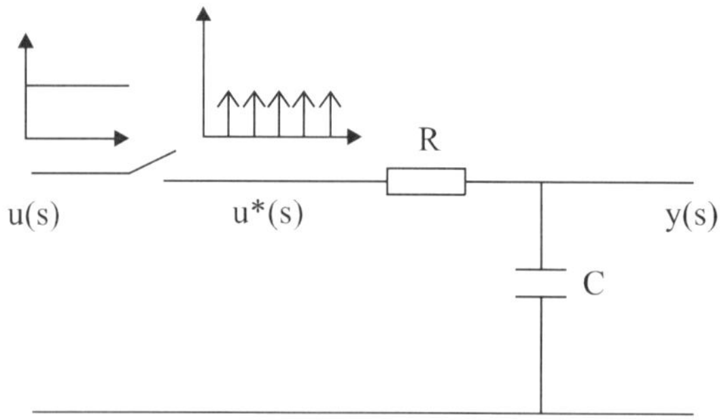

[그림 6.21] 단위 스텝 신호가 작용하는 RC 시스템

풀이

우선, RC 시스템의 전달 함수는

$$G(s)=\frac{1}{s+1}$$

이므로 이 시스템의 출력은

$$y(s)=u^*(s)G(s)$$

와 같다. 다음, 시스템의 출력 $y(s)$를 z-변환(혹은 샘플링)한다. 즉,

$$y^*(s)=u^*(s)G^*(s)$$

또는

$$y(z)=u(z)G(z)$$

인데, 여기서 단위 스텝 신호에 대한 z-변환은

$$u(z)=\frac{z}{z-1}$$

이고 시스템 $G(s)$에 대한 $z-$변환은

$$G(z)=\frac{z}{z-e^{-T}}$$

이다. 따라서

$$y(z)=u(z)G(z)=\frac{z}{z-1}\frac{z}{z-e^{-T}}=\frac{z^2}{(z-1)(z-e^{-T})}$$

와 같고, 이때 $T=1$이므로 $e^{-1}=0.368$을 대입하면

$$y(z)=\frac{z^2}{(z-1)(z-0.368)}$$

이 된다. 끝으로, 시스템의 시간 응답을 구하기 위해 $y(z)$를 역 $z-$변환한다. $y(z)/z$를 부분 분수로 나타내면

$$\frac{y(z)}{z}=\frac{A}{z-1}+\frac{B}{z-0.368}$$

와 같고, 이때 각 계수를 계산하여 대입하면

$$\frac{y(z)}{z}=\frac{1.582}{z-1}+\frac{0.582}{z-0.368}$$

또는

$$y(z)=\frac{1.582z}{z-1}-\frac{0.582z}{z-0.368}$$

이다. 그러므로 $z-$변환 표를 참고하면

$$y(nT)=1.582-0.582(0.368)^n$$

로 역 $z-$변환할 수 있는데 이 급수의 앞부분 몇 개만 쓰면

$$y(0)=1$$

$$y(T)=1.367$$

$$y(2T)=1.503$$

$$y(3T)=1.552$$

$$y(4T)=1.571$$

$$\cdots$$

이므로 이 시스템의 시간 응답(그림 6.22 참조)은

$$y(t) = \delta(T) + 1.367\delta(t-T) + 1.503\delta(t-2T) + 1.552\delta(t-3T) + \cdots$$

와 같다. 여기서 하나 주목해야 할 것은 시스템의 시간 응답은 샘플링 순간에만 알 수 있다는 것이다. 그래서 커패시터가 만일 샘플링 사이에 저항으로 방전하게 되면 실제 문제에서는 응답이 지수적인 감소를 보여야 하는데도 이를 z-변환 방법으로는 파악할 수 없는 것이다.

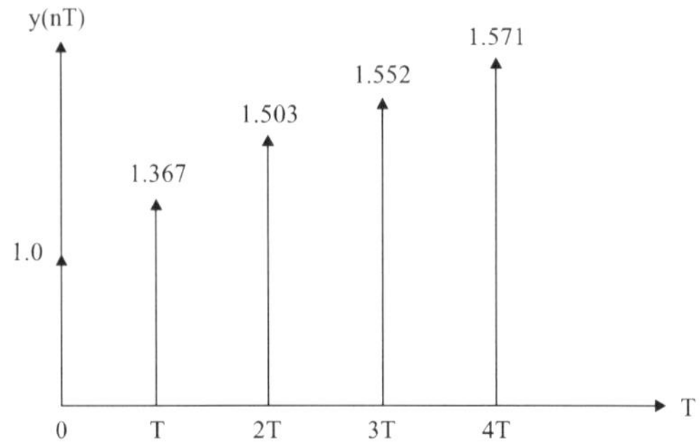

[그림 6.22] RC 시스템의 이산 시간 응답

예제 6.19

예제 6.18의 시스템에서 0차 홀딩 장치(ZOH)를 장착하여 그림 6.23과 같이 꾸몄을 때 시스템의 응답을 (1) 단위 스텝 입력이 작용할 때와 (2) 단위 램프 입력이 작용할 때에 대해 각각 구해 보라.

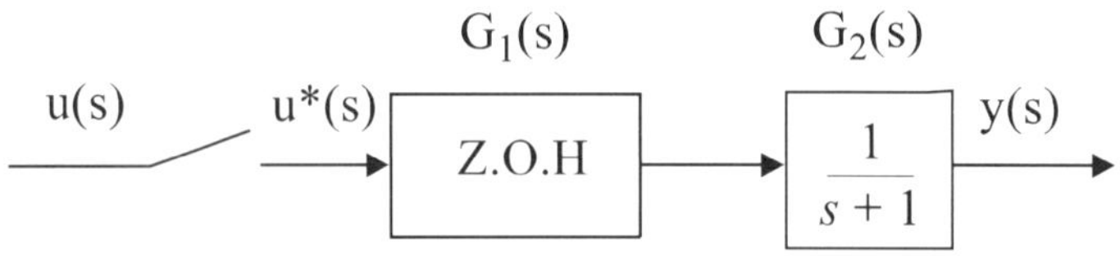

[그림 6.23] 0차 홀딩 장치가 붙은 RC 시스템

풀이

우선, 이 시스템의 출력을 구하면

$$y(s) = u^*(s)G_1(s)G_2(s)$$

인데, 여기서 ZOH의 전달 함수 $G_1(s)$는 앞에서 배운 식 (6.9)로

$$G_1(s) = \frac{1 - e^{-Ts}}{s}$$

와 같고 RC 시스템의 전달 함수는 $G_1(s) = 1/(s+1)$이다. 그리고 출력을 $z-$변환하면

$$y^*(s) = u^*(s)[G_1(s)G_2(s)]^*(s)$$

또는

$$y(z) = u(z)G_1G_2(z)$$

이다. 이제, $G_1(s)$와 $G_2(s)$에서 $G_1G_2(z)$를 구하는 문제가 남는다. $T=1$을 대입한

$$G_1(s)G_2(s) = \frac{1-e^{-s}}{s}\frac{1}{s+1}$$

을 부분 분수로(계수도 계산하여) 나타내면

$$G_1(s)G_2(s) = (1-e^{-s})\left(\frac{1}{s} - \frac{1}{s+1}\right)$$

이므로 $z-$변환 표로부터

$$G_1G_2(z) = (1-z^{-1})\left(\frac{z}{z-1} - \frac{z}{z-e^{-1}}\right) = \frac{0.63}{z-0.37}$$

와 같이 구할 수 있다. 끝으로, 실제 입력이 주어졌을 때의 시간 응답을 구하기로 한다. (1) 단위 스텝 입력인 경우는

$$u(z) = \frac{z}{z-1}$$

이므로 시스템의 출력은

$$y(z) = \frac{0.63z}{(z-1)(z-0.37)}$$

이다. 따라서 부분 분수로 전개한 형태인

$$\frac{y(z)}{z} = \frac{A}{z-1} + \frac{B}{z-0.37}$$

에 $A=1$와 $B=-1$을 대입하면

$$y(z) = \frac{z}{z-1} - \frac{z}{z-0.37}$$

와 같고, 여기에 z-변환 표를 이용하여

$$y(nT) = a - (0.37)^n$$

로 구할 수 있다. 여기서 a는 단위 스텝 함수의 크기이다. 그리고 몇 개의 데이터를 사용하여 [그림 6.24]와 같은 실제 시간 응답을 식으로 나타내면 다음과 같다.

$$y(t) = 0.63\delta(t-1) + 0.86\delta(t-2) + 0.95\delta(t-3) + 0.98\delta(t-4) + \cdots$$

(2) 단위 램프 입력인 경우는

$$u(z) = \frac{Tz}{(z-1)^2}$$

이므로 시스템의 출력은

$$y(z) = \frac{0.63z}{(z-1)^2(z-0.37)} = \frac{0.63z}{z^3 - 2.37z^2 + 1.74z - 0.37}$$

와 같다. 여기서 $T=1$을 사용했다. 역 z-변환은 앞과의 비교를 위해 부분 분수 전개가 아닌 계속 나누기 법을 쓰기로 한다. 즉,

$$y(z) = 0.63z^{-2} + 1.5z^{-3} + 2.45z^{-4} + 3.43z^{-5} + \cdots$$

로 나타낼 수 있으므로 이 급수의 계수가 시간 응답이 되는데 실제 모습은 [그림 6.25]와 같고 식은 다음과 같다.

$$y(t) = 0.63\delta(t-2) + 1.5\delta(t-3) + 2.45\delta(t-4) + 3.43\delta(t-5) + \cdots$$

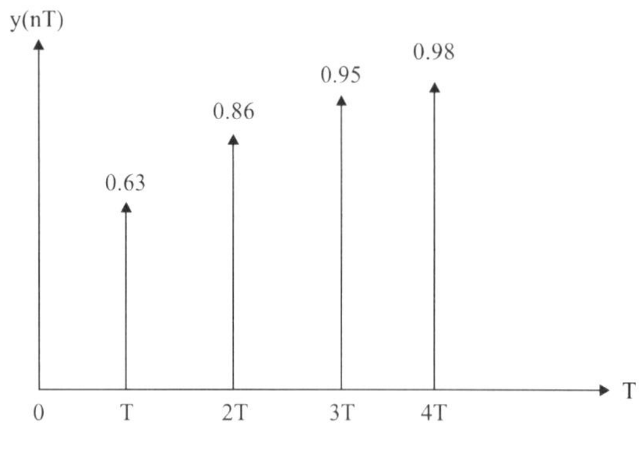

[그림 6.24] 예제 6.19의 단위 스텝 입력에 대한 시간 응답

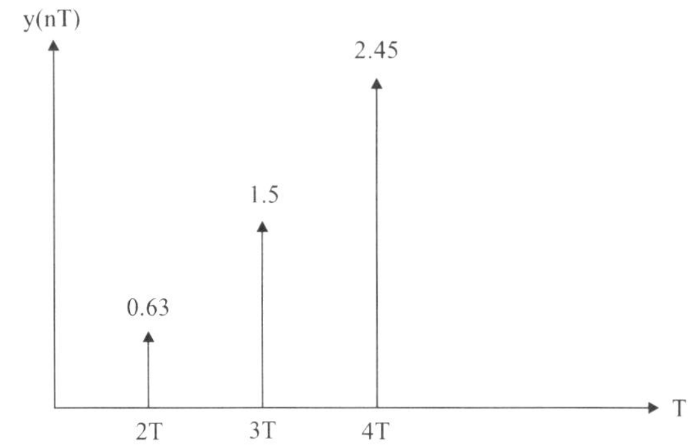

[그림 6.25] 예제 6.19의 단위 램프 입력에 대한 시간 응답

예제 6.20

0차 홀딩 장치가 달린 [그림 6.26]과 같은 개루프 시스템의 시간 응답을 계산하고 이의 그래프도 그려라. 이때, $T=1$이고, 또 시스템은 스텝 입력을 받고 있다.

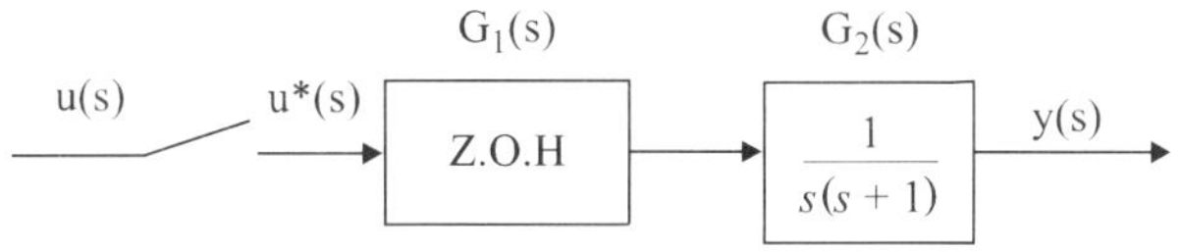

[그림 6.26] 예제 6.20의 개루프 시스템

풀이

시스템의 출력은

$$y(s)=u^*(s)G_1(s)G_2(s)$$

와 같고, 여기서 ZOH와 시스템의 전달 함수 $G_1(s)$와 $G_2(s)$는 각각

$$G_1(s)=\frac{1-e^{-Ts}}{s} \qquad G_2(s)=\frac{1}{s(s+1)}$$

로 주어져 있다. 그리고 출력의 $z-$변환은

$$y^*(s)=u^*(s)[G_1G_2]^*(s)$$

또는

$$y(z)-u(z)G_1G_2(z)$$

이다. $G_1G_2(z)$를 구하기 위해

$$G_1G_2(s) = \frac{1-e^{-Ts}}{s^2(s+1)}$$

에 $T=1$을 대입한 후 부분 분수로 전개하면

$$G_1G_2(s) = (1-e^{-s})\left(\frac{1}{s^2} - \frac{1}{s} + \frac{1}{s+1}\right)$$

이고, 따라서 $z-$변환 표를 참고하여 $G_1G_2(z)$를 찾으면

$$G_1G_2(z) = (1-z^{-1})\left(\frac{z}{(z-1)^2} - \frac{z}{z-1} + \frac{z}{z-e^{-1}}\right) = \frac{ze^{-1}+1-2e^{-1}}{(z-1)(z-e^{-1})}$$
$$= \frac{0.3678z+0.2644}{z^2-1.3678z+0.3678}$$

이 된다. 따라서 이의 시간 응답은 계속 나누기 방법을 쓰면

$$y(t) = 0.678\delta(t-1) + 0.7675\delta(t-2) + 0.9145\delta(t-3) + \cdots$$

와 같고* 이의 그래프 모습은 [그림 6.27]과 같다.

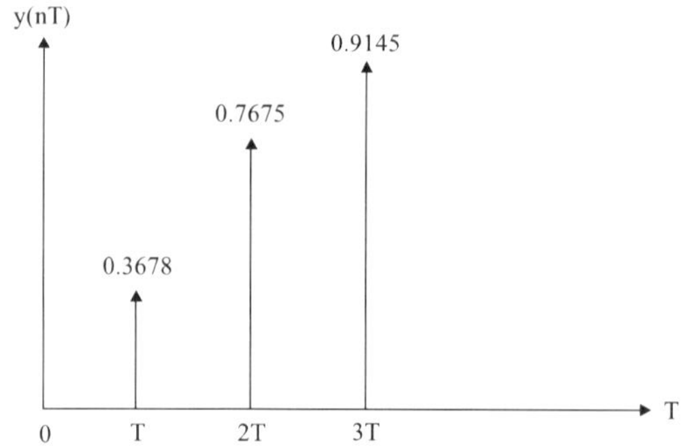

[그림 6.27] 예제 6.20의 시간 응답

---

* 시스템의 시간 응답은 입력 신호가 함께 고려된

$$y(z) = u(z)G_1G_2(z)$$

의 역 $z-$변환을 통해 구해야 하는데 여기서는 $u(z)$가 빠진 응답만 나타내었다. 문제에도 시스템에는 스텝 입력이 작용한다고 했으니 $u(z) = z/z(-1)$을 곱한

$$y(z) = \frac{z}{(z-1)}\frac{ze^{-1}+1-2e^{-1}}{(z-1)(z-e^{-1})} = \frac{0.367z^2+0.2644z}{z^3-2.3678z^2+1.7356z-0.3678}$$

을 역 $z-$변환하여 $Y(t)$를 구해야 할 것이다. 이는 독자 스스로 해보길 바란다.

6.3.3 폐루프 시스템의 블록 선도

폐루프 시스템에 대한 전달함수 및 출력의 z − 변환을 몇몇 예를 통해 살펴보기로 한다.

예제 6.21

[그림 6.28]과 같은 폐루프 샘플 데이터 시스템의 전달 함수를 유도하라.

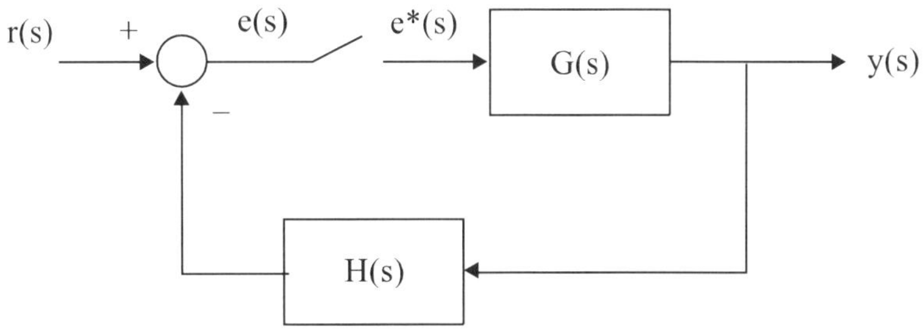

[그림 6.28] 예제 6.21의 폐루프 샘플 데이터 시스템

풀이

[그림 6.28]에서

$$e(s) = r(s) - H(s)y(s) \tag{6.38}$$

와

$$y(s) = G(s)e^*(s) \tag{6.39}$$

을 찾을 수 있으므로 식 (6.39)를 식 (6.38)에 대입하면

$$e(s) = r(s) - G(s)H(s)e^*(s) \tag{6.40}$$

이고 이를 다시 샘플링(혹은 z − 변환)하면*

$$e^*(s) = r^*(s) - GH^*(s)e^*(s)$$

이므로

$$e^*(s) = \frac{r^*(s)}{1 + GH^*(s)} \tag{6.41}$$

이다. 따라서 식 (6.39)로부터 시스템의 정상 출력은

---

* 샘플 신호가 포함된 식은 항상 샘플링 순간에만 제 기능을 하기 때문에 일반 신호를 샘플 신호로 바꾸어도 전혀 상관없다.

$$y(s) = G(s)\frac{r^*(s)}{1+GH^*(s)} \tag{6.42}$$

와 같고 이를 샘플 출력으로 바꾸면

$$y^*(s) = \frac{r^*(s)G^*(s)}{1+GH^*(s)} \tag{6.43}$$

또는

$$y(z) = \frac{r(z)G(z)}{1+GH(z)} \tag{6.44}$$

이므로 이 시스템의 전달 함수 $y(z)/r(z)$는

$$\frac{y(z)}{r(z)} = \frac{G(z)}{1+GH(z)} \tag{6.45}$$

로 구할 수 있다.

예제 6.22

[그림 6.29]와 같은 폐루프 샘플 데이터 시스템의 출력 표현식을 찾아라.

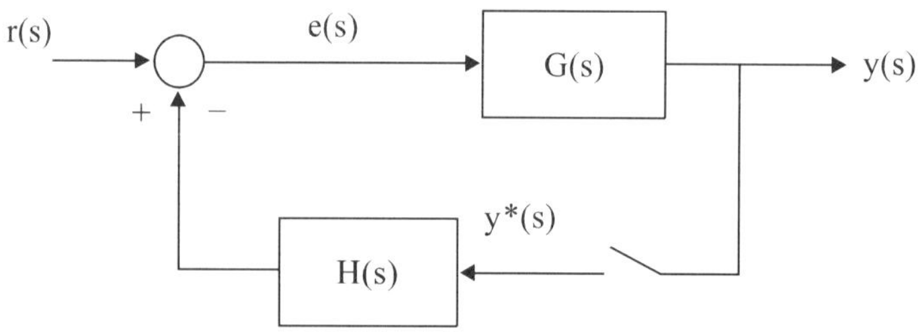

[그림 6.29] 예제 6.22의 폐루프 샘플 데이터 시스템

풀이

[그림 6.29]에서

$$y(s) = G(s)e(s) \tag{6.46}$$

와

$$e(s) = r(s) - H(s)y^*(s) \tag{6.47}$$

을 밝힐 수 있으므로

$$y(s) = G(s)r(s) - G(s)H(s)y^*(s) \tag{6.48}$$

이고 이를

$$y^*(s) = Gr^*(s) - GH^*(s)y^*(s) \tag{6.49}$$

와 같은 샘플 신호로 만들어 다시 $y^*(s)$에 대해 정리하면

$$y^*(s) = \frac{Gr^*(s)}{1 + GH^*(s)} \tag{6.50}$$

또는

$$y(z) = \frac{Gr(z)}{1 + GH(z)} \tag{6.51}$$

을 얻을 수 있다. 여기서 $Gr(z) = Z[G(s)r(s)]$이고 $GH(z) = Z[G(s)H(s)]$이다.

예제 6.23

[그림 6.30]과 같은 폐루프 샘플 데이터 시스템의 전달 함수를 찾아라.

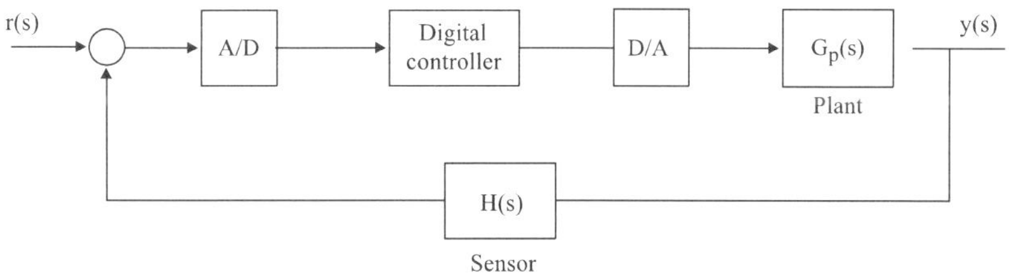

[그림 6.30] 예제 6.23의 폐루프 샘플 데이터 시스템

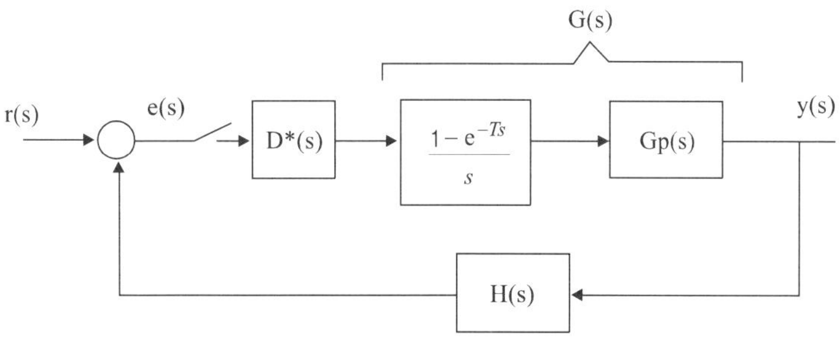

[그림 6.31] 예제 6.23과 등가인 샘플 데이터 시스템

풀이

본문에서 설명했듯이 A/D 변환기는 이상적인 샘플링 장치로, 그리고 디지털 제어기의 출력 측에 있는 D/A 변환기는 0차 홀딩 장치로 근사화 할 수 있다. 따라서 디지털 제어기를 $D^*(s)$로 표현하면* [그림 6.30]은 [그림 6.31]과 같이 다시 그릴 수 있고, 이때 0차 홀딩 장치와 플랜트를 묶어 $G(s)$로 나타내었다. [그림 6.31]에서

$$e(s) = r(s) - H(s)y(s) \tag{6.52}$$

와

$$y(s) = e^*(s)D^*(s)G(s) \tag{6.53}$$

이므로 오차 신호는

$$e(s) = r(s) - D^*(s)G(s)H(s)e^*(s) \tag{6.54}$$

와 같이 구할 수 있고, 따라서 이를 다시 샘플 신호로 바꾼

$$e^*(s) = r^*(s) - D^*(s)GH^*(s)e^*(s)$$

을 찾아 $e^*(s)$에 대해 정리하면

$$e^*(s) = \frac{r^*(s)}{1 + D^*(s)GH^*(s)} \tag{6.55}$$

인데, 이 식을 식 (6.53)에 대입하여

$$y(s) = \frac{D^*(s)G(s)r^*(s)}{1 + D^*(s)GH^*(s)} \tag{6.56}$$

을 얻은 후에 이 시스템의 샘플 출력을 구하면 다음과 같다.

$$y^*(s) = \frac{D^*(s)G^*(s)r^*(s)}{1 + D^*(s)GH^*(s)} \tag{6.57}$$

또는

$$y(z) = \frac{D(z)G(z)r(z)}{1 + D(z)GH(z)} \tag{6.58}$$

그러므로 이 시스템의 입력과 출력의 비인 전달 함수 $y(z)/r(z)$는

---

* 디지털 제어기는 원래부터 샘플 시간에만 동작하기 때문에 $D(s)$이 아닌 $D^*(s)$이다.

$$\frac{y(z)}{r(z)} = \frac{D(z)G(z)}{1+D(z)GH(z)} \tag{6.59}$$

이다.

6.3.4 폐루프 시스템의 시간 응답

샘플 데이터 시스템의 폐루프 시간 응답은 이 시스템의 폐루프 출력을 구해 역 $z-$변환하여 구할 수 있는데 다음 예제를 통해 살펴보기로 한다.

예제 6.24

[그림 6.32]와 같은 샘플 데이터 시스템에 단위 스텝 입력이 작용하고 있다. $T=1$(초)로 할 때 이 시스템의 시간 응답을 계산하고 그래프로도 그려라.

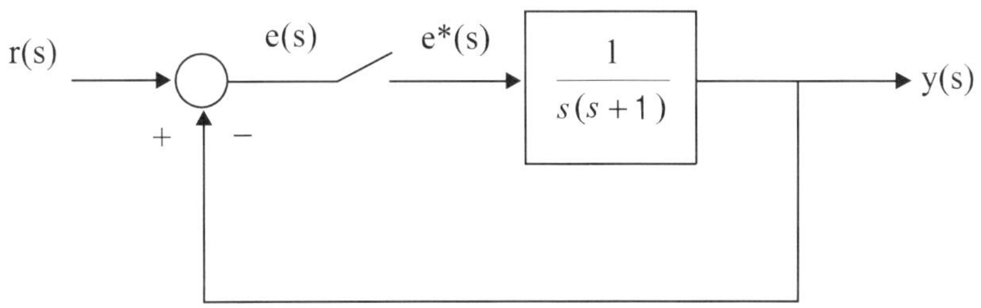

[그림 6.32] 예제 6.24의 폐루프 샘플 데이터 시스템

풀이

이 시스템의 출력은 식 (6.44)에서 구한 것과 같이

$$y(z) = \frac{G(z)r(z)}{1+GH(z)}$$

인데, 여기서

$$r(z) = \frac{z}{z-1} \qquad G(z) = \frac{z(1-e^{-T})}{(z-1)(z-e^{-T})} \qquad H(z) = 1$$

이다. 따라서 이를 대입하면

$$y(z) = \frac{z/(z-1)}{1+(z(1-e^{-T})/(z-1)(z-e^{-T}))}\frac{z(1-e^{-T})}{(z-1)(z-e^{-T})}$$

이고 다시 간단히 정리하여

$$y(z) = \frac{z^2(1-e^{-T})}{(z^2-2e^{-T}z+e^{-T})(z-1)}$$

와 같이 구할 수 있고, 여기서 $T=1$이므로

$$y(z) = \frac{0.632z^2}{z^3-1.736z^2+1.104z-0.368}$$

을 계속 나누기 방법을 써서 z^{-1}에 대한 급수 형태로 나타내면

$$y(z) = 0.632z^{-1}+1.096z^{-2}+1.25z^{-3}+\cdots$$

로 이 시스템의 출력을 찾을 수 있다. 즉, 이 식의 계수가 [그림 6.33]과 같이 각 샘플링 시간에 나타나는 출력이다.

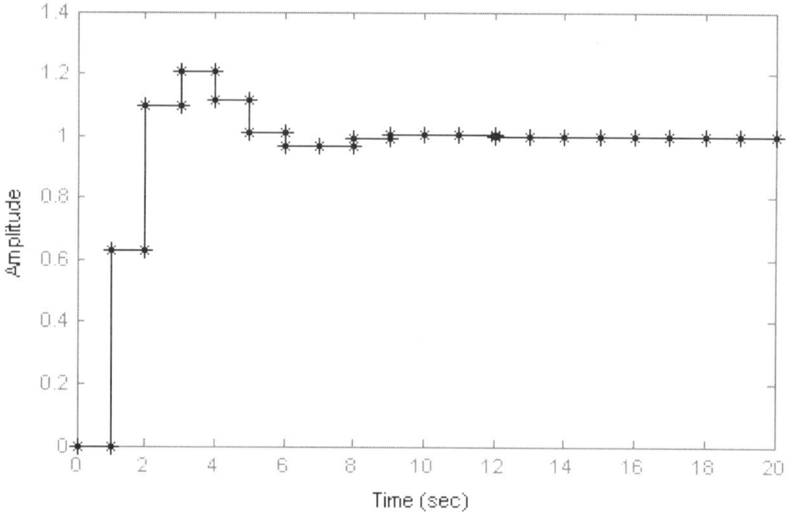

[그림 6.33] 예제 6.24의 시간 응답

6.4 연습문제

1. 함수 $y(t)=2\sin 4t$를 $T=0.1$(초)마다 샘플링 한다. 이 결과로 얻은 수열의 z−변환을 찾아라

2. 함수 $y(t)=3t$의 $z-$변환을 구하라.

3. 다음 함수에 대해 역 $z-$변환을 수행하라.

$$y(z)=\frac{z}{(z+1)(z-1)}$$

4. 어떤 시스템의 출력이 $z-$변환 형식으로 다음과 같을 때 (1) 최종값 정리를 적용하여 단위 스텝 입력이 작용하고 있는 이 시스템의 최종 출력값을 계산하고, 또 (2) 이 결과를 $y(z)$의 역 $z-$변환을 통해 맞는지 확인하라.

$$y(z)=\frac{z}{(z+0.5)(z-0.2)}$$

5. 다음 각 함수에 대해 부분 분수 전개법과 계속 나누기 법으로 역 $z-$변환 형태를 찾아 서로 비교해 보라.

(1) $y(z)=\frac{0.2z}{(z+1)(z-0.5)}$ (2) $y(z)=\frac{0.1(z+1)}{(z-0.2)(z-1)}$

(3) $y(z)=\frac{0.2}{(z-3)(z-1)}$ (4) $y(z)=\frac{z(z-1)}{(z-2)^2}$

6. [그림 6.34]와 같은 개루프 시스템의 플랜트 전달 함수 $G(s)$가 다음과 같을 때 시스템의 시간 응답을 구하라. 이때, 단위 스텝 입력이 시스템에 작용한다.

$$G(s)=\frac{0.2}{s(s+1)}$$

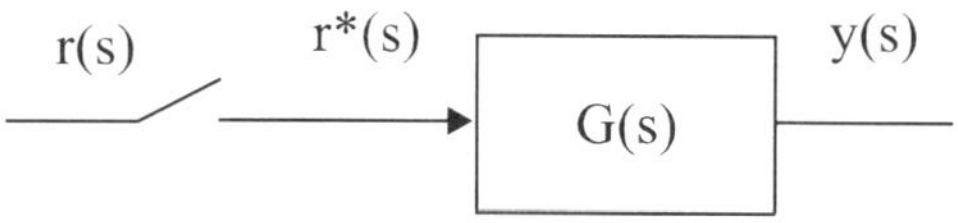

[그림 6.34] 문제 6의 개루프 시스템

7. 문제 6의 시간 응답을 그림으로 그려라.

8. 다음 함수의 $z-$변환을 찾아라. 단, $T=0.5$(초)이다.

$$y(s)=\frac{s+1}{(s-1)(s+3)}$$

9. 다음 함수를 $z-$변환하는데 $z-$변환 표를 이용하라.

(1) $y(s)=\frac{s+1}{s(s+2)}$ (2) $y(s)=\frac{s}{(s+1)^2}$

(3) $y(s)=\dfrac{s^2}{(s+1)^2(s+2)}$ (4) $y(s)=\dfrac{0.4}{s(s+1)(s+2)}$

10. [그림 6.35]는 0차 홀딩 장치가 달린 개루프 시스템으로 단위 스텝 입력이 작용하고 있다. $T=1$(초)이고, 또 $G(s)$가 다음과 같을 때 시스템의 시간 응답을 구하라.

$$G(s)=\frac{2}{(s+1)(s+2)}$$

11. 문제 10을 반복하라. 이때, 플랜트 전달 함수는 각각 다음과 같다.

(1) $G(s)=\dfrac{0.1}{s(s+2)}$ (2) $G(s)=\dfrac{2s}{(s+1)(s+4)}$

12. [그림 6.36]과 같은 폐루프 샘플 데이터 시스템의 전달 함수를 유도하라.
13. [그림 6.37]과 같은 폐루프 샘플 데이터 시스템의 시간 응답을 유도하라.

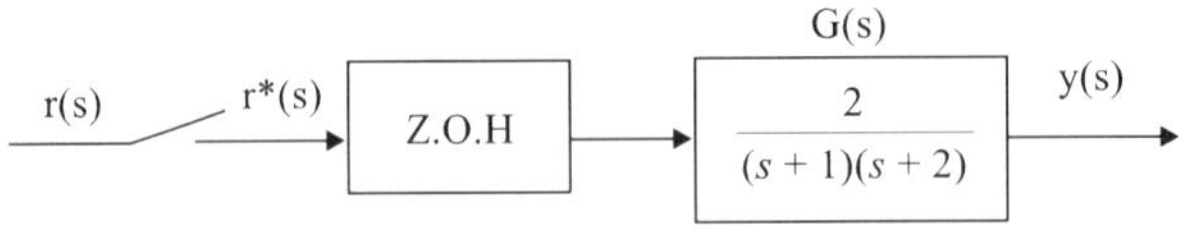

[그림 6.35] 문제 10의 개루프 시스템

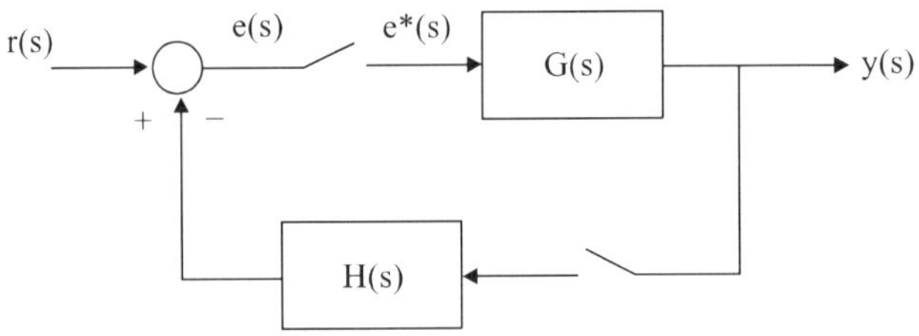

[그림 6.36] 문제 12의 폐루프 시스템

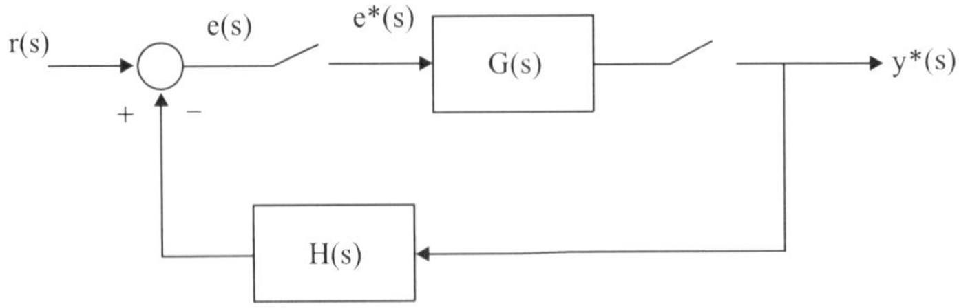

[그림 6.37] 문제 13의 폐루프 시스템

더 읽어 볼 책

Astrom, K. J. and Wittenmark, B., *Computer Controlled Systems*, Prentice-Hall, Englewood Cliffs, NJ, 1984.

D'Azzo, J. J. and Houpis, C. H., *Feedback Control System Analysis and Synthesis*, 2nd ed., McGraw-Hill, New York, 1966.

Dorf, R. C., *Modern Control Systems*, 6th ed., Addison-Wesley, Reading, MA, 1992.

Evans, W. R., *Control System* Dynamics, McGraw-Hill, New York, 1954.

Houpis, C. H. and Lamont, G. B., *Digital Control Systems: Theory, Hardware, Software,* 2nd ed., McGraw-Hill, New York, 1962.

Hsu, J. C. and Meyer, A. U., *Modern Control Principles and Applications,* McGraw-Hill, New York, 1968.

Jury, E. I., *Sampled-Data Control Systems,* John Wiley &Sons, Inc., New York, 1958.

Katz, P., *Digital Control Using Microprocessors*, Prentice-Hall, Englewood Cliffs, NJ, 1981.

Kuo, B. C., *Analysis and Synthesis of Sampled-Data Control Systems,* Prentice-Hall, Englewood Cliffs, NJ, 1963.

Lindorff, D. P., *Theory of Sampled-Data Control Systems,* John Wiley & Sons, Inc., New York, 1965.

Ogata, K. *Modern Control Engineering,* 2nd ed., Prentice-Hall, Englewood Cliffs, NJ, 1990.

Phillips, C. L. and Harbor, R. D., *Feedback Control Systems,* Prentice-Hall, Englewood Cliffs, NJ, 1988.

Raven, F. H., *Automatic Control Engineering*, 5th ed., McGraw-Hill, New York, 1995.

Smith, C. L., *Digital Computer Process Control*, Intext Educational Publishers, Scranton, PA, 1972.

Strum, R. D. and Kirk, D. E., *First Principles of Discrete Systems and Digital Signal Processing,* Addison-Wesley, Reading, MA, 1988.

Tou, J., *Digital and Sampled-Data Control Systems,* McGraw-Hill, New York, 1959.

제7장 시스템의 시간역 성능

이 장에서는 샘플 데이터 시스템의 시간역 성능을 조사하여 연속 시스템의 성능과 비교해 본다. 특히, $s-$영역과 $z-$영역 사이의 관계를 알아 보고 연속 시스템의 중요한 시간역 성능 지수를 복습하면서 이것이 이와 등가인 샘플 데이터 시스템에 어떻게 적용할 수 있는지 밝혀 보기로 한다.

7.1 시간 응답의 비교

이 절에서 예로 제시하는 두 시스템 즉, 0차 홀딩 장치(ZOH)를 갖는 폐루프 이산 시스템과 이와 등가인 연속 시스템(샘플링 장치(혹은 A/D 변환기)와 0차 홀딩 장치(혹은 D/A 변환기)가 없는 시스템)은 각각 [그림 7.1](a)와 [7.1](b)와 같다. 지금부터 이 두 시스템의 스텝 응답에 대한 식을 유도하고 결과를 그림으로 그려 서로 비교해 볼 것이다.

6장에서 살펴보았듯이 이산 시스템(혹은 샘플 데이터 시스템)의 전달 함수는 다음과 같다.

$$\frac{y(z)}{r(z)}=\frac{G(z)}{1+G(z)} \tag{7.1}$$

여기서 입력은 스텝 신호로

$$r(z)=\frac{z}{z-1} \tag{7.2}$$

이고 플랜트 전달 함수는 ZOH를 포함하여

$$G(s)=\frac{1-e^{-sT}}{s^2(s+1)}$$

이므로 부분 분수 형태로

$$G(s) = (1 - e^{-sT})\left(\frac{1}{s^2} - \frac{1}{s} + \frac{1}{s+1}\right)$$

와 같이 전개한 후에 $z-$변환 표를 이용하면

$$G(z) = (1 - z^{-1})\left(\frac{Tz}{(z-1)^2} - \frac{z}{z-1} + \frac{z}{z-e^{-T}}\right)$$

로 찾을 수 있다. 간단하게 하기 위해 샘플링 주기를 $T = 1$(초)로 하여 미리 대입하면

$$G(z) = \frac{0.368z + 0.264}{z^2 - 1.368z + 0.368}$$

이고, 따라서 이를 식 (7.1)에 넣어 전달 함수를 다시 쓰면

$$\frac{y(z)}{r(z)} = \frac{G(z)}{1 + G(z)} = \frac{0.368z + 0.264}{z^2 - z + 0.632}$$

인데, 이때 식 (7.2)에 따라 이산 시스템의 출력은

$$y(z) = \frac{z(0.368z + 0.264)}{(z-1)(z^2 - z + 0.632)}$$

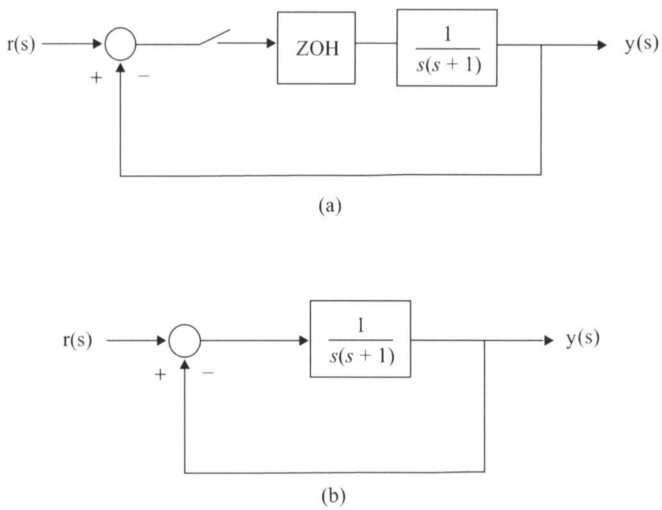

[그림 7.1] (a) 이산 시스템과 (b) 이와 등가인 연속 시스템

와 같이 구할 수 있다. 실제 출력을 데이터로 얻기 위해서는 시스템 출력을 역 z－변환해야 하는데 여기서는 계속 나누기 방법으로 구하기로 한다.* 즉,

$$y(z) = 0.368z^{-1} + z^{-2} + 1.4z^{-3} + 1.4z^{-4} + 1.15z^{-5} + 0.9z^{-6} + 0.8z^{-7} + 0.87z^{-8} + 0.99z^{-9} + \cdots$$

로 이 식의 계수가 각 샘플링 시간 동안의 출력이니 시간 응답을 식으로 나타내면

$$y(t) = 0.368\delta(t-1) + \delta(t-2) + 1.4\delta(t-3) + 1.4\delta(t-4) + 1.15\delta(t-5) + 0.9\delta(t-6) + 0.8\delta(t-7) + 0.8\delta(t-8) + 0.99\delta(t-9) + \cdots$$

와 같다.

이제, 연속 시스템에 대한 시간 응답을 찾아보기로 한다. [그림 7.1](b)의 전달함수는 다음과 같다.

$$\frac{y(s)}{r(s)} = \frac{G(s)}{1+G(s)} = \frac{1/(s(s+1))}{1+1/(s(s+1))} = \frac{1}{s^2+s+1}$$

이때, $r(s) = 1/s$이므로 출력은

$$y(s) = \frac{1}{s(s^2+s+1)}$$

와 같고, 따라서 이를 역 Laplace 변환하기 위해 부분 분수로

$$y(s) = \frac{1}{s} - \frac{s+1}{s^2+s+1} = \frac{1}{s} - \frac{s+0.5}{(s+0.5)^2+0.866^2} - \frac{0.5}{(s+0.5)^2+0.866^2}$$

와 같이 바꾸면 이의 시간 응답은 Laplace 변환 표나 간단한 지식으로

$$y(t) = 1 - e^{-0.5t}(\cos 0.866t + \sin 0.866t)$$

로 쉽게 찾을 수 있다. 앞에서 구한 이산 시스템과 이와 등가인 연속 시스템의 시간 응답은 [그림 7.2]와 같다. 이산 시스템의 응답이 연속 시스템보다 위아래의 등락이

---

* 이산 시스템을 처음 대하는 독자는 다항식을 직접 나누어 해를 찾아야 하는 일에 부담을 느낄 수도 있을 것이다. 아니, 익숙한 사람도 마찬가지라 본다. 좀 더 학문적인 태도로 해를 찾는 방법인 부분 분수로 전개한다거나 유수 정리를 써서 직접 적분하는 따위도 그렇게 쉬운 일만은 아니다. 하지만 걱정할 필요는 없다. 이런 계산은 모두 이산 시스템의 중요한 요소인 샘플링(sampling)과 홀딩(holding)의 개념을 익히고자 하는데 있기 때문에 스스로 훈련이 되어 익숙하면 할수록 계산은 컴퓨터에 맡기면 그만이다. 특히, MATLAB과 같은 공학 프로그램은 다항식의 나누기뿐만 아니라 부분 분수 전개나 유수까지 단 한 줄의 명령으로 찾아 준다. 계산보다는 개념에 더 충실할 수 있는 여건을 제공하는 셈이다. 앞으로 다른 장에서도 계산과 관련하여서는 절대 주눅들지 말고 왜 이런 과정을 거쳐야 하는지에 대한 개략적인 흐름을 파악하는데 초점을 맞춰주길 바란다.

심한 것으로 보아 시스템의 안정도에 나쁜 영향을 미칠 수 있는데 이는 $T=1$이라는 샘플링 순간에만 데이터를 계산해 주기 때문이다.

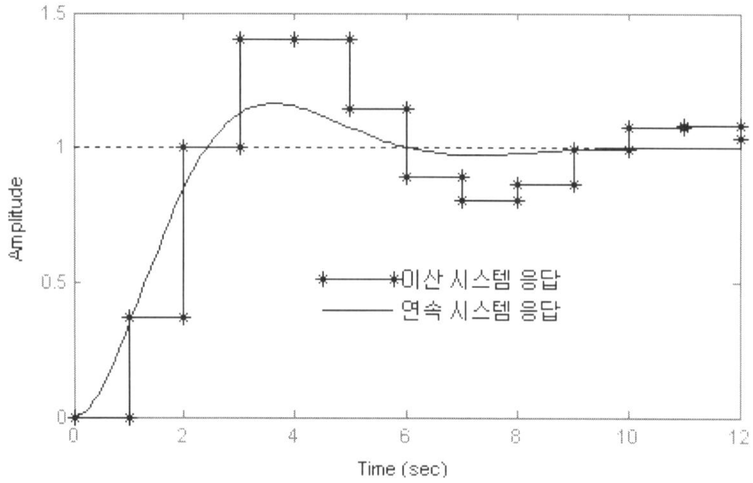

[그림 7.2] 그림 7.1의 시스템에 대한 스텝 응답

7.2 시간역 성능 지수

제어 시스템의 성능은 보통 스텝 입력에 대한 응답으로 측정하는데 스텝 입력은 만들기도 쉬울 뿐만 아니라 시스템의 정상 상태 조건도 편하게 정할 수 있기 때문이다.* 그리고 시스템의 시간역 성능을 판단할 수 있는 성능 지수(performance index)를 정해야 하는데 이때는 다음과 같은 전달 함수를 갖는 2차 시스템을 잣대로 삼는다.†

* 제어 시스템은 기본적으로 동적 시스템이기 때문에 시간역에서 성능을 조사하는 일이 중요하다. 하지만 시스템의 설계 단계에서는 실제 입력을 알지 못하거나 혹은 안다 할지라도 항상 다를 수 있으므로 표준 입력(standard input)을 기준 입력으로 사용하여 여러 성능 지수를 검토한다. 그리고 표준 입력에 대한 시스템의 응답 성능과 시스템이 보통의 작업조건에서 실제 운용될 때 나타나는 응답 성능 사이에는 항상 타당한 상관관계를 갖는다는 것도 표준 입력을 사용하는 한 까닭이 되겠다. 대표적인 표준 입력에는 임펄스, 스텝, 램프 및 가속도 신호가 있지만 본문에서 설명한 바와 같이 스텝 입력을 가장 많이 쓰고 있다.

† 성능 지수를 정하는 기준 시스템은 2차뿐만 아니라 1차 시스템도 있다. 1차 시스템에서는 시상수(time constant)라는 지수를 만들어 응답 속도에 대한 기준으로 삼는다. 하지만 이는 대체로 쉽게 접근할 수 있으므로 본문에서는 2차 시스템을 중심으로 다루려는 것이다. 실제 시스템이 3차 이상인 경우는 따로 성능 지수를 만들어 조사할 필요는 없는데 이는 3차는 2차와 1차로, 그리고 4차는 2개의 2차 시스템 따위로 해석이 가능하기 때문이다.

$$\frac{y(s)}{r(s)} = \frac{\omega_n^2}{s^2 + 2\xi\omega_n^2 s + \omega_n^2}$$

여기서 ω_n은 시스템이 감쇠를 갖지 않을 때의 고유 진동수(natural frequency)이고 ξ는 시스템의 감쇠비(damping ratio)이다.

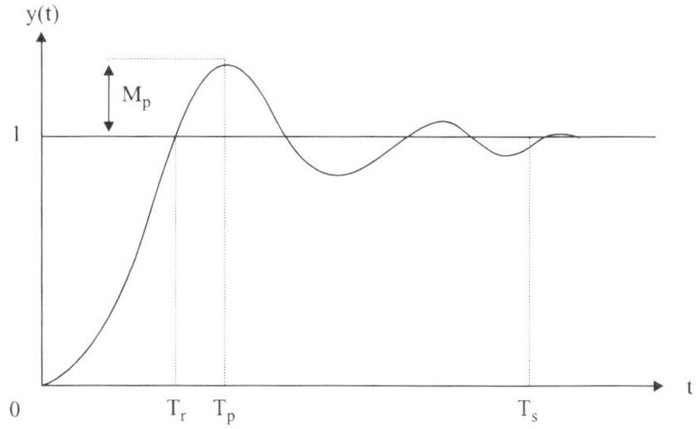

[그림 7.3] 2차 시스템의 전형적인 단위 스텝 응답

2차 시스템의 단위 스텝 입력에 대한 전형적인 시간 응답은 [그림 7.3]과 같고 이를 근거로 정의할 수 있는 성능 지수는 보통 최대 오버슈트, 최대값 시간, 상승 시간, 정착 시간, 그리고 정상 상태 오차 따위이다.

최대 오버슈트(maximum overshoot) M_p는 1에서 위로 측정한 응답의 최대값으로 보통 퍼센트(%)로 나타낸다. 이 값은 시스템의 감쇠비에 따라 달라지는데 시스템의 상대 안정도(relative stability)를 판단하는 잣대가 된다.

최대값 시간(peak time) T_p는 응답이 최대 오버슈트에 도달하는데 걸리는 시간이다. 시스템의 응답성이 좋으면 좋을수록 T_p는 작아지지만 M_p는 더욱 커진다.

상승 시간(rise time) T_r은 응답이 응답의 최종값 즉, 정상상태(steady state) 응답을 기준으로 0%에서 100%까지 도달하는데 걸리는 시간이다.* 상승 시간 역시 시스템의 응답성을 나타내는 지수인데 이 값이 작으면 작을수록 응답성이 좋다.

정착 시간(settling time) T_s는 응답이 정상상태 응답 가까이 도달하여 머무를 때까지 걸리는 시간이다. 여기서 응답 가까이 간다는 말은 대개 2-5%를 뜻한다.

---

* 상승 시간은 보통 시스템의 감쇠 특성에 따라 달리 정의하는데 정상상태 응답의 0%에서 100%까지는 경감쇠 시스템(underdamped system) 즉, $\xi < 1$인 경우이고 $\xi > 1$인 과감쇠 시스템(overdamped system)에서는 10%에서 90%까지로 정의한다.

정상상태 오차(steady-state error) E_{ss}는 응답이 정상상태 응답에 도달했을 때 응답과 기준 입력(단위 스텝 입력이므로 1) 사이의 차이다. 이는 시스템의 정확성과 관계있는 지수로 대부분의 제어 시스템에서는 이를 될 수 있으면 작아지도록 하고 위치 제어 시스템인 경우에는 아예 발생해서는 안 된다.

이제, 지금까지 설명한 성능 지수들을 값으로 찾아내는 방법에 대하여 알아보자. (참고로, 이와 관련한 자세한 공식을 원하는 독자는 제어 이론(control theory) 책을 구입하여 따로 공부하는 것이 필요하다) 최대 오버슈트의 정확한 값은* 최대값 시간 즉, $t = T_p$에서 다음과 같다.

$$M_p = e^{-(\xi\pi/\sqrt{1-\xi^2})}$$

즉, 오버슈트는 시스템의 감쇠비와 직접 관계를 갖는데 감쇠비가 작을수록 오버슈트는 커진다.([그림 7.4] 참조) 최대값 시간은 응답 식을 시간에 대해 미분하여 이를 0으로 두어 계산할 수 있는데 다음과 같다.

$$T_p = \frac{\pi}{\omega_d}$$

여기서 ω_d는 시스템의 감쇠 고유 진동수(damped natural frequency)로

$$\omega_d = \omega_n^2 \sqrt{1-\xi^2}$$

이다. 상승 시간은 응답 식을 1로 두고 시간에 대해 풀어서 찾을 수 있는데 다음과 같다.

$$T_r = \frac{\pi - \beta}{\omega_d}$$

여기서

$$\beta = \tan^{-1}\frac{\omega_d}{\xi\omega_n}$$

이다. 정착 시간은 보통 2%와 5%로 구분하여 사용하는데 다음과 같다.

---

* 최대 오버슈트는 단위를 %로 나타내기에 응답의 그래프를 보고 간단히

$$M_p = \frac{y(T_p) - y_\infty}{y_\infty}$$

로 표현한다. 여기서 $y(T_p)$는 최대값 시간에서의 응답이고 y_∞는 정상상태 응답이다. 그래서 $y_\infty = 2$이고 $y(T_p)$이 2.6이면 M_p는 0.3 즉, 30%인 것이다.

$$T_s = \frac{4}{\xi\omega_n} \text{ (2\% 정착시간)}$$

$$T_s = \frac{3}{\xi\omega_n} \text{ (5\% 정착시간)}$$

정상상태 오차는 최종값 정리를 통해 구할 수 있는데 만약 시스템 응답의 Laplace 변환을 $y(s)$라고 하면 최종값 즉, 정상상태 응답은

$$\lim_{s \to 0} sy(s)$$

이므로 단위 스텝 입력에 대한 정상상태 오차는

$$E_{ss} = 1 - \lim_{s \to 0} sy(s)$$

이다.

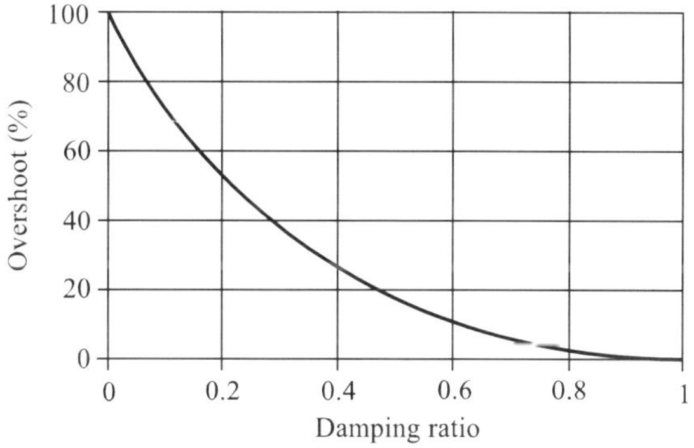

[그림 7.4] 감쇠비에 따른 오버슈트의 변화

예제 7.1

7.1절에 있는 [그림 7.1](b)의 폐루프 시스템에 대한 성능 지수를 결정하라. 이때, 이 시스템의 폐루프 전달 함수는 다음과 같다.

$$\frac{y(s)}{r(s)} = \frac{1}{s^2 + s + 1}$$

풀이

문제로 나온 전달 함수를 본문에서 학습한 2차 시스템의 기본 형태와 비교하면 감쇠비는 $\xi = 0.5$이고 고유 진동수는 $\omega_n = 1(\text{rad/s})$인 것을 알 수 있다. 따라서 감쇠 고유

진동수는

$$\omega_d = \omega_n^2 \sqrt{1-\xi^2} = 0.866$$

이다. 최대 오버슈트는

$$M_p = e^{-(\xi\pi/\sqrt{1-\xi^2})} = 0.16$$

이므로 16%이고 최대값 시간은

$$T_p = \frac{\pi}{\omega_d} = 3.627$$

이다. 또, 상승 시간은

$$\beta = \tan^{-1}\frac{w_d}{\xi\omega_n} = 1.047$$

이므로

$$T_r = \frac{\pi-\beta}{\omega_d} = 2.418$$

이고 정착 시간(2%와 5%)은 각각

$$T_s = \frac{4}{\xi\omega_n} = 8 \qquad T_s = \frac{3}{\xi\omega_n} = 6$$

이다. 끝으로, 단위 스텝 입력에 대한 정상상태 오차는

$$E_{ss} = 1 - \lim_{s\to 0} sy(s) = 1 - \lim_{s\to 0} s\frac{1}{s(s^2+s+1)} = 0$$

와 같다.

7.3 s-평면과 z-평면 사이의 관계

연속 시스템의 폐루프 극점의 위치가 s-평면에서 어디 있느냐에 따라 시스템의 응답 및 안정도가 결정되므로 이런 극점을 어떻게 배치하느냐가 제어 전공자의 중요한 관심거리이다. 이는 샘플 데이터 시스템인 경우도 똑같은데 다만 s-평면이 z-평면으로 바뀌는 것만 다르다. 이 절에서는 이와 같은 s-평면과 z-평면 사이의 관계를 설명하고 시스템의 폐루프 극점이 z-평면에 나타나는 위치를 보고 응답을 해석하는

방법에 대하여 살펴본다.

우선, s－평면의 왼쪽 반에 있는 한 점 $s=\sigma+j\omega$을 z－평면으로 옮기는 일을 생각해 보자. z 변수는 앞에서 $z=e^{sT}$(식 6.10 참조)로 정의하였으니

$$z=e^{sT}=e^{\sigma T}e^{j\omega T}$$

이고, 이때 $j\omega$축을 먼저 고려하면 즉, $\sigma=0$이면

$$z=e^{j\omega T}=\cos\omega T+j\sin\omega T=1\angle\omega T$$

로 간단히 나타낼 수 있는데 이는 s－평면의 $j\omega$축은 반지름이 1인 단위원(unit circle) 위로 옮겨진다는 것을 뜻한다. 즉, ω가 s－평면의 허수축을 따라 변하면 z－평면에서 단위원 위에 놓인 한 점(혹은 샘플 데이터 시스템의 극점)의 각(크기는 일정)이 변한다는 말이다.

ω가 일정하고 σ이 s－평면의 왼쪽 반에서 증가하면서 변하면 z－평면의 극점 위치는 단위원에서 벗어나 원점을 향해 움직여 간다. 비슷한 관점에서 σ이 감소하면서 변하면 z－평면의 극점 위치는 원점에서 벗어나는 방향으로 움직인다. 따라서 s－평면의 왼쪽 반 전체는 z－평면의 단위원 안으로 대응되고, 또 같은 관점에서 s－평면의 오른쪽 반 전체는 z－평면의 단위원 밖과 대응한다고 결론 내릴 수 있고 이를 도해적으로 나타내면 [그림 7.5]와 같다. 결국 시스템의 안정도 측면에서 보면 샘플 데이터 시스템이 안정하기 위해서는 폐루프 극점(혹은 특성 방정식의 영점)이 단위원 안에 있어야 한다.

[그림 7.6]에 나타낸 것과 같이 s－평면에서 σ이 일정한 선은 z－평면에서 반지름이 $e^{\sigma T}$인 원으로 대응한다. s－평면의 왼쪽에 있는 선이 대응하는 원은 반지름이 1보다 작고 반대로 오른쪽에 있는 선은 반지름이 1보다 크다. [그림 7.7]은 s－평면의 극점과 이와 등가인 z－평면의 극점을 여러 위치에 따라 보여 주고 있고 [그림 7.8]은 이와 같은 극점의 위치에 따른 샘플 데이터 시스템의 시간 응답을 개략적으로 보여 준다. 여기서도 확인할 수 있듯이 폐루프 극점이 단위원 안에 있을 때만 시스템이 안정하다.

7.4 감쇠비와 비감쇠 고유 진동수

7.4.1 감쇠비

[그림 7.9](a)에 보인 것처럼 s－평면에서 감쇠비(damping ratio)가 일정한 선은 $\xi=\cos\beta$을 만족하는 선이고 이의 z－평면 궤적은 $z=e^{sT}$에 $s=\sigma+j\omega$을 대입하여

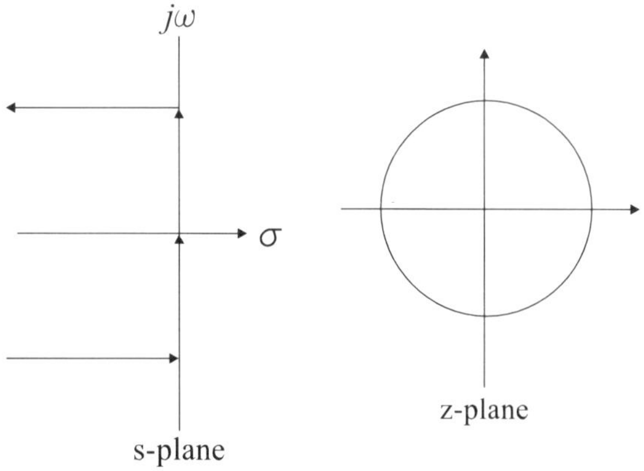

[그림 7.5] s−평면의 왼쪽 반을 z−평면으로 대응

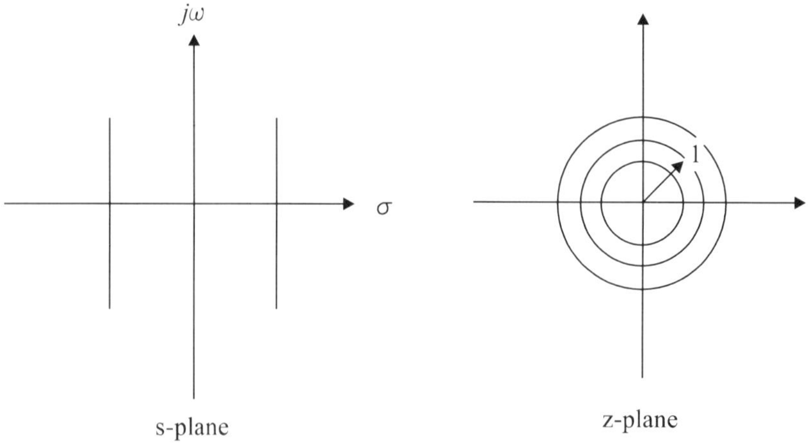

[그림 7.6] s−평면에서 σ가 일정한 선을 z−평면으로 대응

구한다. 관심 있는 s−평면의 영역은 제3 및 제4 사분면이기 때문에 σ는 음수이고 따라서

$$z = e^{-\sigma T} e^{j\omega T} \tag{7.3}$$

인데, 여기서 [그림 7.9] (a)로부터*

* [그림 7.9] (a)에서 가로축이 $\sigma = \xi\omega_n$ (그림에는 ω로 표시)라는 사실을 사용했고, 그래서 결론으로 나온 식에서 ω는 감쇠 고유 진동수인 $\omega_d = \omega_n(1-\xi^2)^{1/2}$이다.

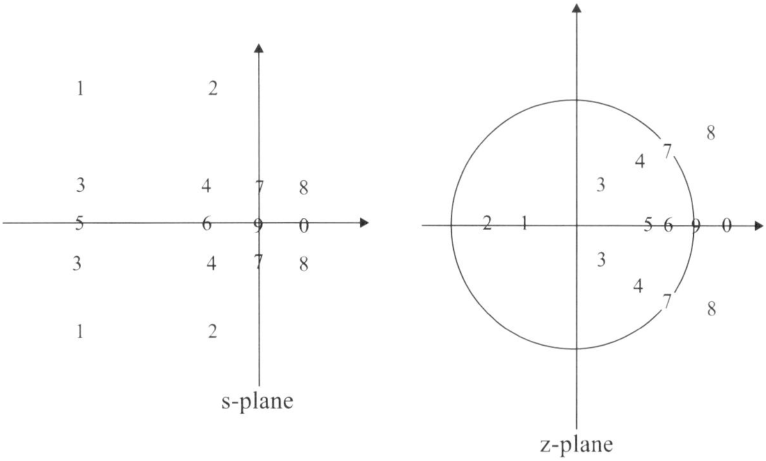

[그림 7.7] s-평면의 극점과 이와 등가인 z-평면의 극점

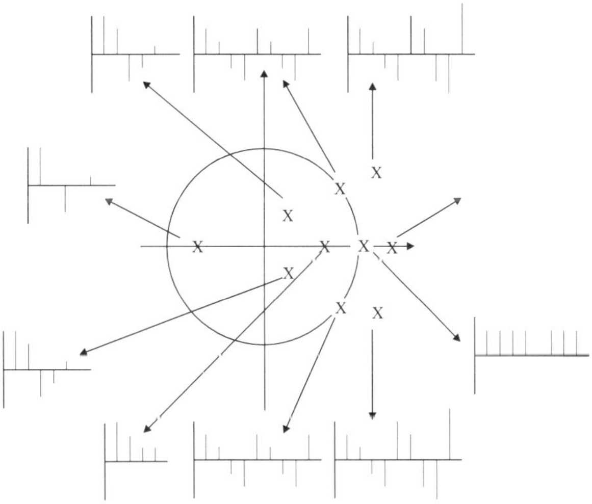

[그림 7.8] z-평면의 극점 위치에 따른 시간 응답의 모습

$$\sigma = \omega \tan\left(\frac{\pi}{2} - \cos^{-1}\xi\right) \tag{7.4}$$

이므로 이를 식 (7.3)에 대입하면

$$z = \exp\left[-\omega T \tan\left(\frac{\pi}{2} - \cos^{-1}\xi\right)\right] e^{j\omega T} \tag{7.5}$$

와 같다. 식 (7.5)는 $z-$평면에서 [그림 7.9](b)와 같이 나선형으로 나타나는데 시작점은 $z=1$($\omega=0$ 일때의 z값)이다. 그리고 [그림 7.10]은 ξ의 여러 값에 대해 감쇠비가 일정한 선을 $z-$평면에서 보여 주고 있다.

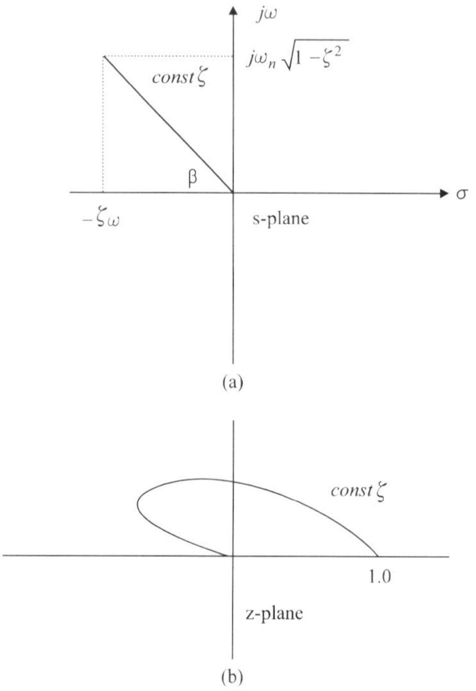

[그림 7.9] (a) $s-$평면에서 감쇠비가 일정한 선과 (b) $z-$평면에서 이와 등가인 궤적

7.4.2 비감쇠 고유 진동수

[그림 7.11]과 같이 비감쇠 고유 진동수(undamped natural frequency)가 일정한 선은 $s-$평면에서 반지름이 ω_n인 원이다. 그리고

$$\omega^2 + \sigma^2 = \omega_n^2 \quad \text{또는 } \sigma = \sqrt{\omega_n^2 - \omega^2} \tag{7.6}$$

이고, 또 σ는 음수이므로

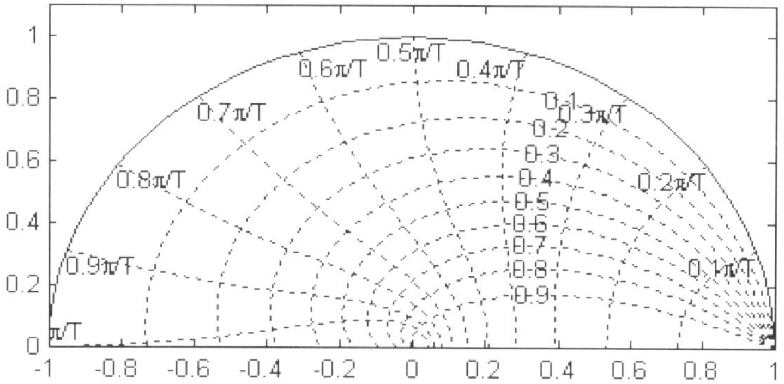

[그림 7.10] ξ값에 따른 감쇠비가 일정한 선(수직 방향의 선은 ω_n이 일정한 선)

$$z = e^{sT} = e^{-\sigma T} e^{j\omega T} = \exp\left(-T\sqrt{\omega_n^2 - \omega^2}\right) e^{j\omega T} \tag{7.7}$$

와 같다. 식 (7.7)에 대한 그래프는 [그림 7.10]에 있는 수직 방향의 선으로 ω_n의 범위는 $0.1\pi/T$에서 π/T까지다.

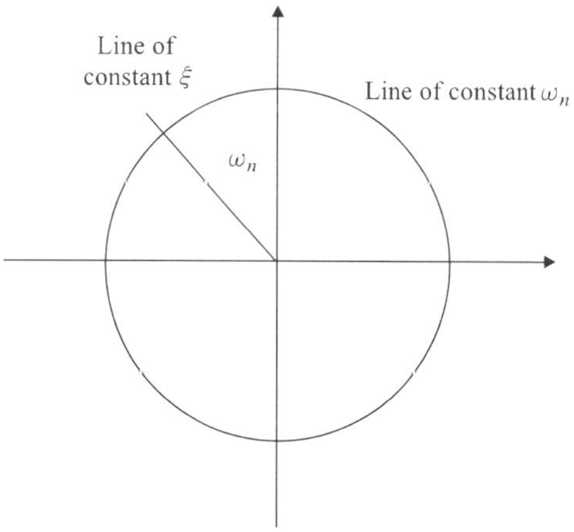

[그림 7.11] ξ와 ω_n을 도해적으로 찾기

7.4.3 감쇠비와 비감쇠 고유 진동수의 공식

앞에서는 감쇠비와 비감쇠 고유 진동수를 도해적인 방법으로 살펴보았는데 여기서는 이의 식을 직접 유도해 보기로 한다. 먼저, 다음과 같은 일반적인 2차 시스템의 $s-$

평면 전달 함수로 설명을 시작한다.

$$G(s) = \frac{\omega_n^2}{s^2 + 2\xi\omega_n s + \omega_n^2} \tag{7.8}$$

그러면 식 (7.8)의 극점은

$$s_{1,2} = -\xi\omega_n \pm j\omega_n\sqrt{1-\xi^2} \tag{7.9}$$

이므로 이를 $z = e^{sT}$의 관계식을 이용해 $z-$평면의 극점으로 바꾸면

$$z = e^{sT} = e^{-\xi\omega_n T} \angle \pm \omega_n T\sqrt{1-\xi^2} \tag{7.10}$$

이 되고, 이때 공식의 유도를 편리하게 하기 위해 이를 크기와 각으로 분명히 구별하여

$$z = r\angle \pm\theta \tag{7.11}$$

로 둔다. 여기서

$$r = e^{-\xi\omega_n T} \quad \text{또는} \quad \xi\omega_n T = -\ln r \tag{7.12}$$

와

$$\theta = \omega_n T\sqrt{1-\xi^2} \tag{7.13}$$

이다. 따라서 식 (7.12)와 (7.13)로부터

$$\frac{\xi}{\sqrt{1-\xi^2}} = \frac{-\ln r}{\theta}$$

의 관계를 밝힐 수 있으니

$$\xi = \frac{-\ln r}{\sqrt{(\ln r)^2 + \theta^2}} \tag{7.14}$$

이고, 또 식 (7.12)와 (7.14)를 이용하면

$$\omega_n = \frac{1}{T}\sqrt{(\ln r)^2 + \theta^2} \tag{7.15}$$

이다.

예제 7.2

7.1절의 [그림 7.1](a)와 같은 샘플 데이터 시스템의 감쇠비와 비감쇠 고유 진동수를 구하라. 여기서 $T = 1$(초)이고 이 시스템의 폐루프 전달 함수는 다음과 같다.

$$\frac{y(z)}{r(z)} = \frac{G(z)}{1+G(z)} = \frac{0.368z+0.264}{z^2-z+0.632}$$

풀이

시스템의 극점을 찾아야 하는데 특성 방정식이 $1+G(z)=0$이므로

$$z^2-z+0.632=(z-0.5-j0.618)(z-0.5+j0.618)=0$$

에서 극점은

$$z_{1,2}=0.5\pm j0.618=0.795\angle\pm 0.890=r\angle\pm\theta$$

와 같다. 따라서 감쇠비는 식 (7.14)에 따라

$$\xi=\frac{-\ln 0.795}{\sqrt{(\ln 0.795)^2+0.890^2}}=0.25$$

이고, 또 식 (7.15)와 $T=1$을 사용해 비감쇠 고유 진동수를 구하면 다음과 같다.

$$\omega_n=\frac{1}{1}\sqrt{(\ln 0.795)^2+0.890^2}=0.92$$

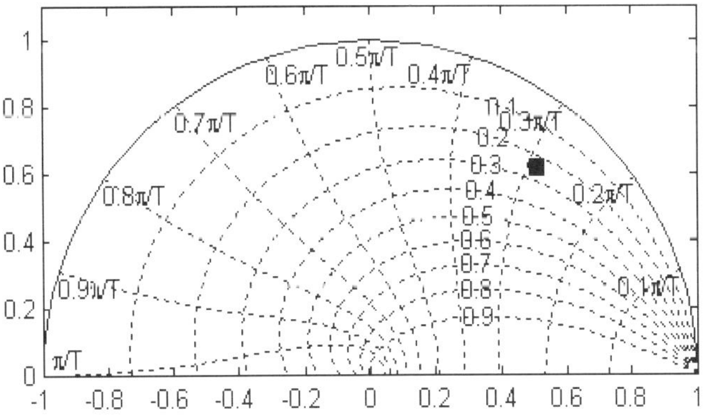

[그림 7.12] ξ와 ω_n을 도해적으로 찾기

예제 7.3

예제 7.2의 샘플 데이터 시스템에 대해 감쇠비와 비감쇠 고유 진동수를 도해적 방법을 써서 찾아라.

풀이

이 시스템의 극점이

$$z_{1,2} = 0.5 \pm j0.618$$

이므로 이를 [그림 7.10]의 그래프 위에 표시하여 해당하는 감쇠비와 비감쇠 고유 진동수를 대략 읽어서 찾는다. [그림 7.12]가 이런 과정을 수행한 그림인데 여기서 극점은 ■로 표시되어 있다. 그림을 통해 확인한 값르로 감쇠비는 0.25, 그리고 비감쇠 고유 진동수는 $0.29\pi/T = 0.91$이였다.

7.5 연습문제

1. 샘플 데이터 시스템의 특성 방정식이 다음과 같을 때 감쇠비와 비감쇠 고유 진동수를 구하라.
   (1) $z^2 - z + 2 = 0$ (2) $z^2 - 1 = 0$
   (3) $z^2 - z + 1 = 0$ (4) $z^2 - 0.81 = 0$

2. [그림 7.13]과 같은 시스템에 대해 다음의 질문에 답하라. 단, $T = 1$이다.
   (1) 이 시스템의 전달 함수를 찾아라.
   (2) 단위 스텝 응답을 구하고 그래프로도 그려라.
   (3) 감쇠비와 비감쇠 고유 진동수를 계산하라.

3. [그림 7.13]과 같은 시스템에 대해 다음의 질문에 답하라. 단, T는 T로 그대로 사용한다.
   (1) 이 시스템의 전달 함수를 찾아라.
   (2) 감쇠비와 비감쇠 고유 진동수를 계산하라.
   (3) 단위 스텝 입력에 대한 정상상태 오차를 구하라.

4. [그림 7.13]의 시스템에 단위 스텝 입력이 작용한다. 다음을 계산하라.
   (1) 최대 오버슈트 (2) 최대값 시간
   (3) 상승 시간 (4) 정착 시간(5%)

5. 다음과 같은 샘플 데이터 시스템의 폐루프 전달 함수에 대해 최대 오버슈트와 최대값 시간을 구하라.
   (1) $G(z) = \dfrac{1}{z^2 + z + 2}$ (2) $G(z) = \dfrac{1}{z^2 + 2z + 1}$

(3) $G(z)=\dfrac{1}{z^2-z+1}$ (4) $G(z)=\dfrac{2}{z^2+z+4}$

6. 연속 시스템의 극점이 $s=-1$와 $s=-2$이다. $T=1$로 할 때 이의 $z-$평면 극점의 위치를 계산하라.
7. 연속 시스템의 극점이 $s_{1,2}=-0.5\pm j0.9$이다. $T=1$로 할 때 $z-$평면 극점의 위치를 계산하고, 또 도해적 방법으로 감쇠비와 비감쇠 고유 진동수를 찾아라.

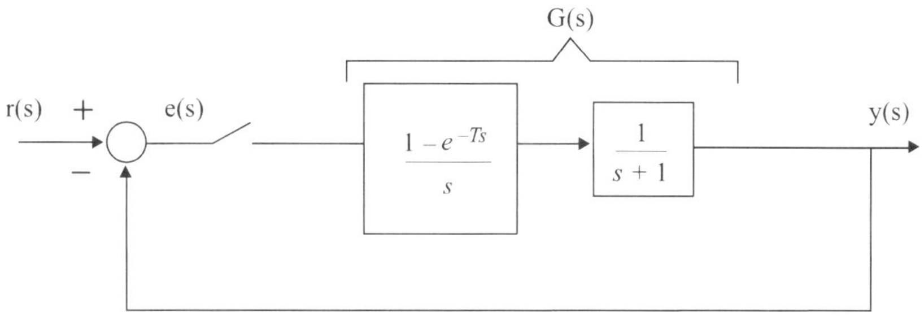

[그림 7.13] 연습문제 2에 대한 이산 시스템

더 읽어 볼 책

D'Azzo, J. J. and Houpis, C. H., *Feedback Control System Analysis and Synthesis,* 2nd ed., McGraw-Hill, New York, 1966.

Dorf, R. C., *Modern Control Systems,* 6th ed., Addison-Wesley, Reading, MA, 1992.

Evans, W. R., *Control System Dynamics,* McGraw-Hill, New York, 1954.

Houpis, C. H. and Lamont, G. B., *Digital Control Systems: Theory, Hardware, Software,* 2nd ed., McGraw-Hill, New York, 1962.

Hsu, J. C. and Meyer, A. U., *Modern Control Principles and Applications,* McGraw-Hill, New York, 1968.

Jury, E. I., *Sampled-Data Control Systems,* John Wiley & Sons, Inc., New York, 1958.

Katz, P., *Digital Control Using Microprocessors,* Prentice-Hall, EnglewoodCliffs, NJ, 1981.

Kuo, B. C., *Analysis and Synthesis of Sampled-Data Control Systems*, Prentice-Hall, Englewood Cliffs, NJ, 1963.

Lindorff, D. P., *Theory of Sampled-Data Control Systems,* John Wiley & Sons, Inc., New York, 1965.

Ogata, K., *Modern Control Engineering,* 2nd ed., Prentice-Hall, Englewood Cliffs, NJ, 1990.

Phillips, C. L. and Harbor, R. D., *Feedback Control Systems,* Prentice-Hall, Englewood

Cliffs, NJ, 1988.

Raven, F. H., *Automatic Control Engineering,* 5th ed., McGraw-Hill, New York, 1995.

Strum, R. D. and Kirk, D. E., *First Principles of Discrete Systems and Digital Signal Processing,* Addison-Wesley, *Reading,* MA, 1988.

제8장 시스템 안정도

이 장은 이산 시스템의 안정도(stability) 해석에 쓸 수 있는 여러 기법들에 관심이 있다. 다음과 같은 폐루프 전달 함수를 생각해 보자.

$$\frac{y(z)}{r(z)} = \frac{G(z)}{1+GH(z)} = \frac{N(z)}{D(z)}$$

여기서 $1+GH(z)=0$를 시스템의 특성 방정식(characteristic equation)이라 하는데 시스템의 안정도는 폐루프 전달 함수의 극점 혹은 특성 방정식 $D(z)=0$의 근의 위치로 파악할 수 있다. 즉, 연속 시스템은 극점이 $s-$평면의 왼쪽 반에 위치할 때 안정한데 7장에서도 설명했듯이 이 반원이 $z-$평면의 단위원으로 대응되기 때문에 이산 시스템은 극점이 이와 같은 단위원 안에 놓이게 되면 안정하다.

이산 시스템의 안정도를 판별할 수 있는 몇 가지 방법은 다음과 같다.

- $D(z)=0$을 인수로 분해하여 근 즉, 폐루프 시스템의 극점을 찾아 위치를 파악한다.
- Jury의 판별법 따위와 같은 방법을 쓰면 폐루프 시스템의 극점을 찾지 않고도 시스템이 안정도를 결정할 수 있다.
- 이산 시스템을 연속 시스템으로 바꾸어 $s-$평면의 안정도 해석을 위해 잘 개발된 주파수 응답법이나 Routh-Hurwitz 판별법 따위를 쓸 수 있다.
- 근궤적법과 같은 도해적 기법을 써서 시스템의 극점에 대한 위치를 결정할 수 있다.

8.1 특성 방정식의 인수 분해

시스템의 안정도는 특성 방정식을 인수로 분해하여 파악할 수 있다. 하지만 이 방법은 특성 방정식의 인수 분해가 항상 가능하지 않다는 것이 문제이고, 또 인수 분해가 가능하다 할지라도 시스템이 안정한지 그렇지 않은지에 대한 정보만 줄 뿐 안정도의 상대적인 여유나 게인과 같은 시스템의 파라미터에 따라 안정도가 어떻게 변할지에 대한 정보는 전혀 주지 못한다는 것도 단점이다.

예제 8.1

[그림 8.1]의 샘플 데이터 시스템이 안정한지 그렇지 않은지를 결정하라. 단, $T=1$ 이다.

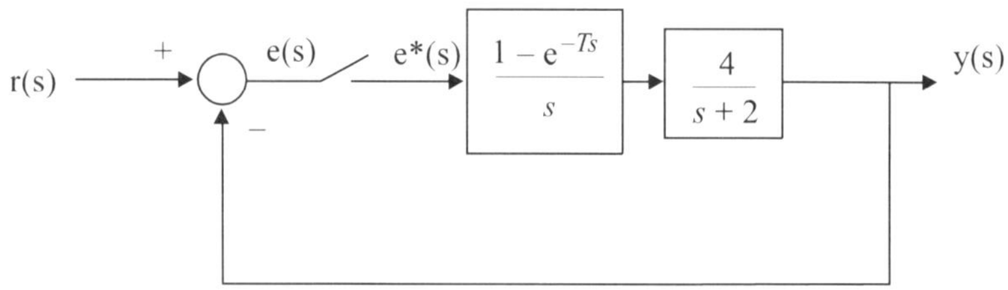

[그림 8.1] 예제 8.1의 샘플 데이터 시스템

풀이

이 시스템의 폐루프 전달 함수는 다음과 같다.

$$\frac{y(z)}{r(z)}=\frac{G(z)}{1+G(z)} \tag{8.1}$$

여기서

$$G(z)=Z\left[\frac{1-e^{T}}{s}\frac{4}{s+2}\right]=(1-z^{-1})Z\left[\frac{4}{s(s+2)}\right]=(1-z^{-1})\frac{2z(1-e^{-2T})}{(z-1)(z-e^{-2T})}$$
$$=\frac{2(1-e^{-2T})}{z-e^{-2T}} \tag{8.2}$$

이고, 이때 $T=1$을 대입하면

$$G(z)=\frac{1.729}{z-0.135}$$

이므로 시스템의 극점은 특성 방정식인 $1+G(z)=0$의 근 즉, $1+1.729/(z-0.135)=0$의 해인 $z=-1.594$이다. 따라서 이 시스템은 극점이 단위원 밖에 위치하므로 안정하지 않다.

예제 8.2

[예제 8.1]의 시스템에 대해 시스템을 안정하도록 하는 T의 값을 찾아라.

풀이

이 시스템의 개루프 전달 함수는 식 (8.2)로

$$G(z) = \frac{2(z - e^{-2T})}{z - e^{-2T}}$$

이다. 따라서 폐루프 시스템의 특성 방정식은 $1 + G(z) = 0$ 혹은 $1 + 2(1 - e^{-2T})/(z - e^{-2T}) = 0$이므로 이를 정리하면

$$z - e^{-2T} + 2(1 - e^{-2T}) = 0$$

또는

$$z = 3e^{-2T} - 2$$

와 같다. 시스템이 안정하려면 극점이 단위원 안에 위치해야 하므로

$$|3e^{-2T} - 2| < 1$$

을 만족해야 하고, 그래서

$$2T < \ln(3) \quad \text{또는} \quad T < 0.549$$

이다. 즉, 이 시스템은 샘플링 시간이 $T < 0.549$인 경우에만 안정하게 될 것이다.

8.2 Jury의 안정도 판별법

Jury의 안정도 판별법은 연속 시스템에서 흔히 쓰는 Routh-Hurwitz 안정도 판별법과 비슷하다. 이 방법은 특성 방정식의 차수에 상관 없이 적용할 수 있으나 차수가 높은 시스템에서는 계산이 복잡해진다는 것이 하나의 흠이다.

Jury의 판별법을 설명하기 위해 차수가 n인 이산 시스템의 특성 방정식을 다음과 같이 나타내기로 한다.

$$F(z) = a_n z^n + a_{n-1} z^{n-1} + \cdots + a_1 z + a_0 = 0 \tag{8.3}$$

여기서 $a_n > 0$이다. 그리고 [표 8.1]은 식 (8.3)의 계수를 사용하여 만든 배열로 Jury의 안정도 판별법의 핵심이다. 문제는 이 배열의 각 요소를 어떻게 계산하느냐가 될 터인데 요약하면 다음과 같다.

[표 8.1] Jury의 안정도 판별법을 위한 배열

z^0	z^1	z^2	$\cdots$	z^{n-k}	$\cdots$	z^{n-1}	z^n
a_0	a_1	a_2	$\cdots$	a_{n-k}	$\cdots$	a_{n-1}	a_n
a_n	a_{n-1}	a_{n-2}	$\cdots$	a_k	$\cdots$	a_1	a_0
b_0	b_1	b_2	$\cdots$	b_{n-k}	$\cdots$	b_{n-1}	
b_{n-1}	b_{n-2}	b_{n-3}	$\cdots$	b_{n-1}	$\cdots$	b_0	
c_0	c_1	c_2	$\cdots$	c_{n-k}	$\cdots$		
c_{n-2}	c_{n-3}	c_{n-4}	$\cdots$	c_{k-2}	$\cdots$		
$\cdots$	$\cdots$	$\cdots$	$\cdots$	$\cdots$			
$\cdots$	$\cdots$	$\cdots$	$\cdots$	$\cdots$			
l_0	l_1	l_2	l_3				
l_3	l_2	l_1	l_0				
m_0	m_2	m_2					

- 짝수 번째 줄의 각 요소는 바로 앞에 있는 줄의 요소를 반대 순서로 놓는다.
- 홀수 번째 줄의 각 요소의 계산은 다음과 같다.

$$b_k = \begin{vmatrix} a_0 & a_{n-k} \\ a_n & a_k \end{vmatrix} \qquad c_k = \begin{vmatrix} b_0 & a_{n-k-1} \\ b_{n-1} & b_k \end{vmatrix} \qquad d_k = \begin{vmatrix} c_0 & c_{n-k-2} \\ c_{n-2} & c_k \end{vmatrix} \cdots$$

이때, 식 (8.3)의 특성 방정식이 단위원 안에 근이 있을 필요 충분 조건은

$$F(1) > 0 \qquad (-1)^{-n} F(-1) > 0 \qquad |a_0| < a_n \tag{8.4}$$

와

$$\begin{aligned} |b_0| &> b_{n-1} \\ |c_0| &> c_{n-2} \\ |d_0| &> d_{n-3} \\ &\cdots \\ |m_0| &> m_2 \end{aligned} \tag{8.5}$$

이고* 결국 Jury의 안정도 판별법은 다음과 같이 적용한다.

---

* 부등식의 오른쪽도 모두 절대값을 붙여야 옳다. Jury의 안정도 판별법은 [표 8.1]의 배열에 포함될 수의 부호보다는 절대 크기로 판단하기 때문이다.

- 식 (8.4)의 세 조건을 검사한다. 조건 중에서 하나라도 만족하지 않으면 시스템은 불안정하다.
- [표 8.1]의 배열을 작성하여 식 (8.5)의 조건을 검사한다. 조건 중에서 하나라도 만족하지 않으면 시스템은 불안정하다.

Jury의 안정도 판별법은 시스템의 차수가 높을수록 점점 더 복잡해진다. 차수가 2나 3인 경우는 아주 간단하게 적용할 수 있는데 과정은 이렇다. 2차 시스템의 특성 방정식이

$$F(z) = a_2 z^2 + a_1 z + a_0 = 0 (a_2 > 0)$$

이면 다음 조건을 만족하는 한 단위원 위나 밖에 있을 근은 하나도 없다. 즉, 안정하다.

$$F(1) > 0 \qquad F(-1) > 0 \qquad |a_0| < a_2$$

그리고 3차 시스템이면 특성 방정식이

$$F(z) = a_3 z^3 + a_2 z^2 + a_1 z + a_0 = 0 (a_3 > 0)$$

와 같은 형태이고, 그래서

$$F(1) > 0 \qquad F(-1) < 0 \qquad |a_0| < a_3$$

$$\left| \det \begin{bmatrix} a_0 & a_3 \\ a_3 & a_0 \end{bmatrix} \right| > \left| \det \begin{bmatrix} a_0 & a_1 \\ a_3 & a_2 \end{bmatrix} \right| ^{*}$$

을 만족하면 시스템의 모든 극점이 단위원 안에 있어 안정하다. 다음의 몇몇 예제를 통하여 문제를 풀어 보도록 하자.

예제 8.3

페루프 전달 함수 $G(z)/(1+G(z))$에 대하여 $G(z)$가 다음과 같을 때 Jury의 안정도 판별법을 써서 시스템의 안정도를 검사하라.

$$G(z) = \frac{0.2z + 0.5}{z^2 - 1.2z + 0.2}$$

풀이

특성 방정식을 계산하면

---

* 이 조건은 식 (8.5)에 있는 첫 번째 식인 $|b_o| > |b_{n-1}|$이다.

$$1+G(z)=1+\frac{0.2z+0.5}{z^2-1.2z+0.2}=0$$

또는

$$z^2-z+0.7=0$$

이다. 따라서 Jury의 판별법을 적용하면

$$F(1)=0.7>0 \qquad F(-1)=2.7>0 \qquad 0.7<1$$

이므로 모든 조건을 만족하여 시스템은 안정하다.

예제 8.4

특성 방정식이 다음과 같을 때 시스템을 안정하게 할 K의 값을 찾아라.

$$1+G(z)=1+\frac{k(0.2z+0.5)}{z^2-1.2z+0.2}=0$$

풀이

특성 방정식을 간단하게 정리하면

$$z^2+z(0.2K-1.2)+0.5K=0$$

인데, 이때 $K>2$이다. 따라서 시스템이 안정하게 될 Jury의 판별 조건은

$$F(1)=0.7K-0.2>0 \qquad F(-1)=0.3K+2.2>0 \qquad 0.5K<1$$

이므로 이를 만족하는 K의 값은 $0.285<K<2$이다.

예제 8.5

시스템의 특성 방정식이 다음과 같을 때 안정도를 판별하라.

$$F(z)=z^3-2z^2+1.4z-0.1=0$$

풀이

우선, Jury의 판별법을 적용하면

$$F(1)=0.3>0 \qquad F(-1)=-4.5<0 \qquad 0.1<1$$

이므로 첫 번째 조건은 만족한다. 다음, 특성 방정식에서 파악한 $a_0=-0.1$, $a_1=1.4$, $a_2=-2$, 그리고 $a_3=1$을 사용하여

$$\left|\begin{bmatrix} -0.1 & 1 \\ 1 & -0.1 \end{bmatrix}\right| = -0.99 \qquad \left|\begin{bmatrix} -0.1 & 1.4 \\ 1 & -2 \end{bmatrix}\right| = -1.2$$

을 계산해 보니 $|-0.99| < |-1.2|$이므로 두 번째 조건은 만족하지 않는다. 따라서 이 시스템은 불안정하다.

8.3 Routh-Hurwitz 안정도 판별법

샘플 데이터 시스템의 안정도는 이의 특성 방정식을 $s-$평면 표현으로 먼저 바꾼 후에 예부터 잘 정의되어 있는 Routh-Hurwitz 판별법을 적용하여 해석할 수도 있다. 이때, $z-$평면의 특성 방정식을 $s-$평면으로 바꿀 때는 쌍일차 변환(bilinear transformation)을 적용하는데 이의 관계식은 다음과 같다.

$$z = \frac{1+w}{1-w} \tag{8.6}$$

따라서 샘플 데이터 시스템의 특성 방정식인 $F(z)=0$을 식 (8.6)을 사용해 변환하면

$$F(w) = b_n w^n + b_{n-1} w^{n-1} + \cdots + b_1 w + b_0 = 0 \tag{8.7}$$

와 같고 이의 Routh-Hurwitz 배열은 다음과 같다.

$$\begin{array}{c|cccc} w^n & b_n & b_{n-2} & b_{n-4} & \cdots \\ w^{n-1} & b_{n-1} & b_{n-3} & b_{n-5} & \cdots \\ w^{n-2} & c_1 & c_2 & c_3 & \\ \cdots & \cdots & \cdots & \cdots & \cdots \\ w^1 & j_1 & & & \\ w^0 & k_1 & & & \end{array}$$

여기서 앞의 두 줄은 식 (8.7)의 계수에서 바로 얻을 수 있는 반면에 나머지 줄은 직접 계산해야 하는데 방법은*

* Routh-Hurwitz 배열의 3행부터 계산해야 하는 계수는 본문에 적힌 것을 공식처럼 외워도 되겠지만 이래서는 Routh-Hurwitz 안정도 판별법을 효과적으로 사용할 수 없다. 조금 복잡하게 보일 수 있지만 행렬식으로 익혀 두는 것이 기억에 오래 남고 사용하기도 편하다. 다음의 행렬식을 보고 독자 스스로 어떤 규칙을 찾아보길 바란다.

$$c_1 = -\frac{1}{b_{n-1}}\begin{vmatrix} b_n & b_{n-2} \\ b_{n-1} & b_{n-3} \end{vmatrix} \quad c_2 = -\frac{1}{b_{n-1}}\begin{vmatrix} b_n & b_{n-4} \\ b_{n-1} & b_{n-5} \end{vmatrix} \cdots \quad c_m = -\frac{1}{b_{n-1}}\begin{vmatrix} b_n & b_{n-2m} \\ b_{n-1} & b_{n-2m-1} \end{vmatrix}$$

4행의 계수인 d_1도 앞의 c_1를 1행과 2행의 계수를 근거로 한 것과 똑같은 규칙을 적용하여 계산하면 되는데 2행과 3행의 계수가 기준이 된다는 것만 다르다.

$$c_1 = \frac{b_{n-1}b_{n-2} - b_n b_{n-3}}{b_{n-1}}$$

$$c_2 = \frac{b_{n-1}b_{n-4} - b_n b_{n-5}}{b_{n-1}}$$

$$c_3 = \frac{b_{n-1}b_{n-6} - b_n b_{n-7}}{b_{n-1}}$$

$$d_1 = \frac{c_1 b_{n-3} - b_{n-1} c_2}{c_1}$$

$$\cdots$$

와 같다.

Routh-Hurwitz 판별법이 제시하는 정보는 s-평면의 오른쪽에 있을 특성 방정식의 근의 개수는 배열의 첫 번째 열에 있는 계수의 부호가 변한 횟수와 같다는 것이다. 따라서 시스템이 안정하기 위해서는 배열의 첫 번째 열의 계수가 모두 같은 부호를 가져야 한다.

예제 8.6

샘플 데이터 시스템의 특성 방정식이 다음과 같을 때 시스템의 안정도를 Routh-Hurwitz 판별법을 써서 평가하라.

$$z^2 - z + 0.7 = 0$$

풀이

우선, 특성 방정식을 w-평면으로 바꾸면

$$\left(\frac{1+w}{1-w}\right)^2 - \frac{1+w}{1-w} + 0.7 = 0$$

또는

$$2.7w^2 + 0.6w + 0.7 = 0$$

이다. 따라서 Routh-Hurwitz 배열은

$$\begin{array}{c|cc} w^2 & 2.7 & 0.7 \\ w^1 & 0.6 & 0 \\ w^0 & 0.7 & \end{array}$$

와 같이 1열의 계수가 모두 같은 부호이기 때문에 시스템은 안정하다.

예제 8.7

[그림 8.2]의 샘플 데이터 시스템이 안정할 수 있는 K 값을 Routh-Hurwitz 판별법으로 구하라. 이때, $K>0$와 $T=1$이다.

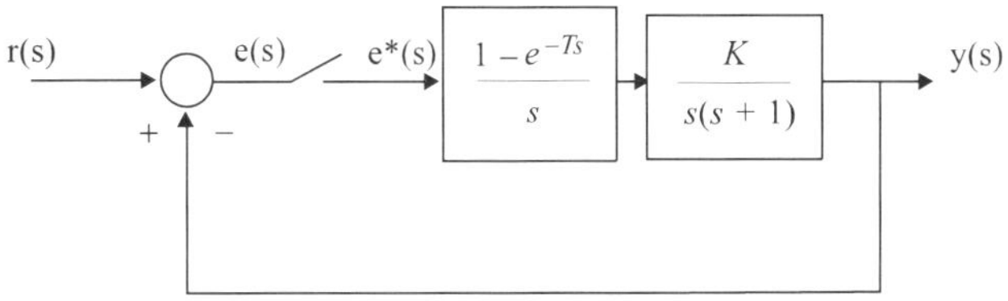

[그림 8.2] 예제 8.7의 샘플 데이터 시스템

풀이

시스템의 특성 방정식은 $1+G(z)=0$이므로 $G(s)$에서 $G(z)$를 먼저 구해야 한다. 즉,

$$G(z)=Z\left[\frac{1-e^{-Ts}}{s}\frac{K}{s(s+1)}\right]$$

을 수행하여

$$G(z)=\frac{K(0.368z+0.264)}{(z-1)(z-0.368)}$$

와 같이 구한다. 그래서 특성 방정식은

$$z^2-z(1.368-0.368K)+0.368+0.264K=0$$

이므로 이를 $w-$평면으로 변환하면

$$\left(\frac{1+w}{1-w}\right)^2-\left(\frac{1+w}{1-w}\right)(1.368-0.368K)+0.368+0.264K=0$$

또는

$$w^2(2.736-0.104K)+w(1.264-0.528)+0.632K=0$$

이고, 이를 이용해 Routh-Hurwitz 배열을 만들면

$$\begin{array}{l|ll} w^2 & 2.736-0.104K & 0.632K \\ w^1 & 1.264-0.528K & 0 \\ w^0 & 0\ 632K & \end{array}$$

와 같다. 따라서 시스템이 안정하기 위해서는 1열의 계수가 모두 같은 부호이어야 하므로

$$1.264 - 0.528K > 0$$

또는

$$K < 2.4$$

이다.

8.4 근궤적

근궤적(root locus) 법은 폐루프 시스템의 안정도를 해석하는 아주 강력한 기법으로 바람직한 시간 응답을 위한 제어기를 설계하는데도 효과적으로 적용할 수 있다. 이는 말 그대로 폐루프 시스템의 근을 시스템 게인이 변할 때 어떤 궤적을 보이는 지를 나타낸 그림인데 이산 시스템이든 연속 시스템이든 이를 그리는 방법이나 적용하는 규칙은 서로 똑같다. 하지만 $z-$평면과 $s-$평면의 안정도 기준이 다른 만큼 근궤적의 해석은 다를 수밖에 없다. 즉, 연속 시스템은 근궤적이 $s-$평면의 왼쪽 반에 있어야 안정한 반면에 이산 시스템은 $z-$평면의 단위원 안이 그 기준이 된다. 연속 시스템의 근궤적을 작도하는 방법은 대부분의 교재에 수록되어 있으므로 여기서는 이산 시스템의 근궤적에 초점을 맞춰 여러 문제를 곁들여 살펴보기로 한다.

다음과 같은 이산 시스템의 폐루프 전달 함수를 생각해 보자.

$$\frac{y(z)}{r(z)} = \frac{G(z)}{1 + GH(z)}$$

이때, 근궤적을 위한 시스템의 특성 방정식은 $1 + kF(z) = 0$의 형태가 되며 k 값이 변할 때 이의 근이 어떤 궤적을 갖는지 조사한다. 근궤적을 그리는 규칙이나 유용한 정보를 요약하면 다음과 같다.

1. 근궤적은 $F(z)$의 극점에서 출발하여 $F(z)$의 영점에서 끝난다.
2. 근궤적은 실수 축에 대하여 대칭이다.
3. 근궤적은 실수 축에 $F(z)$의 극점과 영점이 있을 때 임의의 구간에서 이의 합이 홀수 개이면 이 구간의 왼쪽에 존재하고 오른쪽에는 존재하지 않는다.
4. 근궤적은 $F(z)$가 무한대에 영점이 있을 때 $k \to \infty$에서 점근선(asymptote)을 갖는데, 이때 점근선의 개수는 극점의 개수 n_p에서 영점의 개수 n_z를 뺀 것과 같고 점근선의 각도는

$$\theta = \frac{180r}{n_p - n_z}, \quad r = \pm 1, \pm 3, \pm 5, K$$

이다. 또, 점근선이 실수 축과 만나는 점 σ는 다음과 같다.*

$$\sigma = \frac{\sum F(z)\text{의 극점} - \sum F(z)\text{의 영점}}{n_p - n_z}$$

5. 근궤적은 다음의 근에서 실수 축을 벗어나 이탈한다.†

$$\frac{dF(z)}{dz} = 0$$

6. 근궤적 위의 한 점에서 k 값은 다음을 만족한다.

$$1 + kF(z) = 0 \quad \text{또는} \quad k = -\frac{1}{F(z)}$$

예제 8.8

페루프 시스템의 특성 방정식이 다음과 같을 때 이의 근궤적을 그려 안정도를 평가하라.

$$1 + GH(z) = 1 + k\frac{0.368(z+0.717)}{(z-1)(z-0.368)} = 0$$

풀이

본문에서 설명한 규칙을 순서대로 적용하면 다음과 같다.

1. 특성 방정식의 근궤적 작도 형식인 $1 + kF(z) = 0$와 비교할 때 $F(z)$는

$$F(z) = \frac{0.368(z+0.717)}{(z-1)(z-0\ 368)}$$

이고, 이는 $z = 1$와 $z = 0.368$에 극점이 있으며 영점은 $z = -0.717$와 음의 무한대에 각각 하나씩 있다.‡

---

* 근궤적에서 점근선이 실수 축에 모이는(혹은 만나는) 점을 점근선의 중심점이라 한다.

† 근궤적이 실수 축을 벗어나는 이탈점(break-away point)과 실수 축에 도착하는 복귀점(break-in point)을 근궤적의 분기점이라 한다.

‡ 근궤적의 개수는 극점의 개수와 같고, 또 근궤적은 극점에서 시작하여 영점에서 끝나니 근궤적의 작도 측면에서 보면 극점과 영점의 수는 항상 같아야 한다. 하지만 대부분의 전달 함수는 영점이 극점의 개수보다 반드시 작은데 이는 시스템의 해석 목적에 따라 피드포워드(feedforward) 항을 고려하지 않기 때문이다. 따라서 근궤적을 그릴 때 부족한 영점은 무한대에 그 수만큼 존재한다고 생각해야 한다.

2. 근궤적이 실수 축에 있을 조건 즉, 극점과 영점의 수를 합하여 홀수이면 왼쪽에 근궤적이 존재한다는 조건을 적용하면 $z=0.368$와 $z=1$, 그리고 $z=-\infty$와 $z=0.717$ 사이에 근궤적이 존재한다.
3. $n_p - n_Z = 1$이므로 근궤적의 점근선은 한 개이며, 이때 이의 각도가

$$\theta = \frac{180r}{n_p - n_z} = \pm 180^\circ$$

이므로 실수 축과의 교점을 찾는데 별다른 정보를 주지 못한다.
4. 근궤적의 이탈점은 다음과 같이 찾을 수 있다. 즉,

$$\frac{dF(z)}{dz} = 0$$

또는

$$0.368(z-1)(z-0.368) - 0.368(z+0.717)(2z-1.368) = 0$$

에서

$$z^2 + 1.434z - 1.348 = 0$$

이므로 근궤적이 실수 축을 이탈하는 점은 이의 근인 $z=-2.08$와 $z=0.648$이다.
5. 근궤적의 이탈점에서 k의 값은

$$k = -\frac{1}{F(z)}\bigg|_{z=-2.08,\,0.648}$$

로부터 $k=15$와 $k=0.196$이다.

지금까지 계산한 값으로 근궤적을 그리면 [그림 8.3]과 같다. 이는 극점에서 시작하여 실수 축을 따라 가다가 $z=0.648$에서 벗어나서 $z=-2.08$에서 다시 실수 축으로 복귀하는데, 이때 근궤적의 하나는 $z=-0.717$의 영점으로, 그리고 다른 하나는 $z=-\infty$의 영점으로 향한다.

[그림 8.3]에는 근궤적이 단위원과 함께 그려져 있다. 근궤적이 단위원 위에 있을 때는 시스템이 안정과 불안정의 경계에 있게 되는데 이때의 k 값은 Jury나 Routh-Hurwitz 안정도 판별법을 써서 구할 수 있다. Jury의 판별법을 사용한다면, 우선 특성 방정식은

$$1 + \frac{0.368(z+0.717)}{(z-1)(z-0.368)} = 0$$

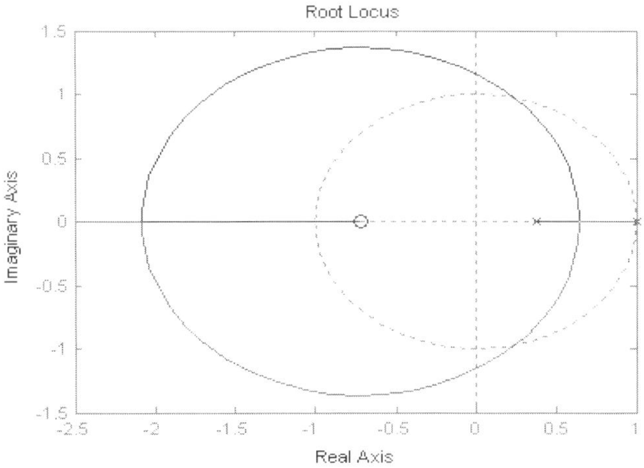

[그림 8.3] 예제 8.8의 근궤적(점선은 단위원)

또는

$$z^2 - z(1.368 - 0.368k) + 0.368 + 0.263k = 0$$

이므로 판별 조건인

$$F(1) = 0.631k > 0 \qquad |0.368 + 0.263k| < 1$$

에서 $k = 2.39$로 찾을 수 있다.

예제 8.9

예제 8.8에서 시스템의 감쇠비가 $\xi = 0.7$이 되는 k 값을 계산하라.

풀이

[그림 8.5]는 예제 8.8에서 작도한 근궤적을 감쇠비와 고유 진동수가 일정한 선을 함께 넣어 다시 그린 그림이다. 따라서 이 그림에서 $\xi = 0.7$의 선과 근궤적이 만나는 점을 읽으면 $z = 0.61 \pm j0.25$이므로([그림 8.6] 참조) k 값은

$$k = -\frac{1}{F(z)}\bigg|_{z=0.61\pm j0.25}$$

로부터 $k = 0.324$인 것을 알 수 있다.

예제 8.10

폐루프 시스템의 특성 방정식이 다음과 같을 때 이의 근궤적을 그리고 시스템의 안정도를 판단하라. 또, 감쇠비가 $\xi > 0.6$이고 고유 진동수가 $\omega_n > 0.6$(rad/sec)이 되도록 하는 k 값을 구하라.

$$1 + GH(z) = 1 + k\frac{(z-0.2)}{z^2 - 1.5z + 0.5} = 0$$

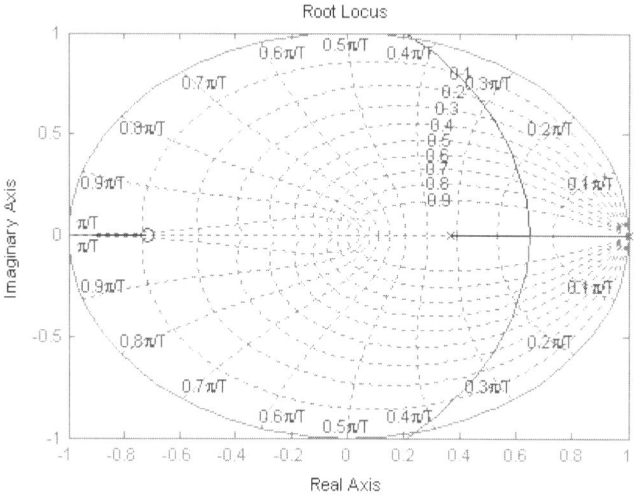

[그림 8.5] 감쇠비와 고유 진동수가 일정한 선과 함께 그린 근궤적

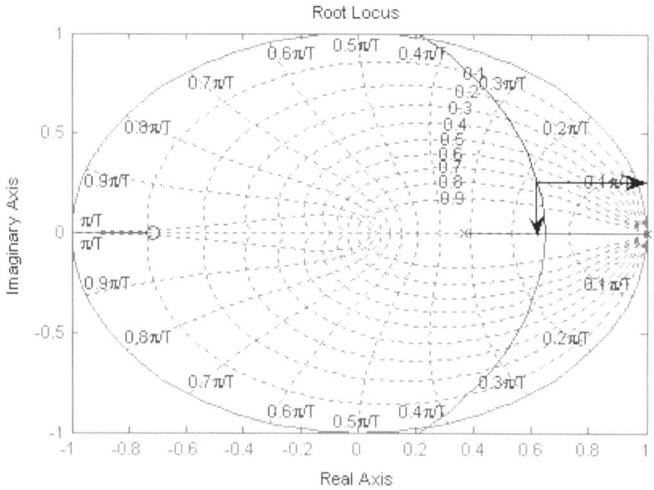

[그림 8.6] 근궤적과 ξ = 0.7인 선이 만나는 점 읽기

풀이

특성 방정식에서 개루프 전달 함수인 $F(z)$는

$$F(z) = \frac{(z-0.2)}{z^2 - 1.5z + 0.5}$$

이므로 이 시스템의 극점은 $z=1$와 $z=0.5$에 각 한 개씩 두 개가 있고 영점은 $z=0.2$와 무한대에 있다. 극점에서 시작하여 영점에서 끝나는 근궤적의 작도 과정을 요약하면 다음과 같다.

1. 실수 축에는 $z=0.5$와 $z=1$, 그리고 $z=-\infty$와 $z=0.2$ 사이에 근궤적이 있다.
2. $n_p - n_z = 1$이므로 근궤적의 점근선은 하나이며, 이때 이의 각도는 $\pm 180^\circ$ 이다.
3. 이탈점은 $dF(z)/dz = z^2 - 0.4z - 0.2 = 0$에서 구하면 $z=-0.29$와 $z=0.689$이다.
4. 이탈점에서 k의 값은

$$k = -\frac{1}{F(z)}\bigg|_{z=-0.29,\,0.689}$$

   로부터 $z=0.12$와 $z=2.08$이다.
5. 앞에서 구한 정보를 바탕으로 근궤적을 작도하면 [그림 8.7]과 같다. 그림에서 시스템의 근궤적이 k의 모든 값에 대해 단위원 안에 있으므로 항상 안정하다는 것을 확인할 수있다.

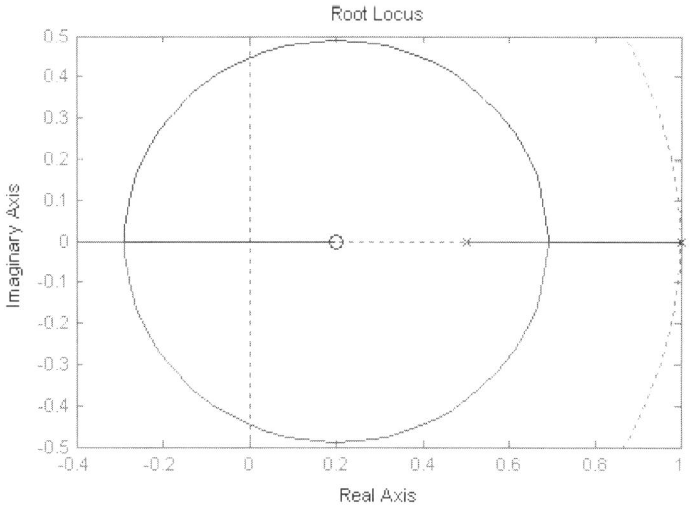

[그림 8.7] 예제 8.10의 근궤적

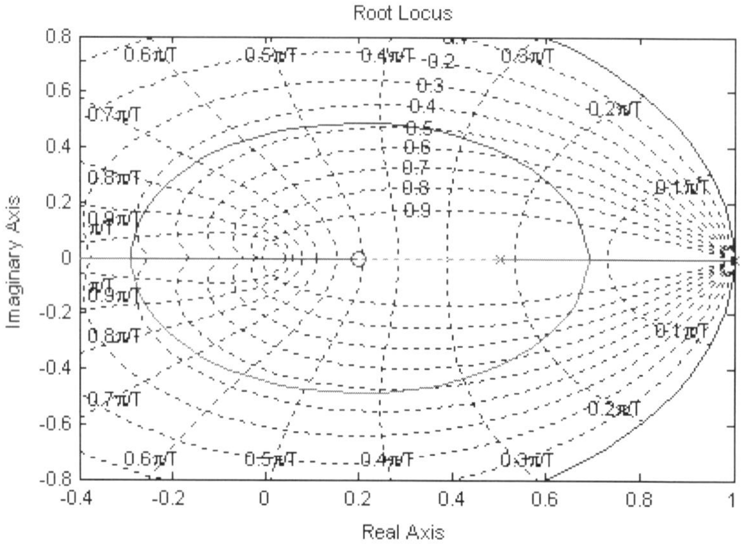

[그림 8.8] 감쇠비와 고유 진동수가 일정한 선과 함께 그린 근궤적

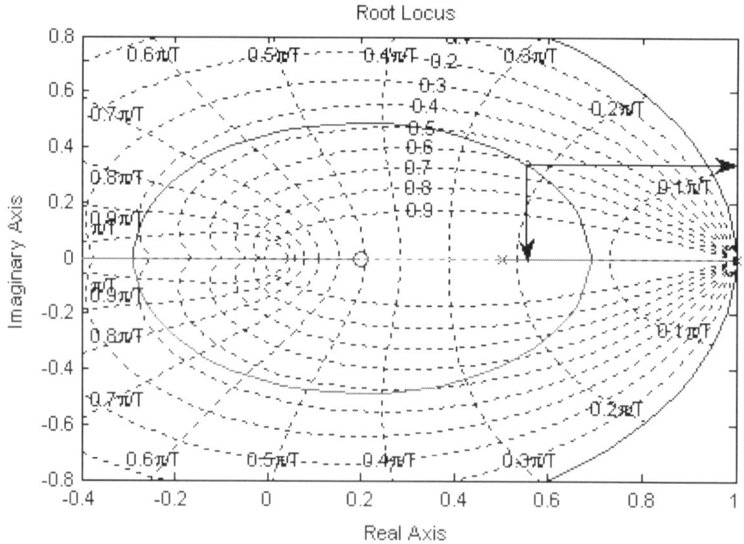

[그림 8.9] $\xi > 0.6$와 $\omega_n > 0.6$을 만족하는 점 읽기

감쇠비와 고유 진동수가 일정한 선과 함께 그린 근궤적은 [그림 8.8]과 같다. $T=1$로 가정할 때 고유 진동수가 $\omega_n = 0.2\pi/T$로 일정한 선의 왼쪽에 있는 근궤적은 $\omega_n > 0.6$이고, 또 감쇠비가 $\xi = 0.6$로 일정한 선의 아래에 있는 근궤적은 $\xi > 0.6$이므로 이를 만족하는 점을 [그림 8.9]와 같이 찾을 수 있는데 대략 $z = 0.55 \pm j0.32$이다. 따라서 이 점(극점)에 대한 k의 값은 $-1/F(z)$을 $z = 0.55 \pm j0.32$에서 평가한 $k = 0.337$이다.

8.5 Nyquist 안정도 판별법

Nyquist 안정도 판별법은 시스템의 안정도를 s−평면에서 해석하는데 가장 폭넓게 쓰는 방법으로 이의 기본은 주파수 응답(frequency response)이다. 연속 시스템 $G(s)$의 주파수 응답은 s를 $j\omega$로 바꾼 $G(j\omega)$를 새로운 전달 함수로 하여 주파수 ω에 대한 응답을 구하는 방법인데 Nyquist 안정도 판별법에서는 ω가 변할 때 이의 크기인 $|G(j\omega)|$을 각인 $\angle G(j\omega)$에 대해 그림을 그려 사용한다.*

비슷한 관점에서, 이산 시스템의 전달 함수 $G(z)$에 대한 주파수 응답은 $z = e^{sT} = e^{j\omega T}$의 관계식을 미리 적용한다는 것 말고는 모두 같다. 따라서 z−평면의 Nyquist 선도는 ω가 변할 때 크기 $|G(z)|$ $(z = e^{j\omega T}$대입)를 각 $\angle G(z)$ $(z = e^{j\omega T}$대입)에 대해 그림을 그려 얻을 수 있고, 이때 Nyquist 안정도 판별법의 조건은

$$Z = N + P$$

이다. 여기서 N은 Nyquist 선도가 점 −1을 시계 방향으로 회전한 수, P는 $G(z)$의 극점 중에서 단위원 밖에 있는 극점의 개수, 그리고 Z는 $G(z)$의 영점 중에서 단위원 밖에 있는 영점의 개수이다. 따라서 시스템(폐루프 시스템)이 안정하기 위해서는 Z가 반드시 0이 되어야 하므로 $G(z)$의 불안정한 극점의 개수와 Nyquist 선도가 −1을 반시계 방향으로 감싸는 횟수는 같아야 한다.† 다음의 예제를 통해 실제 문제에 좀더

---

* 시스템의 전달 함수 $G(j\omega)$의 크기와 각을 s−평면의 실수 및 허수 축에 대한 극좌표(polar coordinates)로 그린 그림을 Nyquist 선도라 한다.

† Nyquist 안정도 판별법을 완전히 다루려면 복소수에서 배우는 편각의 원리(principle of argument)를 익혀서 Nyquist 컨투어(contour)를 미리 정의해 놓아야 한다. 하지만 이 책은 더 큰 다른 목적이 있기 때문에 이를 생략한 채 Nyquist 판별법의 결론만 요약 정리하였다. 그래서 본문의 이 부분이 쉽게 와 닿지 않을 것 같아 간단하게 몇 자 적고자 한다. 원래 Nyquist 판별법은

$$N(0, f, D) = \alpha - \beta$$

에서 시작한다. 여기서 $N(0, f, D)$는 임의의 복소 함수 f가 Nyquist 컨투어인 D의 상(image)이 시계 방향으로 점 0을 감싸는 횟수, α는 f의 영점 개수, 그리고 β는 f의 극점

가까이 접근해 보도록 하자.

예제 8.11

샘플 데이터 시스템의 폐루프 전달 함수 $G(z)/(1+G(z))$에 대해 Nyquist 판별법을 써서 안정도를 평가하라. 이때, $T=1$로 두고, 또 다음과 같다.

$$G(z) = \frac{0.4}{(z-0.5)(z-0.2)}$$

풀이

$z = e^{i\omega T} = \cos\omega T + j\sin\omega T = \cos\omega + j\sin\omega$ 을 대입하면

개수이다. 따라서 D를 $s-$평면의 오른쪽 반 전체($z-$평면에선 단위원의 밖)로 정의하고 f는 폐루프 시스템의 안정도를 확인하기 위해 이의 극점 다항식 g_{CL}을 써서 다시 쓰면

$$N(0, g_{CL}, D) = 0$$

와 같다. 즉, 폐루프 시스템이 안정하기 위해서는 $s-$평면의 오른쪽($z-$평면에선 단위원의 밖)에는 폐루프 시스템의 극점 즉, 극점 다항식의 영점이 없어야 하고($\alpha=0$), 또 다항식은 본질적으로 영점만 있고 극점은 없기($\beta=0$) 때문이다. 그래서 점 0을 시계 방향으로 감싸는 횟수는 0이다. (여기서 혼동이 없어야 한다. 극점(poles)과 영점(zeros)은 분수식에서만 사용하는 용어로 각각 분모를 0으로 만드는 특이점과 분자를 0으로 만드는 특이점을 뜻한다. 하지만 다항식인 경우는 분모가 없기 때문에 모두 영점 즉, 근(roots)이다.) 이제 g_{CL}을 구해 직접 넣어 해석하는 일이 남았는데 과정은 이렇다. $G(z) = N(z)/D(Z)$가 개루프 전달 함수이면 폐루프 전달 함수는 $G(z)/(1+G(z))$이므로 이의 극점 다항식은 $D(z)+N(z) = D(z)\{1+N(z)/D(z)\} = D(z)\{1+G(z)\}$이다. 즉,

$$N(0, D(z)(1+G(z), D) = 0$$

이고, 이때 편각의 원리에 따르면 함수의 인수는 서로 나눌 수 있고, 또 평형 이동도 가능하므로

$$N(0, D(z), D) + N(-1, G(z), D) = 0$$

이 된다. 여기서 $D(z)$는 개루프 전달 함수 $G(z)$의 극점 다항식이므로 $N(0, D(z)D)$는 D 즉, $s-$평면의 오른쪽($z-$평면에서는 단위원 밖)에 있는 개루프 시스템의 극점(불안정한 극점)만큼 감싸는 회수로 이의 개수를 P라고 하면 $N(0, D(z)D) = \alpha - 0 = P$와 같다. 그래서 Nyquist 안정도 판별법의 조건식은 다음과 같이 유도할 수있다.

$$N(-1, G(z), D) = -P$$

즉, 개루프 전달 함수의 Nyquist 선도가 점 -1을 시계 방향으로 감싸는 횟수는 $-P$이어야 한다. 또는 달리 말하여, -1을 반시계 방향으로 감싸는 횟수는 P이어야 한다.

$$G(z)|_{z=e^{j\omega T}} = \frac{0.4}{(\cos\omega + j\sin\omega - 0.5)(\cos\omega + j\sin\omega - 0.2)}$$
$$= \frac{0.4}{(\cos^2\omega - \sin^2\omega - 0.7\cos\omega + 0.1) + j(2\sin\omega\cos\omega - 0.7\sin\omega)}$$

이므로 이의 크기는

$$|G(z)| = \frac{0.4}{\sqrt{(\cos^2\omega - \sin^2\omega - 0.7\cos\omega + 0.1)^2 + (2\sin\omega\cos\omega - 0.7\sin\omega)^2}}$$

이고 각은

$$\angle G(z) = \tan^{-1}\frac{2\sin\omega\cos\omega - 0.7\sin\omega}{\cos^2\omega - \sin^2\omega - 0.7\cos\omega + 0.1}$$

이다. [표 6.1]은 $G(z)$의 크기와 각을 주파수 ω의 여러 값에 대해 계산해 놓은 표이고 [그림 8.10]은 이에 대한 Nyquist 선도이다. $G(z)$에서 $P=0$이고, 또 선도에서 $N=0$이므로 이 시스템은 안정하다

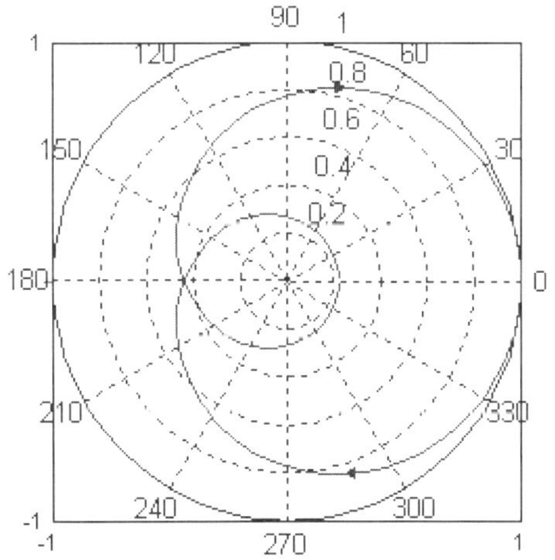

[그림 8.10] 예제 8.11의 Nyquist 선도

Nyquist 선도는 전달 함수를 w-평면으로 먼저 변환한 후에 s-평면에서 쓰는 Nyquist 안정도 판별법을 바로 적용할 수 있는데 이는 다음 예제를 통해 알아보자.

[표 8.2] G(z)의 크기와 각

ω	$\lvert G(z) \rvert$	$\angle G(z)$
0	1.000E+100	0
1.0472E−001	9.8753E−001	−1.9430E+001
2.0944E−001	9.5248E−001	−3.8460E+001
3.1416E−001	9.0081E−001	−5.6779E+001
4.1888E−001	8.3961E−001	−7.4209E+001
5.2360E−001	7.7510E−001	−9.0690E+001
6.2832E−001	7.1166E−001	−1.0625E+002
7.3304E−001	6.5193E−001	−1.2096E+002
8.3776E−001	5.9719E−001	−1.3492E+002
9.4248E−001	5.4789E−001	−1.4802E+002
1.0472E+000	5.0395E−001	−1.6089E+002
1.1519E+000	4.6505E−001	−1.7308E+002
1.2566E+000	4.3075E−001	1.7518E+002
1.3614E+000	4.0058E−001	1.6384E+002
1.4661E+000	3.7408E−001	1.5283E+002
1.5708E+000	3.5082E−001	1.4213E+002
1.6755E+000	3.3044E−001	1.3168E+002
1.7802E+000	3.1259E−001	1.2147E+002
1.8850E+000	2.9698E−001	1.1146E+002
1.9897E+000	2.8337E−001	10162E+002
2.0944E+000	2.7154E−001	9.1945E+001
2.1991E+000	2.6130E−001	8.2401E+001
2.3038E+000	2.5250E−001	7.2974E+001
2.4086E+000	2.4501E−001	6.3646E+001
2.5133E+000	2.3872E−001	5.4404E+001
2.6180E+000	2.3354E−001	4.5232E+001
2.7227E+000	2.2939E−001	3.6118E+001
2.8274E+000	2.2622E−001	2.7050E+001
2.9322E+000	2.2399E−001	1.8015E+001
3.0369E+000	2.2266E−001	9.0018E+000

예제 8.12

단위 피드백 샘플 데이터 시스템의 개루프 전달 함수 $G(z)$가 다음과 같을 때 이를 w−평면으로 변환하는 방법을 써서 $G(z)$의 크기와 각을 찾아라.

$$G(z) = \frac{z}{(z-1)(z-0.4)}$$

풀이

w−평면으로 변환은 다음의 관계식을 따른다.

$$z = \frac{1+w}{1-w}$$

따라서

$$G(w) = \frac{(1+w)/(1-w)}{((1+w)/(1-w)-1)((1+w)/(1-w)-0.4)} = \frac{1+w}{2w(1.4w+0.6)}$$

또는

$$G(w) = \frac{1+w}{2.8w^2 + 1.2w}$$

이다.

w－평면은 s－평면과 완전한 등가로 생각해도 좋다. 즉, s－평면에서 $s = \sigma + j\omega$는 w－평면에서 $w = \sigma_w + j\omega_w$인 것이다. 그래서 w－평면에서 주파수 응답은 $G(\omega)$에 $\omega = j\omega_w$를 대입하면 되는데

$$G(j\omega_w) = \frac{1+\omega_w}{-2.8\omega_w^2 + j1.2\omega_w}$$

와 같다. 결국 주파수 응답 $G(j\omega_w)$의 크기와 각은 각각 다음과 같다.

$$|G(j\omega_n)| = \frac{1+\omega_w}{\sqrt{(-2.8\omega_w^2)^2 + (j1.2\omega_w)^2}}$$

$$\angle G(j\omega_w) = \tan^{-1}\frac{1.2}{2.8\omega_w}$$

여기서 ω_w는 ω와 다음의 관계를 만족한다.

$$\omega_w = \tan\left(\frac{\omega T}{2}\right)$$

8.6 Bode 선도

연속 시스템의 해석에 흔히 써왔던 Bode 선도를 이산 시스템에 직접 적용하기는 곤란한데 이는 이산 시스템의 전달 함수에 나타나는 $e^{j\omega T}$의 항 때문에 주파수 응답을 쉽게 구할 수 없기 때문이다. 그래서 이산 시스템의 Bode 선도를 그려야 할 때는 이산 시스템을 적당한 영역으로 먼저 변환하는 작업이 필요한데 가장 흔히 쓰는 변환 규칙은 다음과 같다.

$$z = \frac{1+w}{1-w} \tag{8.7}$$

여기서 w－평면의 주파수 (ω_w)와 s－평면의 주파수(ω) 사이의 관계는

$$\omega_w = \tan\left(\frac{\omega T}{2}\right) \tag{8.8}$$

이다. 또한, 연속 시스템의 주파수와 변환한 이산 시스템의 주파수를 특정한 범위 안에서 거의 같도록 하는 변환 즉, w' – 평면 변환도 있는데 이의 규칙은

$$w' = \frac{2}{T}\frac{z-1}{z+1} \tag{8.9}$$

혹은

$$z = \frac{1+(T/2)w'}{1-(T/2)w'} \tag{8.10}$$

와 같고, 이때 실제 주파수(s – 평면 주파수) ω와 변환 주파수 ω'사이의 관계는 다음과 같다.

$$\omega' = \frac{2}{T}\tan\left(\frac{\omega T}{2}\right) \tag{8.11}$$

따라서 ω이 작은 경우는 ωT도 작다고 볼 수 있으므로

$$\omega' = \frac{2}{T}\tan\frac{\omega T}{2} \approx \frac{2}{T}\left(\frac{\omega T}{2}\right) = \omega \tag{8.12}$$

이다. 두 주파수가 거의 같다는 것을 확인할 수 있는데 반드시 ωT이 작아서 $\tan(\omega T/2) \approx \omega T/2$이 성립하는 경우이어야 한다는 것에 주의해야 한다. 보통 이 조건이 성립하는 값은

$$\frac{\omega T}{2} \le \frac{\pi}{10}$$

인데 이를 이용하면

$$\omega \le \frac{2\pi}{10T}$$

또는

$$\omega \le \frac{\omega_s}{10} \tag{8.13}$$

와 같다. 여기서 ω_s는 단위가 rad/s인 샘플링 주파수(sampling frequency)이다. 그러므로 주파수가 샘플링 주파수의 1/10보다 작은 주파수 범위에서는 w' – 평면의 주파수와 s – 평면의 주파수는 같다고 말할 수 있다.

예제 8.13

[그림 8.11]과 같은 샘플 데이터 시스템에 대해 Bode 선도를 그리고, 또 이의 안정도를 결정하라. 단, $T=0.1(s)$이다.

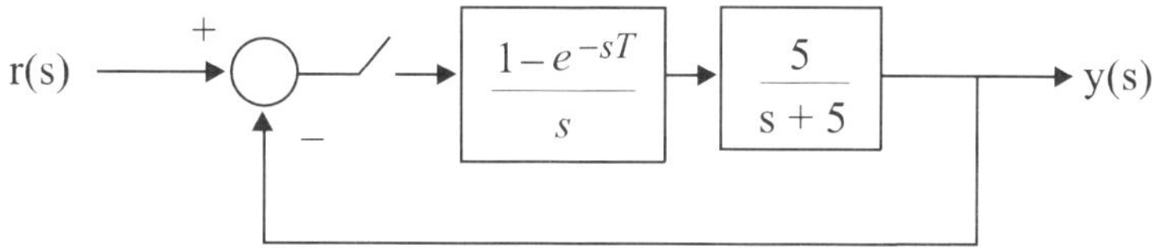

[그림 8.11] 예제 8.3의 샘플 데이터 시스템

풀이

이 시스템의 개루프 전달 함수 $G(z)$는

$$G(z)=Z\left\{\frac{1-e^{-sT}}{s}\frac{5}{s+5}\right\}=\frac{1-e^{-0.5}}{z-e^{-0.5}}$$

혹은

$$G(z)=\frac{0.393}{z-0.606}$$

이므로 이를 w'−평면으로 변환하기 위해 z 대신에 $(1+0.05w')/(1-0.05w')$를 대입하면

$$G(w')=\frac{4.9(1-0.05w')}{w'+4.9}$$

이다. 따라서 이의 주파수 응답은 $w'=jv$를 써서

$$G(jv)=\frac{4.9(1-j0.05v)}{jv+4.9}$$

와 같고, 이때 v는 w'−평면의 주파수인 ω_w를 간단히 첨자 없이 쓰려고 도입한 기호로 s−평면의 주파수 ω와 등가인 것으로 보면 된다. 그러면 이의 크기는

$$|G(jv)|=\frac{4.9\sqrt{1+(0.05v)^2}}{\sqrt{v^2+4.9^2}}$$

이고 위상은

$$\angle G(jv) = -\tan^{-1}(0.05) - \tan^{-1}\left(\frac{v}{4.9}\right)$$

이므로 이를 주파수 v의 값에 대해 그림으로 그리면 [그림 8.12]와 같은 Bode 선도를 얻을 수 있다.* 그림을 보면 이 시스템이 안정한 것을 알 수 있는데 독자 스스로 왜 그런지를 파악해 보길 바란다.

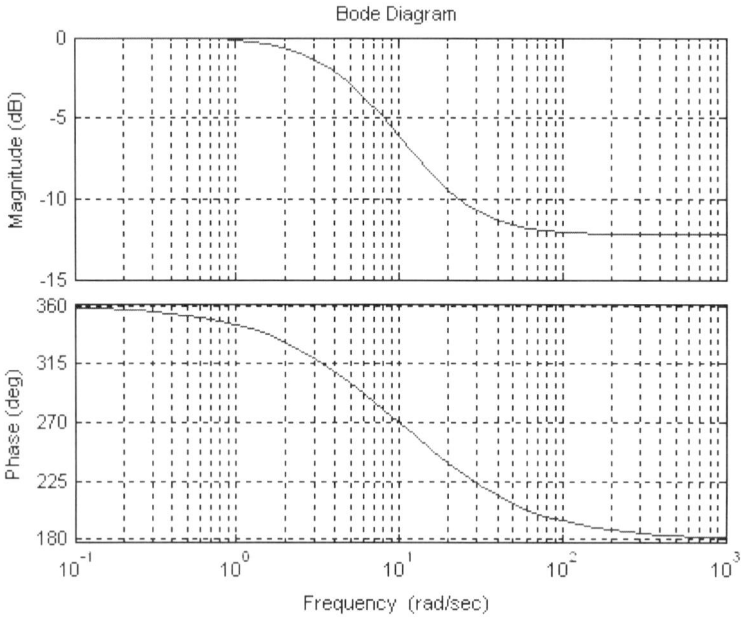

[그림 8.12] 예제 8.13의 Bode 선도

예제 8.14

단위 피드백 샘플 데이터 시스템의 개루프 전달 함수 $G(z)$가 다음과 같을 때 Bode 선도를 그리고, 또 안정도도 평가해 보라. 샘플링 주기는 $T=1(s)$로 한다.

---

* Bode 선도에서 $|G(jv)|$의 단위는 보통 데시벨(decibel 혹은 dB)을 사용하는데 이는 크기에 상용대수를 취하여 다시 20을 곱한 값이다. 즉, $20\log|G(jv)|$이다. 그리고 $\angle G(jv)$는 앞 절에서 그냥 각(angle)이라고 했지만 Bode 선도의 용어로 바로 쓰면 위상(phase)이 되고 단위는 도(degree)이다. 그리고 그림에서 위상의 범위가 180°부터 360°로 되어 있는데 이는 잘못 되었다. 저주파에서 위상이 앞선다는 것은 입력이 없는데도 출력이 나오는 형상으로 물리 시스템에서는 있을 수 없는 일이다. 아마도 이 책의 저자가 컴퓨터로 계산할 때 부호를 잘못 다룬 것으로 보인다. 역자가 검토해 보니 −180°에서 0까지였다. 그래야 본문에서 밝힌 위상의 식에도 맞고.

$$G(z) = \frac{0.368z + 0.624}{z^2 - 1.368z + 0.368}$$

풀이

변환 규칙인

$$z = \frac{1 + (T/2)w'}{1 - (T/2)w'} = \frac{1 + 0.5w'}{1 - 0.5w'}$$

을 적용하면

$$G(w') = \frac{0.0381(w' - 2)(w' + 12.14)}{w'(w' + 0.924)}$$

이고, 여기에 $w' = jv$를 대입한 주파수 응답은

$$G(jv) = \frac{0.0381(jv - 2)(jv + 12.14)}{jv(jv + 0.924)}$$

이므로 이의 크기와 위상은 각각

$$|G(jv)| = \frac{0.0381\sqrt{v^2 + 2^2}\sqrt{v^2 + 12.14^2}}{v\sqrt{v^2 + 0.924^2}}$$

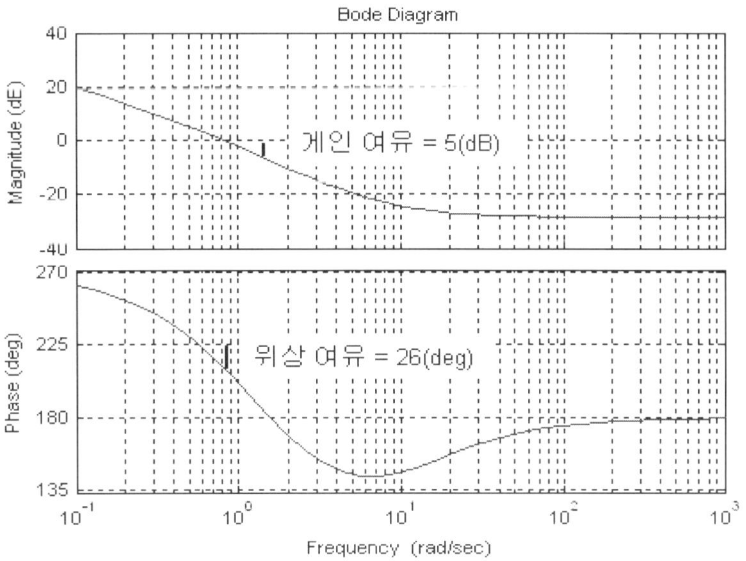

[그림 8.13] 예제 8.14의 Bode 선도

$$\angle G(jv) = -\tan^{-1}\frac{v}{2} + \tan^{-1}\frac{v}{12.14} - 90 - \tan^{-1}\frac{v}{0.924}$$

와 같다. 그리고 이에 대한 Bode 선도는 [그림 8.13]과 같은데* 이를 통해 이 시스템은 게인 여유(gain margin)가 5(dB)이고 위상 여유(phase margin)가 26° 인 안정한 시스템인 것을 알 수 있다.

8.7 연습문제

1. 샘플 데이터 시스템의 특성 방정식이 다음과 같을 때 Jury의 판별법을 써서 시스템의 안정도를 검사하라.

   (1) $z^2 - 1.8z + 0.72 = 0$ (2) $z^2 - 0.5z + 1.2 = 0$

   (3) $z^3 - 2.1z^2 + 2.0z - 0.5 = 0$ (4) $z^3 - 2.3z^2 + 1.61z - 0.32 = 0$

2. 샘플 데이터 시스템의 특성 방정식이 다음과 같을 때 시스템의 안정도를 판단하라.

$$(z - 0.5)(z^2 - 0.5z + 1.2) = 0$$

3. [그림 8.14]의 시스템에 대해 Jury의 판별법을 사용하여 시스템이 안정할 수 있는 K의 범위를 결정하라.
4. 문제 3을 Routh-Hurwitz 안정도 판별법을 써서 다시 풀어라.
5. 문제 3을 근궤적 법을 써서 다시 풀어라.
6. 단위 피드백 샘플 데이터 시스템의 개루프 전달 함수는 다음과 같다.

$$G(z) = \frac{K(z-0.2)}{(z-0.8)(z-0.6)}$$

   (1) 이 시스템의 폐루프 전달 함수를 찾아라.

   (2) 근궤적을 그려 안정도를 결정하라.

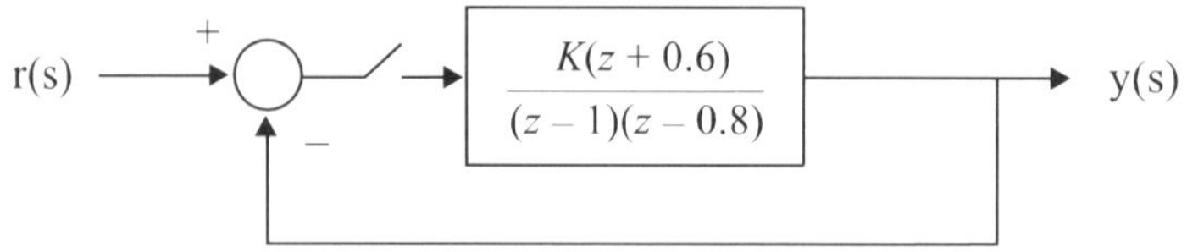

[그림 8.14] 연습문제 3의 샘플 데이터 시스템

* 이 그림의 Bode 위상 선도 역시 각도 표시가 잘못되어 있다. −225° 에서 −90° 까지 이다. 저자는 복소평면에서 위상의 방향을 시계 방향과 반시계 방향을 구분하지 않고 모두 수평면에서 반시계 방향으로만 따진 것으로 보인다. 이론적으로 그렇게 받아들이면 별로 문제가 될 것이 없다고 생각할 수 있지만 물리 현상의 보편적인 뜻으로 볼 때는 큰 잘못이다.

7. 다음과 같은 전달 함수의 안정도를 (1) Jury의 판별법, (2) Routh-Hurwitz 판별법, 그리고 (3) 근궤적 법을 각각 써서 조사하라.

$$G(z)=\frac{1}{z^3+2.7z^2+1.5z+0.2}$$

8. 문제 7을 Bode 선도로 실시하라.
9. 전달 함수

$$\frac{K}{s(1+as)}$$

의 바로 앞에 0차 홀딩 장치를 달아 단위 피드백 샘플 데이터 시스템을 구축하였다.
(1) 샘플링 시간이 T일 때 이 시스템의 폐루프 전달 함수를 유도하라.
(2) 근궤적을 그려서 시스템이 안정과 불안정의 경계에 있을 K 값을 결정하라.

10. 샘플 데이터 시스템의 개루프 전달 함수가

$$G(z)=\frac{1}{z^3-3.1z^2+3.1z-1.1}$$

일 때 이를 단위 피드백을 써서 폐루프 시스템으로 구축하고자 한다. Jury의 판별법으로 이 시스템의 안정도를 결정하라.

11. Bode 선도를 이용하여 다음과 같은 샘플 데이터 시스템의 안정도를 평가해 보라.

$$G(z)=\frac{z}{(z-1)(z-0.6)}$$

12. 문제 11을 Nyquist 안정도 판별법으로 다시 풀어라.
13. 샘플 데이터 시스템의 개루프 전달 함수가 다음과 같을 때 아래 질문에 답하라.

$$G(z)=\frac{K(z-0.6)}{(z-0.8)(z-0.4)}$$

(1) $K=1$로 두고 주파수 응답을 계산하여 Bode 선도를 그려라.
(2) Bode 선도에서 게인 및 위상 여유를 조사하라.
(3) 안정과 불안정의 경계에 있을 K 값을 찾아라.
(4) 시스템이 안정과 불안정의 경계에 있을 주파수를 계산하라.

14. [그림 8.15]와 같은 샘플 데이터 시스템이 안정할 수 있는 K의 범위를 다음의 방법을 써서 구하라.
(1) 특성 방정식의 근

(2) Jury의 안정도 판별법

(3) Routh-Hurwitz 안정도 판별법

(4) 근궤적 법

(5) Bode 선도

(6) Nyquist 선도

15. s-평면과 w-평면 사이의 변환에 대해 간략히 설명하고 각 영역의 주파수 관계도 밝혀라.

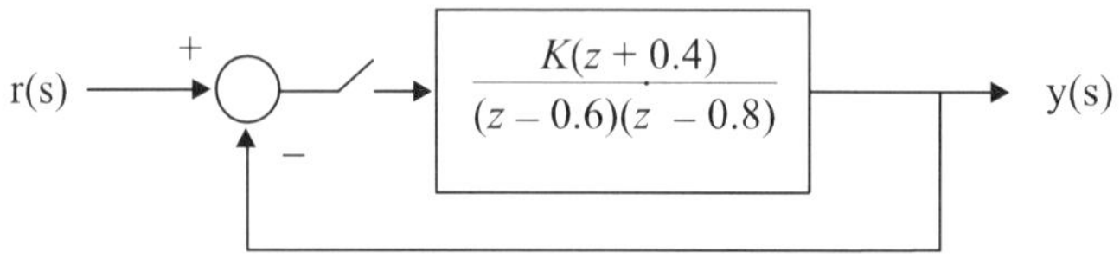

[그림 8.15] 연습문제 14의 샘플 데이터 시스템

더 읽어 볼 책

Bode, H. W., *Network Analysis and Feedback Amplifier Design,* Van Nostrand, Princeton, NJ, 1945.

D'Azzo, J. J. and Houpis, C. H., *Feedback Control System Analysis and Synthesis,* 2nd ed., McGraw-Hill, New York, 1966.

Dorf, R. C., *Modern Control Systems,* 6th ed., Addison-Wesley, Reading, MA, 1992.

Evans, W. R., *Graphical analysis of control systems,* IEEE Trans., 67, 1948, pp. 547-551.

Evans, W. R., *Control System Dynamics*, McGraw-Hill, New York, 1954.

Houpis, C. H. and Lamont, G. B., *Digital Control Systems: Theory, Hardware, Software,* 2nd ed., McGraw-Hill, New York, 1962.

Jury, E. I., *Sampled-Data Control Systems*, John Wiley & Sons, Inc., New York, 1958.

Katz, P., *Digital Control Using Microprocessors,* Prentice-Hall, Englewood Cliffs, NJ, 1981.

Kuo, B. C., *Automatic Control Systems,* Prentice-Hall, Englewood Cliffs, NJ, 1962.

Kuo, B. C., *Analysis and Synthesis of Sampled-Data Control Systems,* Prentice-Hall, Englewood Cliffs, NJ, 1963.

Lindorff, D. P., *Theory of Sampled-Data Control Systems,* John Wiley & Sons, Inc., New York, 1965.

Phillips, C. L. and Harbor, R. D., *Feedback Control Systems,* Prentice-Hall, Englewood Cliffs, NJ, 1988.

Soliman, S. S. and Srinath, M. D., *Continuous and Discrete Signals and Systems,* Prentice-Hall, Englewood Cliffs, NJ, 1990.

Strum, R. D. and Kirk, D. E., *First Principles of Discrete Systems and Digital Signal Processing,* Addison-Wesley, Reading, MA, 1988.

이산 제어기 설계

제9장

디지털 제어 시스템의 설계는 제어 대상의 정확한 모델을 얻는 단계부터 시작하여 시스템 응답이 바람직하도록 하는 제어 알고리즘을 개발하는 단계를 거치게 된다. 그리고 이 알고리즘이 탑재된 디지털 컴퓨터를 제어기로 사용하는데 이와 같은 디지털 제어기를 설계할 때 쓸 수 있는 몇몇 방법을 소개하면 다음과 같다.

- 시스템을 모델링 하여 $s-$평면의 전달 함수를 구하고 이를 다시 $z-$평면의 전달 함수로 바꾸어 제어기를 설계한다.
- 시스템을 이산 모델로 바로 찾아 제어기를 $z-$평면에서 직접 설계한다.
- 연속 시스템을 $w-$평면으로 변환하여 여기서 근궤적이나 Bode 선도 따위를 이용해 바람직한 시간 및 주파수 응답이 되도록 제어기를 설계한다. 설계가 끝나면 이를 $z-$평면으로 다시 변환하여 디지털 컴퓨터에 알고리즘으로 이식한다.

이 장에서는 디지털 제어기의 설계를 위의 첫 번째 방법 즉, 제어기를 $z-$평면에서 설계하는 방법을 주로 다룰 것인데 설계 순서를 요약하면 다음과 같다.

- 시스템의 전달 함수를 수학적인 방법을 쓰든지 주파수나 시간 응답법을 쓰든지 하여 찾는다
- 시스템의 전달 함수를 $z-$평면으로 변환한다.
- 제어기를 $z-$평면에서 설계한다.
- 제어 알고리즘을 컴퓨터에 이식한다.

이산 시스템은 입력의 종류나 센서의 형식에 따라 모습이 여러 가지로 나타날 수 있다. [그림 9.1]은 기준 입력과 시스템의 출력이 모두 아날로그 신호인 이산 시스템이다. 그래서 이 경우에는 A/D 변환기를 써서 각 신호를 디지털 형태로 바꾸어 컴퓨

터가 처리할 수 있도록 해야 한다. 또, 컴퓨터의 출력 측에 장착된 0차 홀딩 장치(ZOH)는 근사적인 D/A 변환기로 플랜트를 구동할 수 있는 아날로그 신호를 만들어 준다. [그림 9.2]는 기준 입력이 디지털 신호인 이산 시스템이다. 즉, 기준 입력을 컴퓨터의 키보드로 입력하거나 아니면 아예 제어 알고리즘에 코드로 등록하여 쓸 수 있는 시스템이다. 이 경우엔 시스템 출력은 아날로그 신호이므로 오차 신호를 만들기 전에 미리 샘플링 장치(근사적인 A/D 변환기)를 통해 디지털 신호로 바꾸어야 한다.

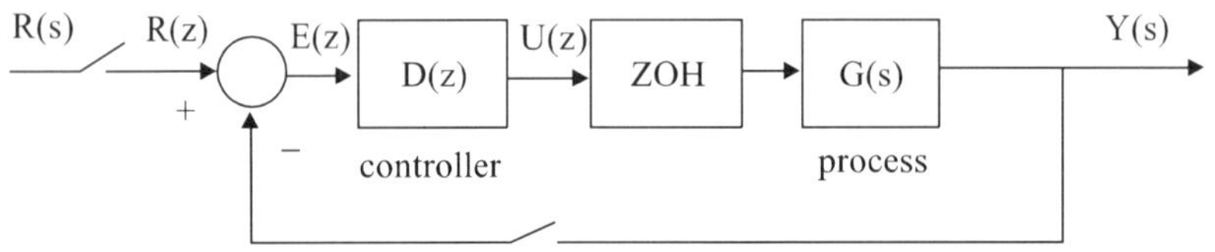

[그림 9.1] 아날로그 기준 입력을 갖는 이산 시스템

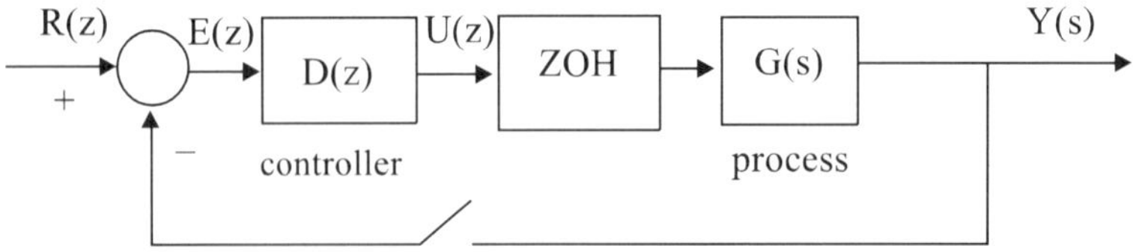

[그림 9.2] 디지털 기준 입력을 갖는 이산 시스템

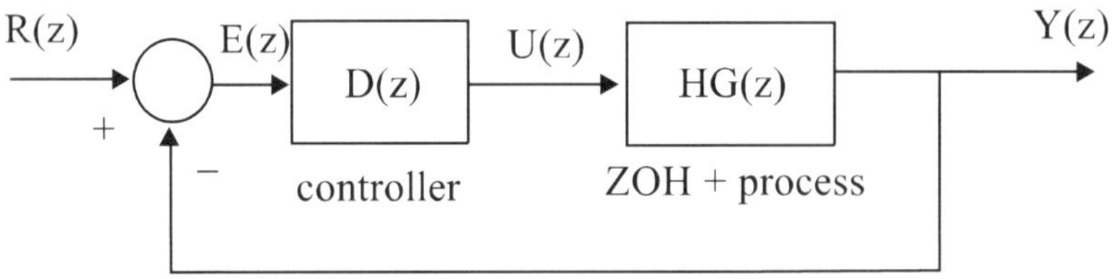

[그림 9.3] 이산 시스템

9.1 디지털 제어기

디지털 제어기를 설계할 때 흔히 [그림 9.3]과 같은 블록선도를 이용한다. 여기서 $R(z)$는 기준 입력, $E(z)$는 오차 신호, $U(z)$는 제어기의 출력, 그리고 $Y(z)$는 시스템의 출력이다. 또, $HG(z)$는 ZOH와 함께 합쳐진 이산화 된 플랜트의 전달 함수이

다. 그러면 [그림 9.3]의 폐루프 전달 함수는

$$\frac{Y(z)}{R(z)} = \frac{D(z)HG(z)}{1+D(z)HG(z)} \tag{9.1}$$

이고, 이때 폐루프 전달 함수를 $T(z)$ 즉,

$$T(z) = \frac{Y(z)}{R(z)} \tag{9.2}$$

로 나타내면 설계해야 할 제어기 $D(z)$는 이 두 식에서

$$D(z) = \frac{1}{HG(z)} \frac{T(z)}{1-T(z)} \tag{9.3}$$

와 같이 찾을 수 있다.

식 (9.3)은 폐루프 시스템의 응답이 바람직할 수 있도록 해주는 제어기는 플랜트의 모델을 알면 설계할 수 있다는 것을 보여 준다. 제어기는 반드시 안정하고 실현(realization)이 가능해야 한다. 그리고 실현이 가능하려면 여러 가지 조건이 있을 수 있겠지만 우선 이의 분자 다항식 차수가 분모 다항식 차수보다 크지 않아야 한다. 이제부터 식 (9.3)을 기초로 하여 설계되는 제어기를 하나씩 살펴보기로 하자.

9.1.1 Dead-Beat 제어기

이 제어기는 시스템이 스텝 입력을 그대로 따라가게 하는 제어기인데 샘플링 주기 혹은 이의 2배 이상씩 시스템 응답이 지연되어 나타난다. 즉, 시스템 응답은 단위 스텝 입력이 작용한 다음의 샘플링 순간부터 항상 1이다. 그래서 이 제어기가 탑재된 폐루프 시스템의 전달 함수는

$$T(z) - z^{-k} \qquad k \geq 1 \tag{9.4}$$

이 되어야 한다. 따라서 식 (9.3)을 이용해 바람직한 디지털 제어기의 전달 함수를 구하면

$$D(z) = \frac{1}{HG(z)} \left(\frac{z^{-k}}{1-z^{-k}} \right) \tag{9.5}$$

이고 이를 설계하는 예는 다음의 예제와 같다.

예제 9.1

플랜트의 전달 함수가 다음과 같을 때 이의 dead-beat 제어기를 설계하라.

단, $T=1(s)$이다.

$$G(s)=\frac{e^{-2s}}{1+10s}$$

풀이

플랜트의 앞에 ZOH를 붙여서 이산 시스템의 전달 함수를 찾으면

$$HG(z)=Z\left[\frac{1-e^{-sT}}{s}G(s)\right]=(1-z^{-1})Z\left[\frac{e^{-2s}}{s(1+10s)}\right]$$

또는

$$HG(z)=(1-z^{-1})z^{-2}Z\left[\frac{1}{s(1+10s)}\right]=(1-z^{-1})z^{-2}Z\left[\frac{1/10}{s(s+1/10)}\right]$$

에서 $z-$변환 표를 이용해

$$HG(z)=(1-z^{-1})z^{-2}\frac{z(1-e^{-0.1})}{(z-1)(z-e^{-0.1})}=z^{-3}\frac{1-e^{-0.1}}{1-e^{-0.1}z^{-1}}$$

또는

$$HG(z)=\frac{0.095z^{-3}}{1-0.904z^{-1}}$$

와 같다. 따라서 식 (9.5)로 dead-beat 제어기를 설계하면

$$D(z)=\frac{1-0.904z^{-1}}{0.095z^{-3}}\frac{z^{-k}}{1-z^{-k}}$$

이 된다. 여기서 k는 제어기의 올바른 실현을 위해 $k\geq 3$로 선택하는데* $k=3$인 경우는

$$D(z)=\frac{1-0.904z^{-1}}{0.095z^{-3}}\frac{z^{-3}}{1-z^{-3}}$$

또는

$$D(z)=\frac{z^3-0.904z^2}{0.095(z^3-1)}$$

* k가 3보다 작으면, 예를들어 $k=2$이면 제어기의 분자 다항식은 3차이고 분모 다항식은 2차가 되어 실현할 수 없다.

이다.

[그림 9.4]는 제어기가 설계된 시스템의 블록선도이고 [그림 9.5]는 설계된 시스템의 스텝 응답이다. 3(초) 후 즉, 3개의 샘플링 순간을 보낸 후부터 응답이 1로 유지되고 있는 것을 확인할 수 있다. 여기서 꼭 알아야 할 것은 dead-beat 제어기를 탑재한 시스템은 샘플링 순간에만 응답이 1로 정확하게 나오고 샘플링 사이에는 1을 보장할 수 없다는 것이다. 경우에 따라서는 샘플링 사이의 응답이 진동하는 모습을 보일 수도 있다.* [그림 9.6]은 플랜트에 작용하는 제어 입력을 나타낸다. dead-beat 제어기가 훌륭한 응답을 만들어 준다 할지라도 제어 입력의 크기는 바람직하지 않을 수도 있다. 이 역시 경우에 따라서는 포화(saturation)가 발생할 수 있는 것이다. dead-beat 제어기는 플랜트의 특성에 아주 민감하게 반응하여 플랜트의 파라미터가 조금만 바뀌어도 응답은 크게 요동칠 수 있다.

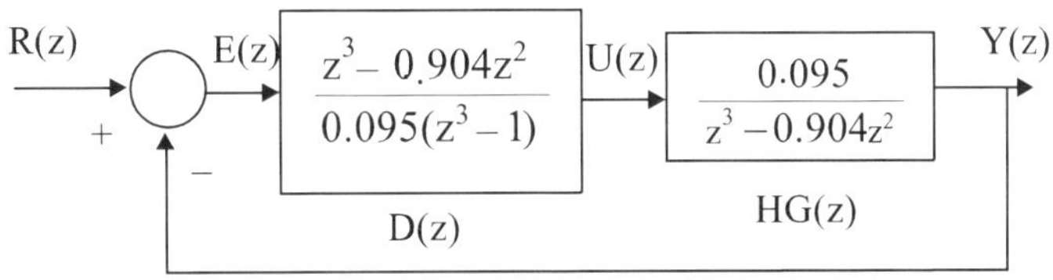

[그림 9.4] 예제 9.1의 제어기를 탑재한 블록 선도

9.1.2 Dahlin 제어기

이 제어기는 dead-beat 제어기를 수정하여 좀더 부드러운 응답이 되도록 하는데 보통 지수 응답(exponential response)을 만들어 준다. 그래서 제어 시스템이 낼 응답을 s-평면 형태로

$$Y(s) = \frac{1}{s}\frac{e^{-as}}{1+qs}$$

와 같이 둔다. 여기서 a와 q는 응답의 성능을 결정하는 파라미터로 [그림 9.7]을 참조하면서 결정한다.†

---

* dead-beat 제어기의 이런 특성 때문에 연속 시스템에는 적용 자체가 불가능한 제어 기법이다. 참고로 dead-beat이라는 말은 시스템의 응답이 바람직한 위치에 도착하면 거기서 멈춘다는 뜻이다. 이를 잘 표현할 수 있는 좋은 우리말이 있으면 바꾸어 쓰는 것이 바람직할 것이다. 사람 이름이 들어간 표현은 고유 명사이니 그대로 쓸 수밖에 없지만 이와 같이 나름대로의 뜻을 지닌 명사는 우리말로 고쳐 쓰는 것이 좋다고 본다.

† 파라미터 a는 시스템 응답이 보일 지연 시간을, 그리고 q는 시스템 응답의 빠르기를 조정할 때

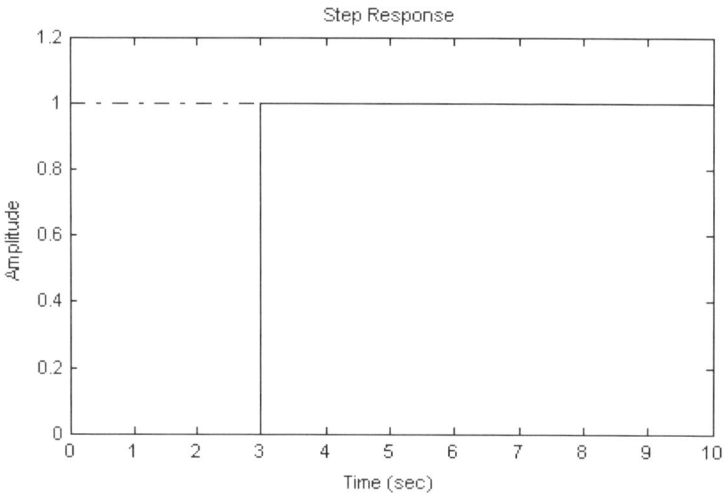

[그림 9.5] 예제 9.1의 스텝 응답

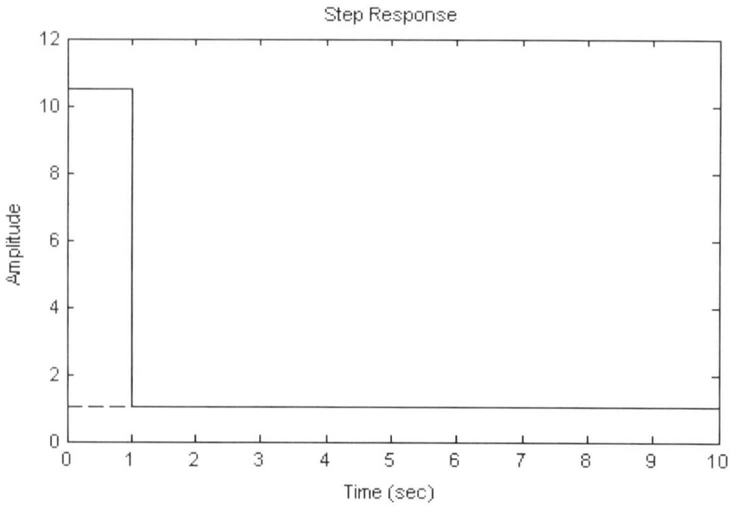

[그림 9.6] 예제 9.1의 제어 입력

따라서 응답의 지연 시간을 $a=kT$로 가정할 때 $Y(s)$의 $z-$평면 함수는

쓴다.

$$Y(z) = \frac{z^{-k-1}(1-e^{-T/q})}{(1-z^{-1})(1-e^{-T/q}z^{-1})}$$

이므로 이 시스템의 폐루프 전달 함수는

$$T(z) = \frac{Y(z)}{R(z)} = \frac{z^{-k-1}(1-e^{-T/q})}{(1-z^{-1})(1-e^{-T/q}z^{-1})}\frac{(1-z^{-1})}{1}$$

또는

$$T(z) = \frac{z^{-k-1}(1-e^{-T/q})}{(1-e^{-T/q}z^{-1})}$$

인데, 여기에 식 (9.3)을 적용하여 제어기의 전달 함수를 구하면

$$D(z) = \frac{1}{HG(z)}\frac{T(z)}{1-T(z)} = \frac{1}{HG(z)}\frac{z^{-k-1}(1-e^{-T/q})}{1-e^{-T/q}z^{-1}-(1-e^{-T/q})z^{-k-1}}$$

와 같이 찾을 수 있다.

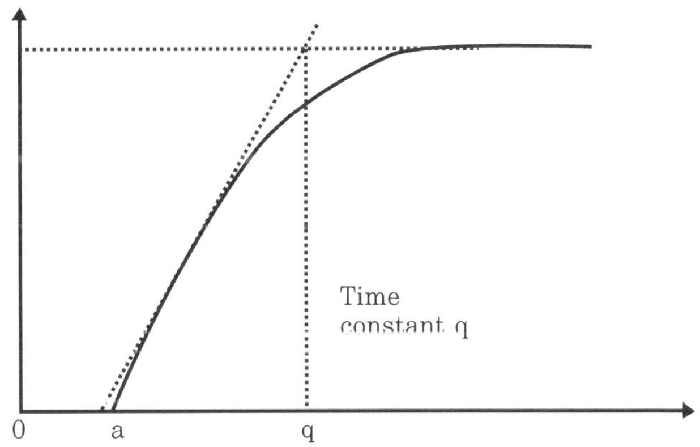

[그림 9.7] Dahlin 제어기가 탑재된 시스템의 전형적인 출력

예제 9.2

플랜트의 전달 함수가 다음과 같고, 또 $T=1(s)$일 때 이의 Dahlin 디지털 제어기를 설계하라.

$$G(s) = \frac{e^{-2s}}{1+10s}$$

풀이

플랜트와 ZOH를 묶은 시스템의 z-평면 전달 함수는

$$HG(z) = Z\left[\frac{1-e^{-sT}}{s}G(s)\right] = (1-z^{-1})Z\left[\frac{e^{-2s}}{s(1+10s)}\right]$$

또는

$$HG(z) = (1-z^{-1})z^{-2}Z\left[\frac{1}{s(1+10s)}\right] = (1-z^{-1})z^{-2}Z\left[\frac{1/10}{s(s+1/10)}\right]$$

와 같은 과정을 거쳐 마지막에 z-변환 표를 써서 구하면

$$HG(z) = (1-z^{-1})z^{-2}\frac{z(1-e^{-0.1})}{(z-1)(z-e^{-0.1})} = z^{-3}\frac{(1-e^{-0.1})}{1-e^{-0.1}z^{-1}}$$
$$= \frac{0.095z^{-3}}{1-0.904z^{-1}}$$

이다. 따라서 시스템의 Dahlin 제어기는 $q=10$로 선택했을 때

$$D(z) = \frac{1-0.904z^{-1}}{0.095z^{-3}}\frac{z^{-k-1}(1-e^{-0.1})}{1-e^{-0.1}z^{-1}-(1-e^{-0.1})z^{-k-1}} = \frac{1-0.904z^{-1}}{0.095z^{-3}}\frac{0.095z^{-k-1}}{1-0.904z^{-1}-0.095z^{-k-1}}$$

와 같이 구할 수 있고, 이때 제어기의 실현을 위해 $k=2$로 두면

$$D(z) = \frac{z^3-0.904z^2}{z^3-0.904z^2-0.095}$$

이다.

[그림 9.8]은 Dahlin 제어기가 탑재된 시스템의 스텝 응답으로 기대했던 대로 지수 응답인 것을 확인할 수 있고 이 제어기 자체의 응답 즉, 제어 입력은 [그림 9.9]와 같다.

9.1.3 극 배치 제어기 - 해석적 방법

시스템의 응답은 폐루프 시스템의 극점 위치에 따라 결정되므로 이 극점을 바람직한 위치에 두도록 하여 제어기를 설계할 수 있다. 그래서 극점의 바람직한 위치가 정해졌다면 즉, 폐루프 전달 함수 $T(z)$의 분모 다항식에 대한 차수와 계수가 정해졌다면 제어기는 식 (9.3)에 따라

$$D(z) = \frac{1}{HG(z)}\frac{T(z)}{1-T(z)}$$

로 구할 수 있는데, 이때 $T(z)$의 분자 다항식은 폐루프 시스템의 영점이나 안정도, 성능 따위에 대한 다른 조건들이 있을 때 이를 만족할 수 있도록 선정한다. 다음 예제를 통해 이의 실제적인 적용 방법을 알아보자.

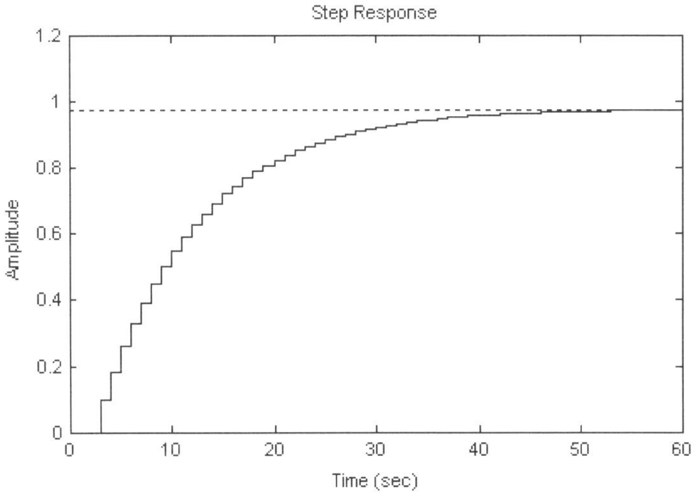

[그림 9.8] 예제 9.2의 스텝 응답

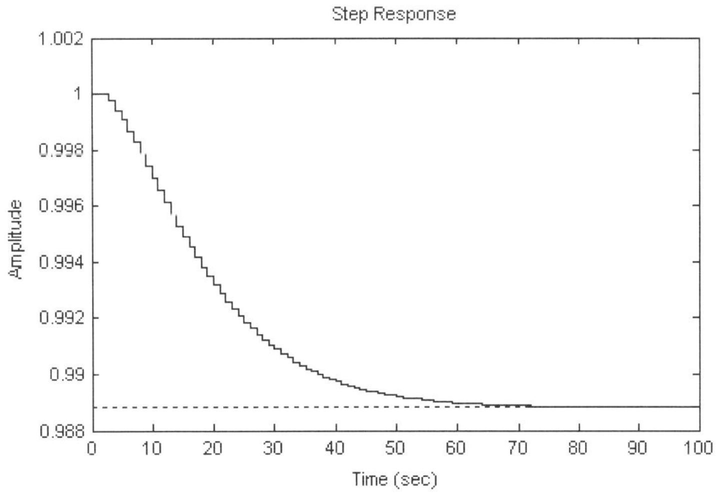

[그림 9.9] 예제 9.2의 제어 입력

예제 9.3

ZOH가 포함된 플랜트의 전달 함수가 다음과 같을 때 폐루프 시스템의 감쇠비는 $\xi = 0.6$, 그리고 감쇠 고유 진동수는 $\omega_d = 3(\text{rad/s})$이 되도록 하는 제어기를 설계하라. 또, 이 시스템은 스텝 입력에 대한 정상상태 오차는 0, 그리고 램프 입력에 대한 정상상태 오차는 0.2가 되어야 한다. 단, $T = 0.2(\text{s})$이다.

$$HG(z) = \frac{0.03(z+0.75)}{z^2 - 1.5z + 0.5}$$

풀이

일반적인 2차 시스템의 근은

$$z_{1,2} = e^{-\xi\omega_n T \pm j\omega_n T\sqrt{1-\xi^2}} = e^{-\xi\omega_n T}(\cos\omega_n T\sqrt{1-\xi^2} \pm j\sin\omega_n T\sqrt{1-\xi^2})$$

이므로 $\xi = 0.6$와 $\omega_d = \omega_n(1-\xi^2)^{1/2} = 3$을 대입하여 바람직한 극점의 위치를 정하면

$$z_{1,2} = e^{-0.6\times 3.75\times 0.2}(\cos(0.2\times 3) \pm j\sin(0.2\times 3)) = 0.526 \pm j0.360$$

와 같다. 따라서 폐루프 전달 함수의 기본 형태를

$$T(z) = \frac{b_0 + b_1 z^{-1} + b_2 z^{-2} + b_3 z^{-3} + \cdots}{(z - 0.526 + j0.360)(z - 0.526 - j0.360)}$$

또는

$$T(z) = \frac{b_0 + b_1 z^{-1} + b_2 z^{-2} + b_3 z^{-3} + \cdots}{1 - 1.052z^{-1} + 0.405z^{-2}} \tag{9.6}$$

로 둘 수 있고, 여기서 제어 시스템의 실현을 보장하기 위해 분자 다항식의 파라미터 중에서 b_1과 b_2만 남기고 모두 0으로 하면

$$T(z) = \frac{b_1 z^{-1} + b_2 z^{-2}}{1 - 1.052z^{-1} + 0.405z^{-2}} \tag{9.7}$$

이 된다.

이제 $T(z)$의 분자 다항식에서 남은 파라미터를 구하기 위해 시스템의 정상상태 응답에 대한 여러 조건을 사용하기로 한다. 오차 신호는 $E(z) = R(z) - Y(z)$이고, 또 $T(z) = Y(z)/R(z)$이므로

$$E(z) = R(z)[1 - T(z)]$$

와 같고, 따라서 입력이 단위 스텝일 때의 정상상태 오차는 최종값 정리를 이용하면

$$E_{ss} = \lim_{z \to 1}(1 - z^{-1})E(z) = \lim_{z \to 1}\frac{z-1}{z}\frac{z}{z-1}\{1 - T(z)\}$$

또는

$$E_{ss} = 1 - T(1) \tag{9.8}$$

이다. 정상상태 오차가 0이 되어야 한다고 하였으니 $T(1) = 1$이므로 식 (9.7)로부터

$$b_1 + b_2 = 0.353 \tag{9.9}$$

와 같은 관계식을 얻을 수 있다. 또, 램프 입력에 대한 정상상태 오차는 0.2이어야 한다고 했으니

$$E_{ss} = \lim_{z \to 1}\frac{z-1}{z}\frac{Tz}{(z-1)^2}\{1 - T(z)\} = 0.2$$

에서 또다른 관계식을 찾으면 된다. 하지만 이 식은 $z = 1$에서 분모가 0이 되기 때문에 극한값을 정상적인 방법으로는 구할 수가 없다. 그래서 L'Hospital 정리를* 이용하여

$$\left.\frac{dT(z)}{dz}\right|_{z=1} = -\frac{0.2}{T}$$

로 바꾼 후에 푼다. 여기서 $T(z)$는 미분을 쉽게 하기 위해 식 (9.7)의 형태에서

$$T(z) = \frac{b_1 z + b_2}{z^2 - 1.052 + 0.405} \tag{9.10}$$

로 고친 형태이다. 따라서 직접 풀면

$$\left.\frac{dT(z)}{dz}\right|_{z=1} = \left.\frac{b_1(z^2 - 1.052z + 0.405) - (b_1 z + b_2)(2z - 1.052)}{(z^2 - 1.052z + 0.405)^2}\right|_{z=1} = -\frac{0.2}{0.2} = -1$$

또는, $z = 1$을 대입하여

$$0.595b_1 + 0.948b_2 = 0.124 \tag{9.11}$$

와 같이 얻을 수 있다. 따라서 식 (9.9)와 (9.11)을 함께 연립하면 $b_1 = 0.596$와

---

* L'Hospital의 정리를 간단히 설명하면 이렇다. 함수 $f(x)$와 $g(x)$에 대해 $f(a) = g(a) = 0$이고 $g'(a) \neq 0$일 때 $x = a$에서 $f(x)/g(x)$의 극한값은 $x = a$에서 $f'(x)/g'(x)$의 극한값으로 구할 수 있다는 것이다.

$b_2 = -0.243$이므로 폐루프 전달 함수의 완전한 모습은

$$T(z) = \frac{0.596z - 0.243}{z^2 - 1.052z + 0.405} \tag{9.12}$$

이다.

끝으로, 식 (9.12)를 만들어 주는 제어기를 찾아야 하는데 이는 식 (9.3)을 써서

$$D(z) = \frac{1}{HG(z)} \frac{T(z)}{1 - T(z)} = \frac{z^2 - 1.5z + 0.5}{0.03(z + 0.75)} \frac{T(z)}{1 - T(z)}$$

와 같이 구할 수 있고 여기에 식 (9.12)를 넣은

$$D(z) = \frac{z^2 - 1.5z + 0.5}{0.03(z + 0.75)} \frac{0.596z - 0.243}{z^2 - 1.648z + 0.648}$$

을 간단히 정리하면

$$D(z) = \frac{0.596z^3 - 1.137z^2 + 0.662z - 0.121}{0.03z^3 - 0.027z^2 - 0.018 + 0.015} \tag{9.13}$$

이다. [그림 9.10]은 제어기가 탑재된 시스템의 스텝 응답이다.

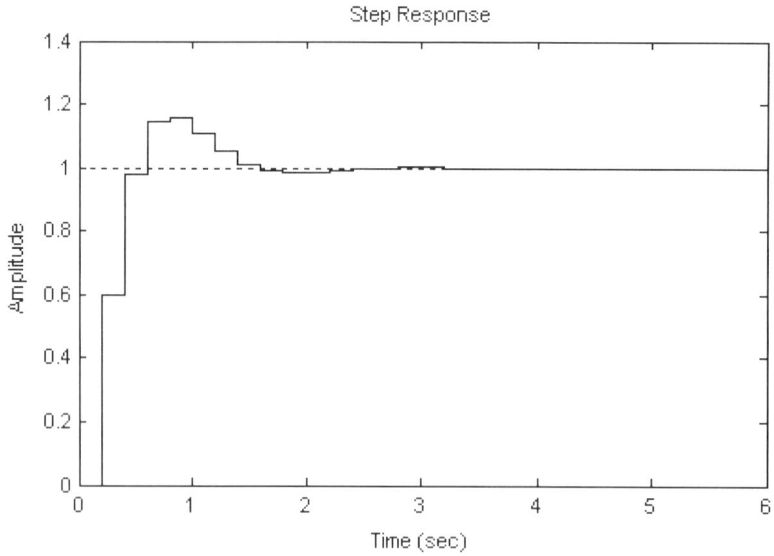

[그림 9.10] 예제 9.3의 스텝 응답

9.1.4 극 배치 제어기 - 도해적 방법

앞 소절에서는 폐루프 시스템의 응답을 이의 극점을 z-평면의 적절한 곳에 배치시켜 바람직하게 만들었는데 이 소절에서는 이런 극 배치 제어기를 근궤적 법을 써서 도해적으로 접근해 보고자 한다.

시스템의 극점이 z-평면의 바람직한 위치에 자리 잡도록 할 때 시스템의 게인을 조정할 수도 있고, 또 위상을 앞서거나 뒤서게 하는 따위의 보상기(compensator)를 달아 이룰 수 있다. 1차 시스템인 경우는 조정할 수 있는 시스템 파라미터가 시상수 하나밖에 없기 때문에 보통 게인을 수정하여 목적을 달성하고 2차 시스템인 경우는 감쇠비와 고유 진동수를 바꾸어야 하기 때문에 게인만을 조작하여 얻을 수 있는 효과는 그렇게 크지 않다. 물론 이때에도 시스템이 간단하면 게인을 사용하는 것도 가능하지만 복잡할 때는 보상기를 달아 해결하는 것이 일반적이다.

이제부터 근궤적 법이 어떻게 극 배치 제어기를 설계하는데 쓰이는지 예제를 통해 알아보기로 한다.

예제 9.4

[그림 9.11]과 같은 샘플 데이터 시스템에 대하여 감쇠비가 $\xi = 0.7$이 되는 게인 K의 값을 찾아라.

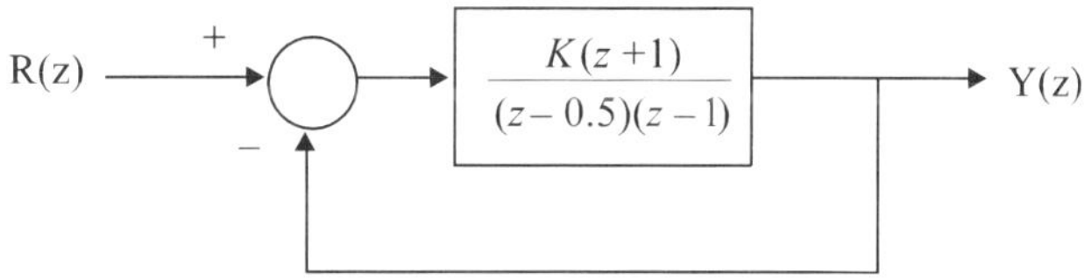

[그림 9.11] 예제 9.4의 샘플 데이터 시스템

풀이

이 문제를 풀려면 시스템의 근궤적을 감쇠비가 일정한 선의 그림과 함께 그려서 해당하는 감쇠비에 대한 K 값을 읽으면 된다. 즉, [그림 9.12]와 같이 근궤적을 그린 후에 [그림 9.13]과 같이 감쇠비가 일정한 선을 여기에 중첩시켜 $\xi = 0.7$과 근궤적이 만나는 점에서 수직과 수평선을 그어 극점의 실수부 및 허수부를 찾는다는 말이다. 실제 찾은 값은 $z_{1,2} = 0.7191 \pm j0.2114$이고, 이때 근궤적이 이 극점을 지나갈 때의 K 값은 0.0618이었다. 근궤적은 시스템 게인 K 값이 변할 때 시스템의 폐루프 극점을 그린 선도이다. 그래서 이 경우는 게인을 이용하여 시스템의 설계 사양을 만족시킨 셈이다.

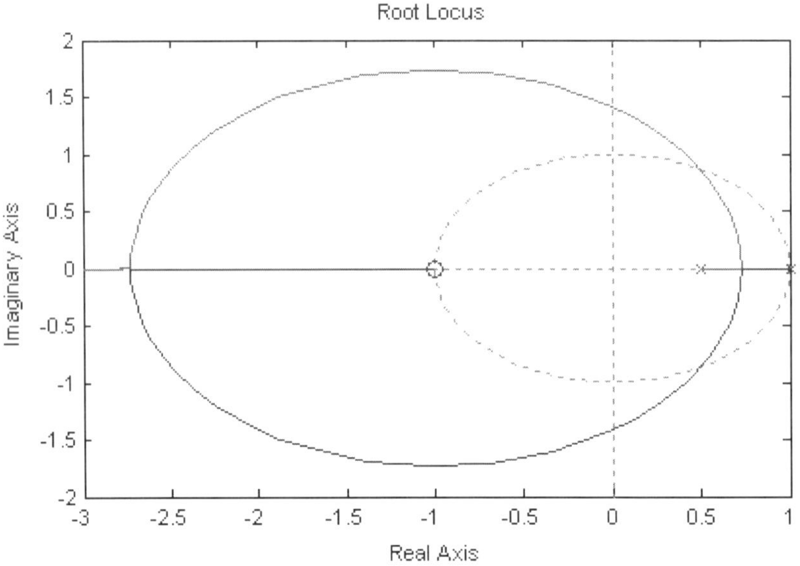

[그림 9.12] 예제 9.4의 근궤적 선도

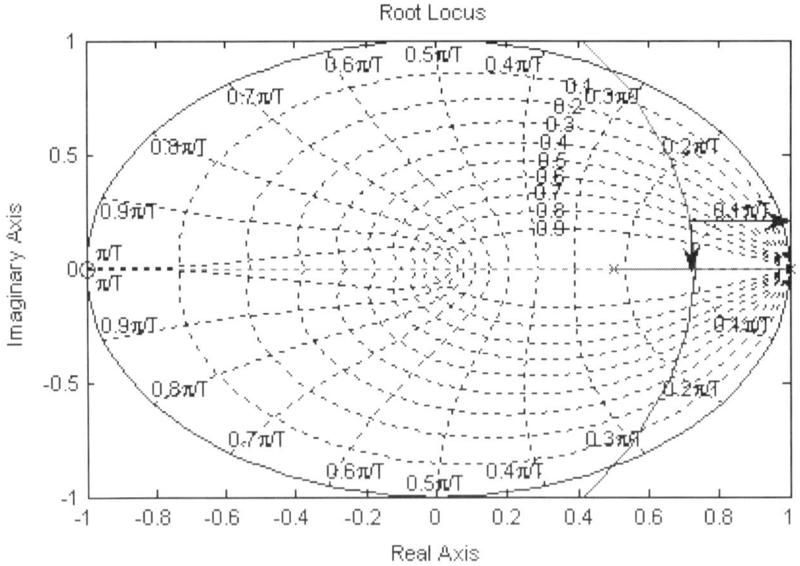

[그림 9.13] 일정한 감쇠비 선과 함께 그린 근궤적 선도

예제 9.5

[그림 9.14]와 같은 이산 시스템에 대해 폐루프 시스템의 극점을 $z_{1,2} = 0.3 \pm j0.3$로 해주는 제어기를 설계하라.

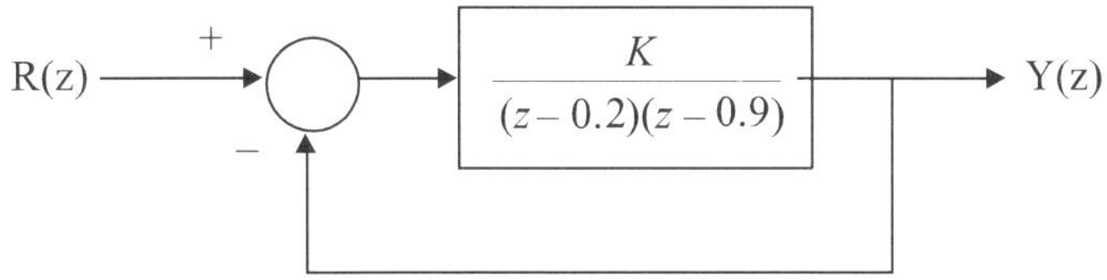

[그림 9.14] 예제 9.5의 이산 시스템

풀이

이 문제는 먼저 시스템의 근궤적을 그려서 대강 확인한 후에 적당한 보상기를 사용하여 근궤적이 z-평면의 지정한 극점을 지나갈 수 있도록 하여 푼다. [그림 9.15]는 보상기를 달지 않았을 때의 근궤적 선도이다. 그림에서 근궤적이 지나가야 할 점 즉, 설계 사양으로 요구하는 폐루프 시스템의 극점을 ■로 표시해 놓았는데 지금 상태로는 게인 K 값을 어떻게 바꾸더라도 이 점을 지날 수 없다는 것을 알 수 있다.

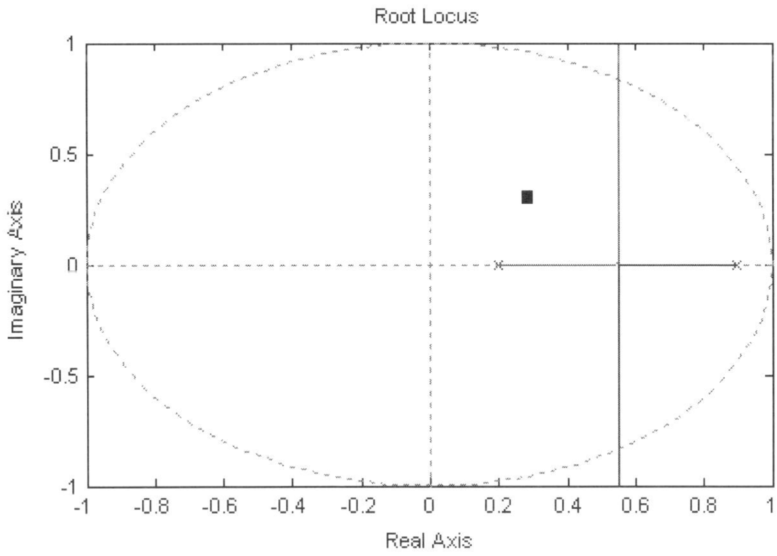

[그림 9.15] 보상기를 달지 않은 시스템의 근궤적 선도

이제 적절한 보상기를 설계해 보자. 우선, 점 ■$(0.3+j0.3)$에서 $G(z)$의 위상은

$$\begin{aligned}\angle G(z) &= -\angle(0.3+j0.3-0.2) - \angle(0.3+j0.3-0.9) \\ &= -\tan^{-1}\frac{0.3}{0.1} - \tan^{-1}\frac{0.3}{-0.6} = -45^\circ\end{aligned}$$

이다. 따라서 근궤적의 위상 조건식* 즉, $G(z)$의 위상은 항상 -180°의 홀수배가 되어야 한다는 조건을 이용하면 $G(z)$에 곱해질 보상기 $D(z)$는 $-180^\circ-(-45^\circ)=-135^\circ$만큼 위상을 보탤 수 있어야 한다.† 즉, $D(z)$의 기본 형식(영점과 극점을 하나씩 갖는 전달 함수)을

$$D(z) = \frac{z-n}{z-p}$$

로 두면

$$\angle D(z) = \angle(0.3+j0.3-n) - \angle(0.3+j0.3-p) = -135^\circ$$

또는

$$\tan^{-1}\frac{0.3}{0.3-n} - \tan^{-1}\frac{0.3}{0.3-p} = -135^\circ$$

와 같은 관계식을 얻을 수 있기 때문에 이를 풀어 보상기의 구조를 결정한다. 하지만 이 식은 미지수가 두 개여서 유일한 해를 찾을 수 없다. 그래서 둘 중에서 어느 하나에 임의의 값을 주고 풀어야 하는데 여기서는 $n=0.5$로 선택하여‡

---

* 개루프 전달 함수(플랜트)가 $G(z)$인 단위 피드백 제어 시스템에서 폐루프 전달 함수의 특성 방정식은 $1+G(z)=0$이므로 $G(z)$를 극좌표로 표시하면

$$G(z) = -1 = 1\angle(2k+1)180^\circ \quad k=0, \pm1, \pm2, \cdots$$

이다. 따라서 복소함수인 개루프 전달 함수 $G(z)$의 크기와 위상은 각각

$$|G(z)| = 1 \qquad \angle G(z) = (2k+1)180^\circ$$

와 같고, 이때 앞의 식을 크기 조건식, 그리고 뒤의 식을 위상 조건식이라 한다. 다시 말하면, 복소 평면의 어떤 점이 이와 같은 크기 조건식과 위상 조건식을 만족하면 그 점은 폐루프 특성 방정식의 근이 된다는 말이다.

† 위상을 음의 값으로 보태 주기 때문에 뒤짐 보상기(Lag compensator)라 한다.

‡ 8.4절에서 설명한 근궤적의 기본 특징(예를들면, 근궤적은 극점에서 시작해서 영점에서 끝난다거나 실수 축의 극점과 영점의 개수를 합하여 홀수이면 이의 왼쪽 편에 존재한다는 따위)을 잘 살펴서 대강 정할 수 있다. 영점은 근궤적을 당기는 효과가 있다는 사실이나 제어기의 간편하고 효과적인 실현의 문제도 함께 생각하면 더욱 도움이 될 것이다.

$$124^{\circ} - \tan^{-1}\frac{0.3}{0.3-p} = -135^{\circ}$$

에서 $p = 0.242$을 찾았고, 따라서 보상기의 전달 함수를

$$D(z) = \frac{z-0.5}{z-0.242}$$

로 구했다.

이 보상기는 $z = 0.5$에 영점을, 그리고 $p = 0.242$에 극점을 $G(z)$에 새로 첨가하는데 이렇게 설계된 시스템의 근궤적은 [그림 9.16]과 같다. 그림에서 확인할 수 있듯이 근궤적이 점 ■을 지나가고 있고, 이때 시스템 게인 K의 값을 살펴보니 0.185로 나왔다. [그림 9.17]은 보상기를 탑재한 시스템의 스텝 응답으로 정상상태 오차가 0인 것을 알 수 있다. 그리고 이와 같이 설계된 시스템의 블록 선도는 [그림 9.18]과 같다.

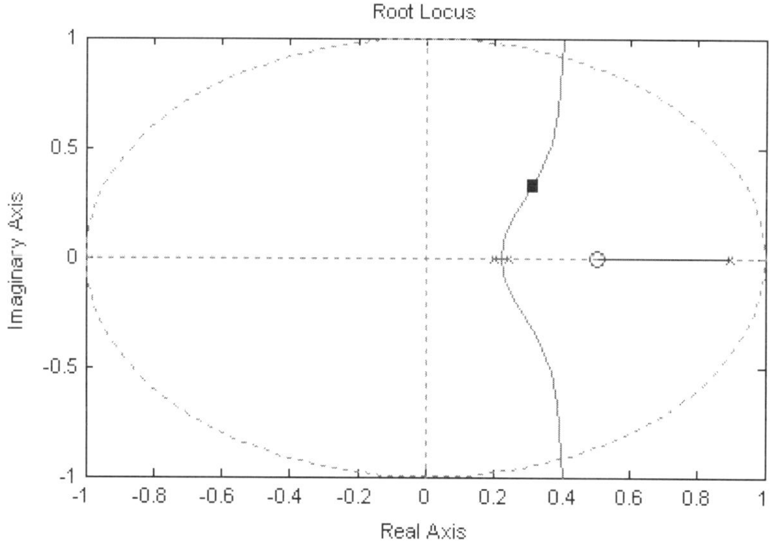

[그림 9.16] 보상기를 탑재한 시스템의 근궤적 선도

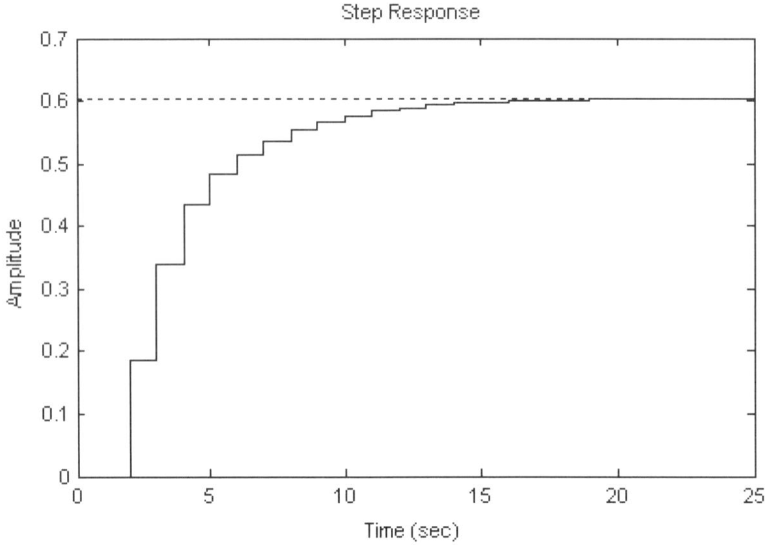

[그림 9.17] 폐루프 시스템의 스텝 응답

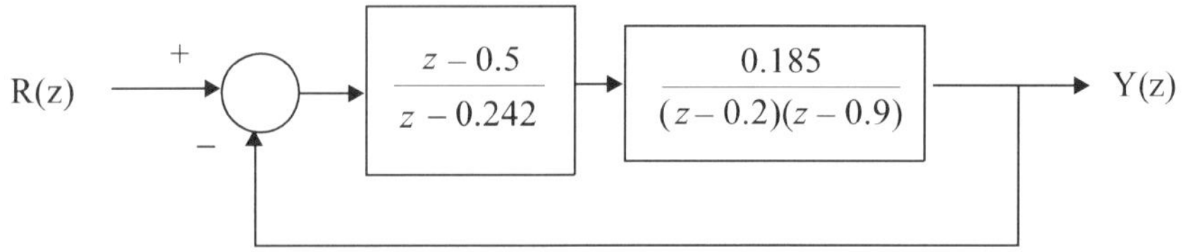

[그림 9.18] 설계된 시스템의 블록 선도

예제 9.6

[그림 9.19]의 샘플 데이터 시스템에 대해 % 오버슈트(PO)는 17%보다 작고 정착 시간은 $t_s \le 10(s)$이 되도록 하는 제어기를 설계하라. 단, $T = 0.1(s)$이다.

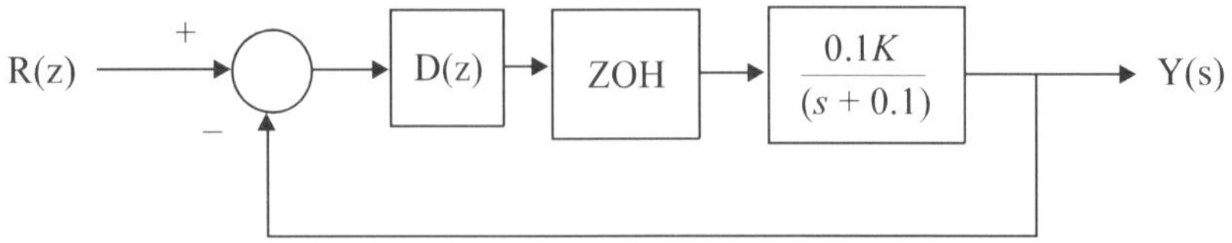

[그림 9.19] 예제 9.6의 샘플 데이터 시스템

풀이

설계 사양으로 제시된 조건을 만족하는 폐루프 시스템의 근을 먼저 구하고자 하는데 이의 과정은 이렇다. PO < 17%이므로 7.2절에서 설명한 공식을 써서 $\xi \geq 0.5$, 그리고 $t_s \leq 10$에서 $\xi\omega_n \geq 4.6/t_s$이므로* $\omega_n \geq 0.92(\text{rad/s})$와 같이 감쇠비와 고유 진동수에 대한 조건을 먼저 찾는다. 그러면 극점의 위치는

$$z_{1,2} = e^{-\xi\omega_n T}(\cos\omega_n T\sqrt{1-\xi^2} + j\sin\omega_n T\sqrt{1-\xi^2})$$

로부터

$$z_{1,2} = 0.441 \pm j0.451$$

와 같다.

근궤적을 그리기 위해 $G(z)$를 찾는데 이는 0차 홀딩 장치와 함께 묶어서

$$G(z) = \frac{z-1}{z} Z\left[\frac{0.1K}{s(s+0.1)}\right] = \frac{0.00484K(z+0.9672)}{(z-1)(z-0.9048)}$$

로 구할 수 있고, 이때 이의 근궤적 선도는 [그림 9.20]과 같다. 그림에서 ■표시는 폐루프 시스템의 바람직한 극점의 위치인데 그냥 게인만 바꾸어서는 근궤적이 이 점을 통과할 수 없다는 것을 알 수 있다.

이제 보상기를 설계하여 근궤적이 점 ■을 통과할 수 있도록 한다. 보상기의 기본 구조는 예제 9.5의 것과 같이

$$D(z) = \frac{z-n}{z-p}$$

로 둔다. 그러면 점 ■$(0.441 + j0.451)$에서 $G(z)$의 위상은

$$\angle G(z) - \angle(0.441 + j0.451 + 0.9672) - \angle(0.441 + j0.451 - 1) - (0.441 + j0.451 - 0.9048)$$

또는

$$\angle G(z) = \tan^{-1}\frac{0.451}{1.4082} - \tan^{-1}\frac{0.451}{-0.559} - \tan^{-1}\frac{0.451}{-0.4638} = -259^\circ$$

이므로 설계할 보상기는 $G(z)$에 $-180-(-259) = 79^\circ$ 만큼의 위상을 보태 주어야

---

* 정착 시간 t_s와 $\xi\omega_n$사이의 관계는 보통 2% 정착 시간인 경우는 $t_s = 4/\xi\omega_n$, 그리고 5% 정착 시간이면 $t_s = 3/\xi\omega_n$와 같은데 여기서 사용한 $4.6/\xi\omega_n$의 출처는 솔직히 알 수 없다. 아마 등식이 아닌 부등식의 관계로 문제를 풀어야 하고, 또 t_s와 $\xi\omega_n$사이의 관계도 시스템마다 어느 정도씩 달라 정확히 꼬집을 수 없기 때문에 저자의 계산 편의에 따라 4.6으로 하지 않았나 싶다.

한다.* 따라서

$$\angle D(z) = \angle(0.441 + j0.451 - n) - \angle(0.441 + j0.451 - p)$$
$$= \tan^{-1}\frac{0.451}{0.441 - n} - \tan^{-1}\frac{0.451}{0.441 - p} = 79^{\circ}$$

에서 $n = 0.6$을 선택하면

$$109^{\circ} - \tan^{-1}\frac{0.451}{0.451 - p} = 79^{\circ}$$

와 같아 $p = -0.340$이 되고 결국 보상기는

$$D(z) = \frac{z - 0.6}{z + 0.340}$$

로 구할 수 있다.

[그림 9.21]은 위와 같이 보상한 시스템의 근궤적 선도로 궤적이 점 ■을 정확히 지나가고 있고, 이때 시스템 게인 값은 $k = 123.9$이다. 그리고 [그림 9.22]는 보상기를 탑재한 시스템의 스텝 응답이다.

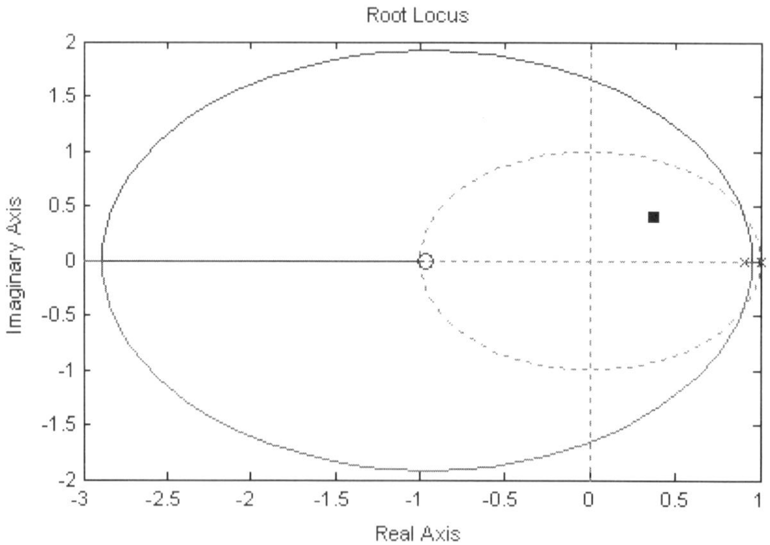

[그림 9.20] 보상기를 달지 않았을 때의 근궤적 선도

* 위상을 양의 값으로 보태 주기 때문에 앞섬 보상기(Lead compensator)라 한다.

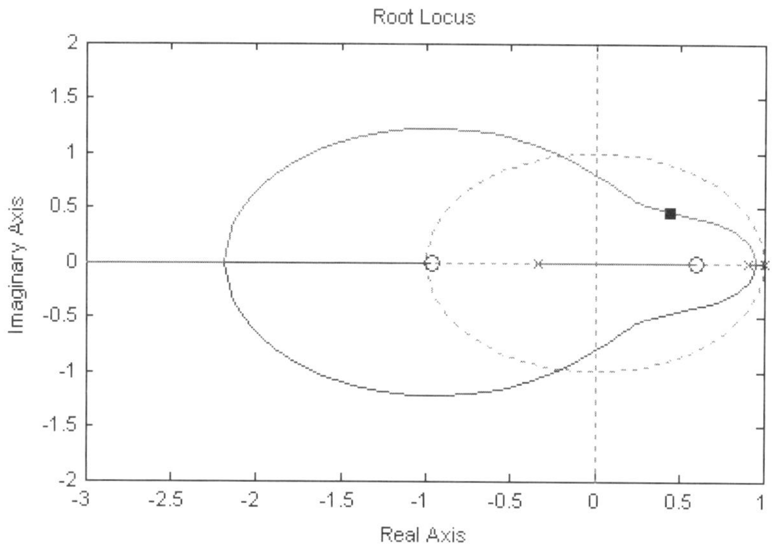

[그림 9.21] 보상기를 달았을 때의 근궤적 선도

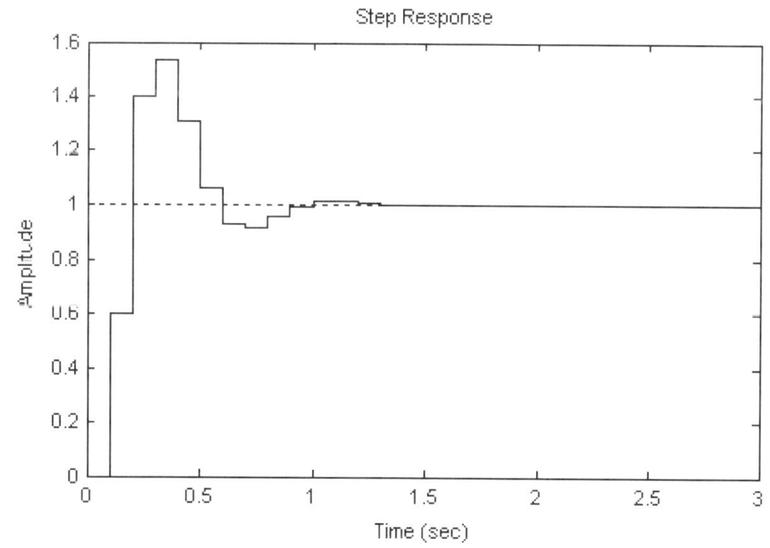

[그림 9.22] 폐루프 시스템의 스텝 응답

9.2 PID 제어기

비례-적분-미분 제어기(proportional-integral-derivative(PID) controller)는 이름에서 보듯이 3개의 항 즉, 오차에 비례하는 항, 오차를 적분하는 항, 그리고 오차를 미분하는 항으로 제어기를 구축하는데 오늘날 산업 현장에서 가장 많이 쓰는 제어기 중의 하나이다. 각 항의 특징을 간략히 요약하면 다음과 같다.

- *비례 항* : 오차에 게인 K_p를 곱한다. 게인이 너무 크면 시스템이 불안정할 수 있고, 또 너무 작으면 시스템 응답이 제 목표를 찾지 못한다. (정상상태 오차가 발생하는 따위)
- *적분 항* : 오차에 적분을 취하여 게인 K_i를 곱한다. 게인을 조정하여 오차를 어떤 시간 범위 안에서 0으로 만들 수 있다. 게인이 너무 크면 응답이 진동할 수 있고, 또 너무 작으면 시스템 응답이 느려진다.
- *미분 항* : 오차에 미분을 취하여 게인 K_d를 곱한다. 이 역시 게인이 너무 크면 응답이 진동할 수 있고 너무 작으면 만족할 만한 응답 속도를 얻지 못한다.*

[그림 9.23]는 연속 시스템에서 사용하는 전형적인 PID 제어기의 블록선도로 각 제어 파라미터를 조정하여 바람직한 응답을 얻도록 한다. PID 제어기의 특징은 너무 잘 알려져 있고, 또 잘 정리되어 있어서 새로운 제어기를 개발할 때 이의 형식을 빌려 쓰는 경우도 종종 있다. 여기서는 이산 시스템에 대한 제어 규칙을 간략히 찾아보기로 한다.

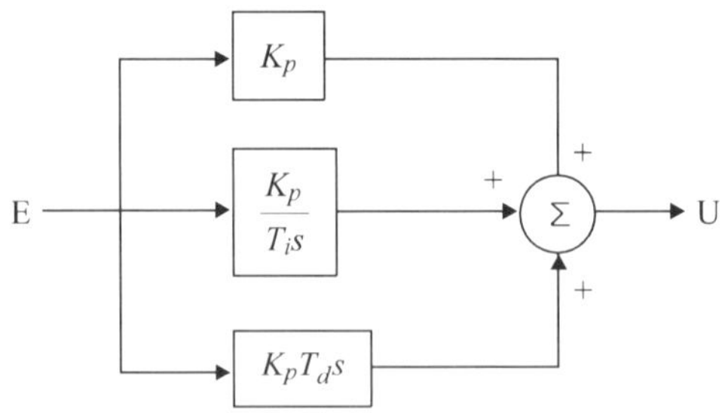

[그림 9.23] 연속 시스템의 PID 제어기 구조

* 미분 항은 오차가 아니라 오차의 변화율에 대해 동작하므로 오차가 커지기 전에 미리 응답을 제어할 수 있고, 또 시스템에 감쇠 효과를 제공하여 안정도를 증가시킬 수 있다는 측면에서 큰 장점을 갖지만 미분의 특성 때문에 비례 및 적분 항과는 달리 제 홀로 사용할 수 없다는 것이 흠이다.

PID 제어기의 입력-출력 관계식은 [그림 9.23]을 참조하면 다음과 같이 나타낼 수 있다.

$$u(t) = K_p\left[e(t) + \frac{1}{T_i}\int_0^t e(t)dt + T_d\frac{de(t)}{dt}\right] \tag{9.14}$$

여기서 $u(t)$는 제어기의 출력이고 오차 $e(t)$는 기준 입력인 $r(t)$와 플랜트의 출력인 $y(t)$의 차로 $r(t)-y(t)$이다. 그리고 T_i와 T_d는 각각 적분과 미분에 대한 동작 시간을 지정하는 파라미터이다. 식 (9.14)를 때때로 다음과 같이 표현하기도 한다.

$$u(t) = K_p e(t) + K_i\int_0^t e(t)dt + K_d\frac{de(t)}{dt} \tag{9.15}$$

여기서

$$K_i = \frac{K_p}{T_i} \qquad K_d = K_p T_d \tag{9.16}$$

이다. 그리고 연속 시스템의 PID 제어기에 대한 전달 함수는

$$\frac{U(s)}{E(s)} = K_p + \frac{K_p}{T_i s} + K_p T_d s \tag{9.17}$$

와 같이 식 (9.14)를 Laplace 변환하여 구할 수 있다.

PID 제어기를 디지털 컴퓨터로 이식(implementation)하기 위해서는 식 (9.14)의 직분과 미분을 이산 시간 표현으로 바꾸어야 한다. 여러 방법이 있지만 여기서는 가장 간단한 방법을 써서 적분은 사다리꼴 근사(trapezoidal approximation) 방법, 그리고 미분은 후방차분 근사(backward-difference approximation) 방법을 이용하기로 한다. 즉,

$$\int_0^t e(t)dt \approx \sum_{k=1}^{n} Te(kT) \qquad \frac{de(t)}{dt} \approx \frac{e(kT)-e(kT-T)}{T}$$

와 같이 근사한다. 그러면 식 (9.14)의 이산 시간 표현은

$$u(kT) = K_p\left[e(kT) + T_d\frac{e(kT)-e(kT-T)}{T} + \frac{T}{T_i}\sum_{k=1}^{n} e(kT)\right] \tag{9.18}$$

로 디지털 컴퓨터에 바로 이식할 수 있는 형태가 되며 이런 형태를 위치 PID 제어기

(positional PID controller)*라고 한다.

PID 제어기의 이산 시간 형태는 식 (9.17)을 z-변환하여 구할 수도 있는데

$$\frac{U(z)}{E(z)} = K_p\left[1 + \frac{T}{T_i(1-z^{-1})} + T_d\frac{(1-z^{-1})}{T}\right] \tag{9.19}$$

이고, 이때 이를 전개하면†

$$u(kT) = u(kT-T) + K_p[e(kT) - e(kT-T)] + \frac{K_pT}{T_i}e(kT) \tag{9.20}$$
$$+ \frac{K_pT_d}{T}[e(kT) - 2e(kT-T) + e(kT-2T)]$$

와 같은 속도 PID 제어기 즉, 현재의 제어 신호가 이전의 제어 신호에 대한 증감으로 표시되는 제어기를 얻을 수 있다. 이런 제어기는 오직 제어 신호의 변화량만을 사용하기 때문에 오차가 작은 경우에는 제어 신호가 아주 부드럽지만 오차가 큰 경우에는 시스템 응답을 느리게 하는 단점이 있다. 특히, 적분의 동작 시간을 지정하는 게인 T_i가 클 때는 더욱 그럴 수 있으므로 제어 시스템의 여건에 잘 맞추어 사용해야 한다.

지금까지 설명한 PID 제어기의 두 형태는 얼핏 보면 다른 것 같지만 사실은 거의 똑같다. 다시 말하면, 위치 PID 제어기인 식 (9.18)에서 샘플링 구간을 한번 뒤로 옮겨

$$u(kT-T) = K_p\left[e(kT-T) + T_d\frac{e(kT-T) - e(kT-2T)}{T} + \frac{T}{T_i}\sum_{k=1}^{n-1}e(kT)\right]$$

와 같이 표현한 후에 이를 식 (9.18)에서 빼면 식 (9.20)과 같은 속도 PID 제어기가 된다는 말이다.

9.2.1 포화와 적분 와인드업

제어기를 산업 현장에 실제로 적용할 때는 제어기의 출력에 여러 물리적인 제약 조건이 붙는다. 이를테면, 하드웨어 장치의 최대 출력 전압이 제약되어 있다든가 펌프가 공급할 수 있는 유량이 펌프의 물리적인 용량으로 제약된다든가 하는 따위가 되겠다. 그래서 오차 신호를 정확히 0으로 되돌릴 수 없고 적분 항은 이를 계속 더해 가기만

---

* 절대 PID 제어기(absolute PID controller)라는 말도 쓰는데 이는 제어기의 출력이 플랜트의 하드웨어(밸브의 위치 따위)에 대한 실제(절대) 값이기 때문이다. 한편, 제어기의 출력을 $\Delta u(kT)$와 같이 이전 샘플링 시간의 제어 신호에 대한 증분 값으로 계산할 수도 있는데 이런 경우는 속도 혹은 증분 PID 제어기(velocity or incremental PID controller)가 된다.

† 양 변에 $(1-z^{-1})$을 곱한 후에 z^{-1}이 단위 샘플링 시간에 대한 지연 신호를 만든다는 사실을 이용하면 쉽게 구할 수 있다.

하는데 이런 효과를 적분 와인드업(integral wind-up 혹은 적분의 포화(integral saturation))이라 한다.

적분 와인드업이 발생하면 시스템의 출력은 오랫동안 오버슈트를 보이는데 이의 진행 과정을 간략히 요약하면 이렇다. 모터의 위치 제어에서 기준 입력이 갑자기 크게 변하는 경우를 생각해 보자. 제어기는 기준 입력과 출력의 차인 오차 신호를 줄이려고 할 것인데 기준 입력이 변한 처음에는 오차도 아주 크게 나타난다. 따라서 제어기의 적분 항은 샘플링 시간마다 이 오차를 다 더해가므로 이 역시 크게 증가하게 되어 모터에 작용하는 제어 동작은 아주 클 수밖에 없다. 하지만 모터에 대한 물리적인 제약 때문에 이런 제어 동작에 모터가 제대로 반응하지 못한다. 기준 입력이 다시 반대 방향으로 변하는 경우라 하더라도 적분 항은 여전히 큰 상태이기 때문에 이번에는 제어 동작이 기준 입력의 변화에 즉각 반응하지 못한다. 결국 시스템의 응답은 이런 상황이 해소될 때까지 왜곡되어 나타날 수밖에 없는 것이다.

적분 와인드업 문제는 위치 PID 제어기에 영향을 준다. 속도 PID 제어기인 경우에는 오차 신호를 샘플링 시간마다 계속 더하는 알고리즘이 아니기 때문에 비록 제어 신호가 물리적인 제약은 받을지언정 적분 와인드업은 일어나지 않는다. PID 제어기의 적분 와인드업 문제를 해결하기 위해 여러 방법들을 개발해 왔는데 가장 흔히 쓰는 몇 가지를 요약하면 다음과 같다.

- 포화가 발생하면 적분을 통해 오차를 합하는 일을 중지한다. 즉, 제어기 출력이 포화된 상태에서 입력과 출력이 같은 부호이면 적분기의 입력을 0으로 놓는다.
- 적분의 범위를 이의 최대값과 최소값 사이에서 조정한다.
- 제어기 출력이 포화하면 적당한 상수를 써서 적분기 입력을 감소시킨다. 이때, 상수는 제어기의 출력(포화되지 않은 신호)과 이를 입력으로 받는 구동기의 출력(포화된 신호) 사이의 차에 작용하도록 한다.
- PID 제어기를 속도 형식으로 바꾸어 쓴다.

9.2.2 미분 반동

PID 제어기를 쓸 때 미분 동작 때문에도 문제가 발생할 수 있다. 이는 기준 입력이 급격히 변하면 오차 신호 역시 갑자기 변하여 일어나는데 이런 상황에서는 제어기의 미분 동작이 시스템의 응답을 순간적으로 요동치게 하고 이를 미분 반동(derivative kick)이라 한다. 미분 반동은 보통 제어기의 미분 항을 피드백 루프로 옮겨 이의 효과를 줄일 수 있고 비례 항도 이와 같은 갑작스러운 반동을 일으킬 수 있는데 이때도 이를 피드백 루프로 이동시켜 대처한다.

9.2.3 PID 게인 조정

PID 제어기를 사용할 때는 시스템의 바람직한 응답을 위해 제어기를 조정(tuning)하는 과정이 꼭 필요한데 파라미터인 K_p나 T_i, T_d의 값을 적절히 선택하는 작업이 되겠다. 여기에는 J. G. Ziegler와 N. B. Nichols가 처음 개발한 방법(보통 Ziegler-Nichols 방법이라 함)부터 최근의 자동 조정(auto-tuning) 방법까지 여럿 있는데 이 소절에서는 Ziegler-Nichols 조정 알고리즘에 대해 알아보기로 한다.

Ziegler와 Nichols는 PID 제어기를 조정할 때 파라미터의 값을 플랜트의 개루프나 폐루프 전달 함수에 대해 개별적으로 찾을 수 있다고 제안했다. 이 제안에 따라 PID 제어기를 조정하려면 우선 시스템의 개루프 전달 함수를 시간 지연이 포함된 1차 시스템으로

$$G(s) = \frac{Ke^{-sT_D}}{1+sT_1} \tag{9.21}$$

와 같이 둔다. 여기서 T_D는 시스템의 지연 시간이고 T_1은 시스템의 시상수이다.

9.2.3.1 개루프 전달 함수의 파라미터 조정

이 방법은 식 (9.21)과 같은 개루프 시스템에 스텝 입력을 작용시켜 바람직한 응답이 되는 플랜트 파라미터 즉, K와 T_D, T_1을 먼저 찾아야 하는데, 이때 각 파라미터의 구실은 [그림 9.24]와 같다. 다음, 이와 같은 플랜트 파라미터로 PID 제어기의 파라미터인 K_p와 T_i, T_d를 결정해야 한다. 이에 대해 Ziegler와 Nichols는 기준 입력이 스텝 변화를 일으킬 때 절대 오차의 적분 값을 작게 하면 성능은 나름대로 보장할 수 있다는 믿음을 갖고 [표 9.1]과 같이 제안했다. 이제 문제를 통해 이 표의 적용 사례를 살펴보기로 하자.

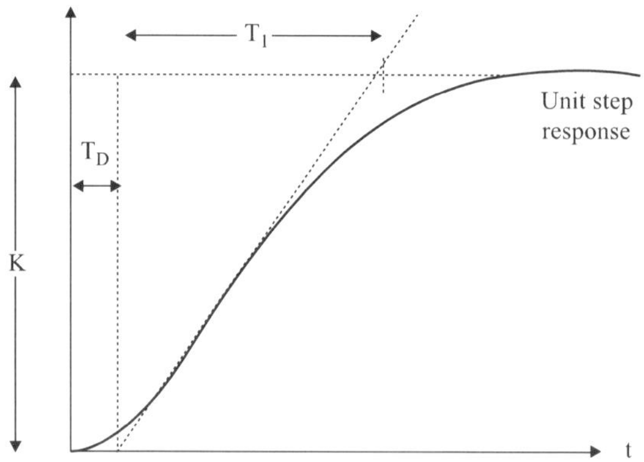

[그림 9.24] 플랜트 파라미터 K, T_D 및 T_1의 구실

[표 9.1] Ziegler−Nichols의 개루프 방법으로 찾은 PID 파라미터

Controller	K_p	T	T_d
Proportional	$\frac{T_1}{KT_D}$		
PI	$\frac{0.9T_1}{KT_D}$	$3.3T_D$	
PID	$\frac{1.2T_1}{KT_D}$	$2T_D$	$0.5T_D$

예제 9.7

[그림 9.25]는 임의의 열 시스템이 단위 스텝 입력에 대해 보인 개루프 응답이다. 이 응답에 대한 전달 함수를 찾고, 또 Ziegler−Nichols 방법을 사용하여 (a) 비례 제어기, (b) 비례−적분 제어기, 그리고 (c) 비례−적분−미분 제어기를 각각 설계하고 각 경우의 블록 선도도 함께 그려라.

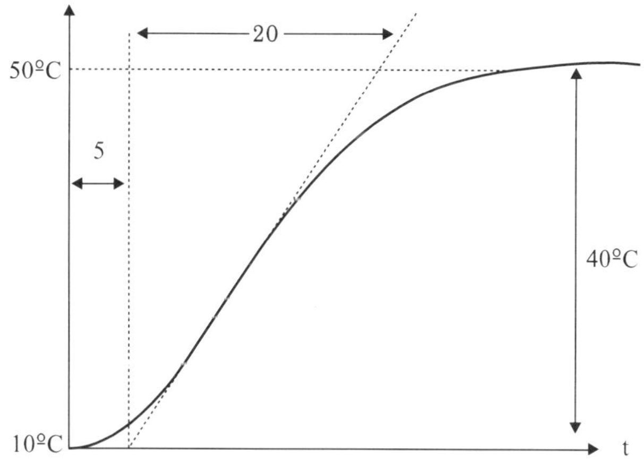

[그림 9.25] 예제 9.7의 시스템에 대한 개루프 스텝 응답

풀이

[그림 9.25]를 보고 플랜트 파라미터를 $K=40$℃, $T_D=5s$, 그리고 $T_1=20s$로 확인할 수 있으므로 플랜트 전달 함수는 다음과 같다.

$$G(s) = \frac{40e^{-5s}}{1+20s}$$

비례 제어기 : [표 9.1]을 참고하면 비례 게인은

$$K_p = \frac{T_1}{KT_D}$$

로 결정할 수 있으므로 $K_p = 20/(40\times 5) = 0.1$ 즉, 제어기의 전달 함수는

$$H(s) = \frac{U(s)}{E(s)} = 0.1$$

이고, 이때 제어기가 탑재된 폐루프 시스템의 블록 선도는 [그림 9.26]과 같다.

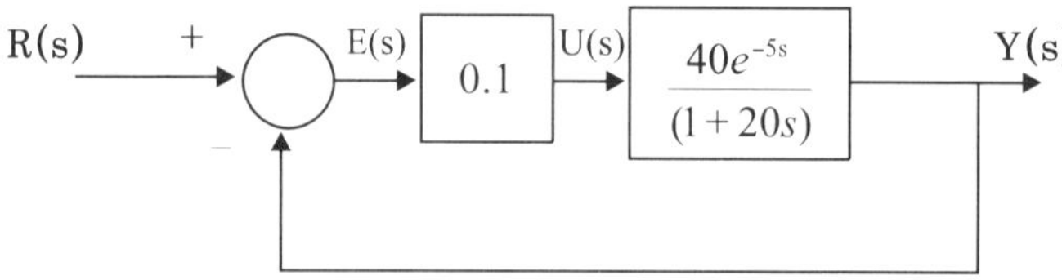

[그림 9.26] P 제어기가 탑재된 폐루프 시스템의 블록 선도

비례-적분 제어기 : [표 9.1]을 참고하면

$$K_p = \frac{0.9T_1}{KT_D} \qquad T_i = 3.3T_D$$

이므로 $K_p = (0.9\times 20)/(40\times 5) = 0.09$와 $T_i = 3.3\times 5 = 16.5$ 즉, 제어기의 전달 함수는

$$H(s) = 0.09\left[1+\frac{1}{16.5s}\right] = \frac{0.09(16.5s+1)}{16.5s}$$

이고, 이때 제어기가 탑재된 폐루프 시스템의 블록 선도는 [그림 9.27]과 같다.

비례-적분-미분 제어기 : 역시 [표 9.1]을 참고하면

$$K_p = \frac{1.2T_1}{KT_D} \qquad T_i = 2T_D \qquad T_d = 0.5T_D$$

이므로 $K_p = (1.2\times 20)/(40\times 5) = 0.12$, $T_i = 2\times 5 = 10$, 그리고 $T_d = 0.5\times 5 = 2.5$

즉, 제어기의 전달 함수는

$$H(s) = K_p\left[1 + \frac{1}{T_i s} + T_d s\right] = \frac{3s^2 + 1.2s + 0.12}{10s}$$

이고, 이때 제어기가 탑재된 폐루프 시스템의 블록 선도는 [그림 9.28]과 같다.

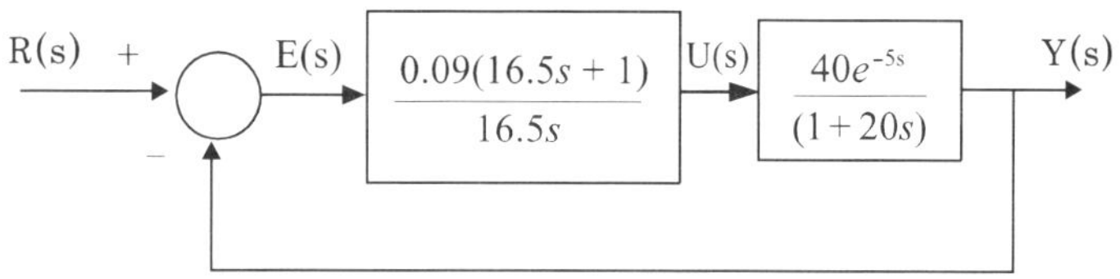

[그림 9.27] PI 제어기가 탑재된 폐루프 시스템의 블록 선도

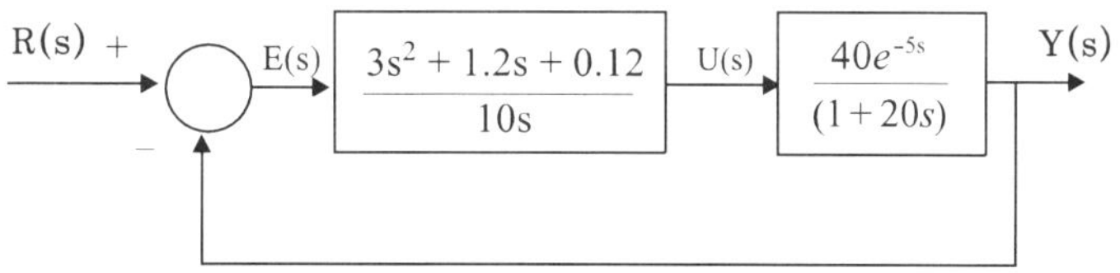

[그림 9.28] PID 제어기가 탑재된 폐루프 시스템의 블록 선도

9.2.3.2 폐루프 전달 함수의 파라미터 조정

Ziegler–Nichols 방법은 플랜트의 폐루프 전달 함수를 검사하여 제어기의 파라미터를 결정할 수도 있는데 이 방법의 절차를 간략히 요약하면 다음과 같다.

- 적분 및 미분 동작을 빼고 제어기에 비례 동작만 포함되도록 한다.
- 기준 입력으로 스텝을 작용시켜 시스템의 응답을 관찰한다.
- 시스템의 응답이 [그림 9.29]와 같이 계속 진동하는 형상이 될 때까지 비례 게인을 증가 혹은 감소시킨다. 즉, 한계 게인(ultimate gain) K_u를 찾는다.
- 시스템의 응답에 대한 진동 주기를 읽어 P_u로 둔다.
- 제어기의 파라미터를 계산한다. 즉, PI 제어기인 경우는 $K_p = 0.45K_u$와 $T_i = P_u/1.2$이고, 그리고 PID 제어기인 경우는 $K_p = 0.6K_u$와 $T_i = P_u/2$, $T_d = P_u/8$이다.*

---

* 이 경우에 P 제어기를 설계한다면 $K_p = 0.5K_u$이다. 따라서 Ziegler –Nichols의 폐루프 전달 함수로 파라미터를 조정하는 방법에 대해서도 [표 9.1]처럼 표로 만들어 두면 개루프

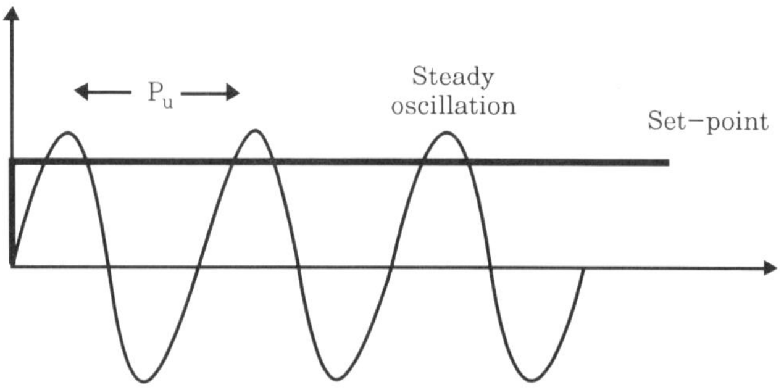

[그림 9.29] Ziegler-Nichols의 폐루프 검사 방법

9.3 연습문제

1. 플랜트의 개루프 전달 함수가 다음과 같을 때 각 질문에 답하라.

$$G(s) = \frac{e^{-4s}}{1+2s}$$

(1) $T=1$로 두어 dead-beat 제어기를 설계하라.
(2) 제어기가 탑재된 시스템의 블록 선도를 그려라.
(3) 이 시스템의 시간 응답을 조사하라.

2. 문제 1을 Dahlin 제어기로 대체하여 반복하고 이의 시간 응답을 dead-beat의 경우와 비교해 보라.
3. ZOH가 부착된 개루프 전달 함수가 다음과 같을 때 폐루프 시스템이 $\xi = 0.6$와 $\omega_d = 3(\text{rad/s})$을 가지고, 또 스텝 입력에 대한 정상상태 오차는 0이고 램프 입력에 대한 정상상태 오차는 0.5가 되도록 하는 디지털 제어기를 설계하라. 단, $T=0.2(\text{s})$이다.

$$HG(s) = \frac{0.2(z+0.8)}{z^2 - 1.5z + 0.5}$$

4. [그림 9.30]과 같은 샘플 데이터 시스템에 대해 감쇠비가 0.6이 되는 시스템 게인 K의 값을 찾아라.
5. 문제 4의 시스템에 대한 시간 응답을 그려라.
6. 개루프 전달 함수

전달 함수로 파라미터를 조정하는 방법과 서로 짝으로 기억할 수 있어 유용할 것이다.

$$G(s) = \frac{K}{0.2s+1}$$

의 앞에는 샘플링 및 0차 홀딩 장치가 달려 있다. 이의 폐루프 시스템이 0.4의 시상수를 가져야 할 때 (1) 시스템 게인 K의 값을 결정하고, 또 (2) 시스템의 단위 스텝 응답을 그려라.

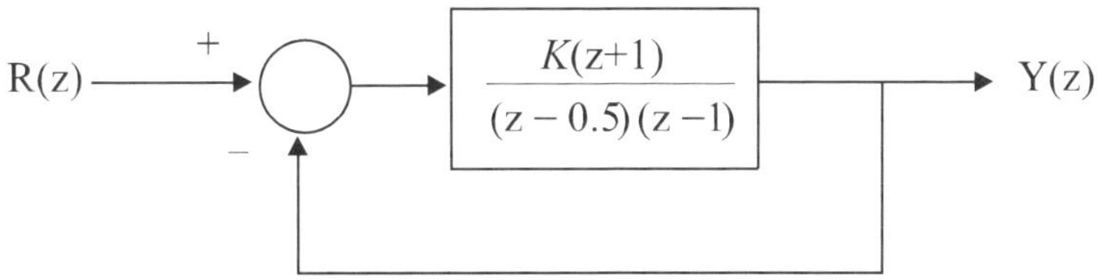

[그림 9.30] 문제 4의 블록 선도

7. [그림 9.31]의 시스템에 대해 이의 폐루프 극점을 $z_{1,2} = 0.4 \pm j0.4$로 하고자 한다. 디지털 제어기를 설계하여 이의 전달 함수를 표시하라. 또 제어기를 달지 않았을 때와 제어기를 달았을 때의 단위 스텝 응답을 각각 그려라.
8. [그림 9.32]의 시스템에 대해 이의 폐루프 시스템이 퍼센트 오버슈트(PO)는 20%보다 작고 정착 시간은 $t_s \leq 10s$이 되도록 하고자 한다. $T = 0.1(s)$로 둘 때 다음 질문에 답하라.

(1) 디지털 제어기를 설계하여 이의 전달 함수를 표시하라.

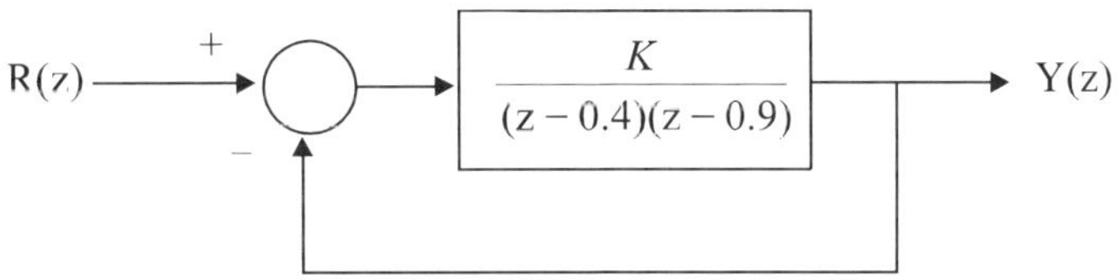

[그림 9.31] 문제 7의 블록 선도

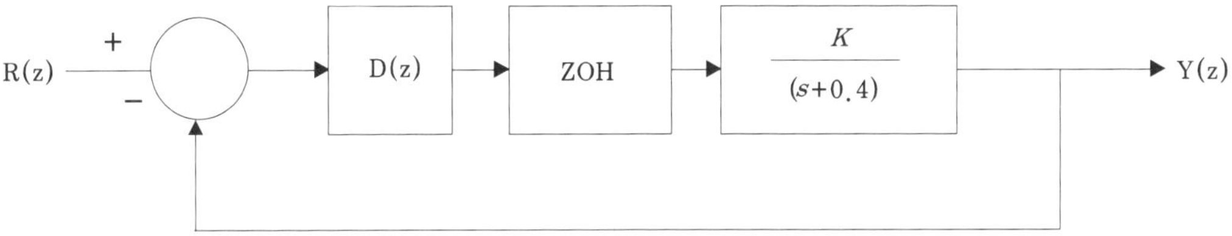

[그림 9.32] 문제 8의 블록 선도

(2) 제어기가 탑재된 시스템의 블록 선도를 그려라.

(3) 제어기를 달지 않았을 때의 단위 스텝 응답을 그려라.

(4) 제어기를 달았을 때의 단위 스텝 응답을 그려라.

9. PID 제어기에서 위치와 속도 형태의 차를 설명하라.

10. 시스템의 개루프 단위 스텝 응답이 [그림 9.33]과 같다. 이 시스템의 전달 함수를 구하고 Ziegler-Nichols 방법을 써서 (1) 비례 제어기, (2) 비례-적분 제어기, 그리고 (3) 비례-적분-미분 제어기를 설계하라. 또 각 경우의 블록 선도도 함께 그려라.

11. 플랜트의 개루프 전달 함수가 주어졌을 때 Ziegler-Nichols 방법을 써서 PID 제어기를 설계하는 절차를 밝혀라.

12. 플랜트가 폐루프 전달 함수일 때 문제 11을 반복하라. 이 경우에 미리 가정하거나 조심해야 할 것은 무엇인지도 살펴 보라.

13. PID 제어기에서 적분 와인드업(integral wind-up)을 설명하고 이를 해결할 수 있는 방법에 대해 알아 보라.

14. PID 제어기에서 미분 반동(derivative kick)을 설명하고 이를 해결할 수 있는 방법에 대해 알아 보라.

15. 단위 피드백 시스템의 개루프 전달 함수는

$$G(s) = \frac{10}{s(s+10)}$$

와 같다. $T=1(s)$로 둘 때 단위 스텝 입력에 대한 폐루프 시스템의 응답이 다음과 같도록 제어기를 설계하라.

$$y(kT) = 0, 0.4, 1, 1, 1, \cdots$$

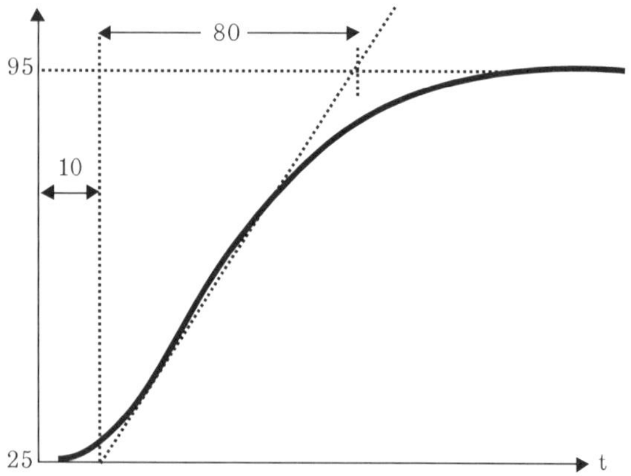

[그림 9.33] 문제 10의 개루프 단위 스텝 응답

16. 어떤 기계적 장치의 전달 함수는 다음과 같고, 이때 이 시스템을 단위 피드백 시스템으로 구축하였더니 응답이 0.05Hz의 주파수로 진동하였다. T_D의 값을 결정하라.

$$G(s) = \frac{Ke^{-sT_D}}{s}$$

17. [그림 9.34]와 같은 시스템에 대해 이의 폐루프 시스템이 퍼센트 오버슈트(PO)는 15%보다 작고 정착 시간은 $t_s \le 10s$이 되도록 제어기를 설계하고자 한다. $T = 0.2s$로 둘 때 다음 질문에 답하라.
   (1) 디지털 제어기의 전달 함수를 찾아라.
   (2) 제어기가 장착된 시스템의 블록 선도를 그려라.
   (3) 제어기를 달지 않았을 때의 단위 스텝 응답을 그려라
   (4) 제어기를 달았을 때의 단위 스텝 응답을 그려라.
18. 연속 시간 PID 제어기의 z-변환 모델을 유도하고 이의 블록 선도를 그려라. 또, 미분 반동을 피하기 위해 모델에 어떤 수정을 해야 하는지 설명해 보라.
19. 연속 시간 PI 제어기의 전달 함수가 다음과 같을 때 쌍일차 변환(bilinear transformation)을 써서 이와 등가인 이산 시간 PI 제어기를 유도하라.

$$\frac{U(s)}{E(s)} = \frac{K_p s + K_i}{s}$$

20. s-평면에서 가장 흔히 쓰는 앞섬 혹은 뒤짐 보상기(lead or lag compensator)의 형태는

$$\frac{U(s)}{E(s)} = \frac{s+a}{s+b}$$

와 같다. 쌍일차 변환을 써서 이와 등가인 이산 시간 제어기를 찾아라.

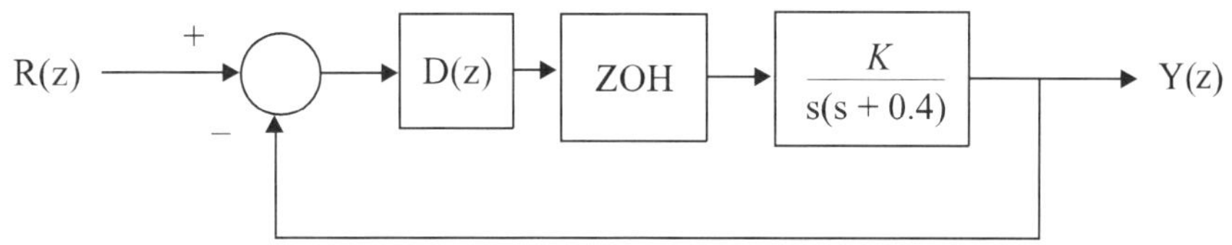

[그림 9.34] 문제 17의 블록 선도

더 읽어 볼 책

Dorf, R. C., *Modern Control Systems,* Addison-Wesley, Reading, MA, 1974.

Franklin, G. F., Powell, J. D., and Workman, M. L., *Digital Control of Dynamic Systems,* 2nd ed., Addison-Wesley, Reading, MA, 1990.

Katz, P., *Digital Control Using Microprocessors,* Prentice-Hall International, Englewood Cliffs, NJ, 1981.

Kuo, B. C., *Analysis and Synthesis of Sampled-Data Control Systems,* Prentice-Hall International, Englewood Cliffs, NJ, 1963.

Ogata, K. *Modern Control Engineering,* McGraw-Hill, New York, 1970.

Phillips, C. L. and Harbor, R. D., *Feedback Control Systems*, Prentice-Hall, Englewood Cliffs, NJ, 1988.

Strum, R. D. and Kirk, D. E., *Discrete Systems and Digital Signal Processing*, Addison-Wesley, Reading, MA, 1988.

Tustin, A., *A method of analyzing the behaviour of linear systems in terms of time series,* J. Inst. Elect. Engineers, 94, Pt. IIA, 1947, pp. 130-142.

제어기 실현

제10장

z −변환 형태의 다항식으로 이루어진 제어 알고리즘은 단위 지연(unit delay)이나 상수 곱셈(constant multiplier), 그리고 덧셈기(adder)를 이용하여 짠 프로그램의 형태로 컴퓨터에 들어가야 하는데 이를 제어기 실현(controller realization)이라 한다.

제어기의 전달 함수가 있을 때 이의 실현 방법은 아주 많다. 이런 방법들은 수학적으로는 모두 같지만 이를 이식(implementation)하는 측면에서만 다를 뿐이다. 즉, 계산의 효율성이나 파라미터에 대한 감도(sensitivity), 프로그래밍의 용이성 따위에 차이가 있다. 여기서는 중요한 실현 구조 몇 가지를 살펴보는데 직접 구조, 직렬 및 병렬 구조, 그리고 2차 구조 등이 되겠다.

10.1 직접 구조 실현

디지털 제어기 $D(z)$ 의 전달 함수는 일반적으로 두 다항식의 비인

$$D(z)=\frac{U(z)}{E(z)}=\frac{\sum_{j=0}^{n}a_j z^{-j}}{1+\sum_{j=1}^{n}b_j z^{-j}} \tag{10.1}$$

로 나타낼 수 있고, 이때 이와 같은 직접 구조(direct structure)를 쓸 때는 계수 a_j와 b_j가 곱수가 된다. 직접 구조를 이용하는 방법에도 여러 가지가 있는데 여기서는 가장 많이 사용하는 방법인 표준형 직접 구조와 비표준형 직접 구조를 살펴보기로 한다.

10.1.1 표준형 직접 구조

b_0가 1인 것을 기억하면 식 (10.1)을 다음과 같이 다시 쓸 수 있다.

$$D(z) = \frac{U(z)}{E(z)} = \frac{\sum_{j=0}^{n} a_j z^{-j}}{\sum_{j=0}^{n} b_j z^{-j}} \tag{10.2}$$

그러면 식 (10.2)에 새로운 변수 $R(z)$를 도입하여

$$\frac{U(z)}{R(z)} \frac{R(z)}{E(z)} = \frac{\sum_{j=0}^{n} a_j z^{-j}}{\sum_{j=0}^{n} b_j z^{-j}} \tag{10.3}$$

와 같이 나타내어

$$\frac{U(z)}{R(z)} = \sum_{j=0}^{n} a_j z^{-j} \tag{10.4}$$

와

$$\frac{E(z)}{R(z)} = \sum_{j=0}^{n} b_j z^{-j} \tag{10.5}$$

로 둘 수 있고, 이때 식 (10.5)에서 첨자 j를 1부터 하여 다시 쓴 후에 정리하면

$$R(z) = E(z) - \sum_{j=1}^{n} b_j z^{-j} R(z) \tag{10.6}$$

이고, 또 식 (10.4)는

$$U(z) = \sum_{j=0}^{n} a_j z^{-j} R(z) \tag{10.7}$$

와 같다. 따라서 식 (10.6)과 (10.7)을 다음과 같이 시간역 표현으로 각각 나타내어 직접 구조에 대한 표준형(canonical form)의 기본 식을 얻는다.

$$r_k = e_k - \sum_{j=1}^{n} b_j r_{k-j} \tag{10.8}$$

$$u_k = \sum_{j=0}^{n} a_j r_{k-j} \tag{10.9}$$

여기서 식 (10.8)과 (10.9)를 블록 선도로 구현하면 [그림 10.1]과 같은데 지연 요

소와 덧셈기, 그리고 곱수로 구성되어 있는 것을 확인할 수 있다.

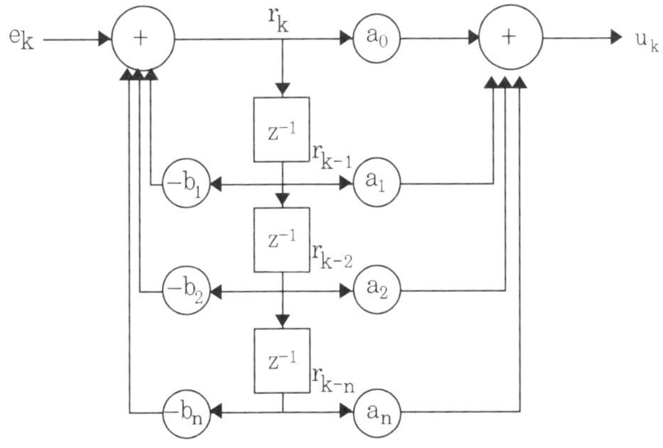

[그림 10.1] 직접 구조를 이용한 표준형의 블록 선도

예제 10.1

디지털 제어기의 전달 함수를 다음과 같이 찾았을 때 이를 직접 구조를 이용한 표준형의 블록 선도로 나타내어라.

$$D(z) = \frac{1 + 2z^{-1} + 4z^{-2}}{1 + 2z^{-1} + 5z^{-2}}$$

풀이

식 (10.8)과 (10.9), 그리고 [그림 10.1]을 참조하면 이의 블록 선도를 [그림 10.2]와 같이 나타낼 수 있다.

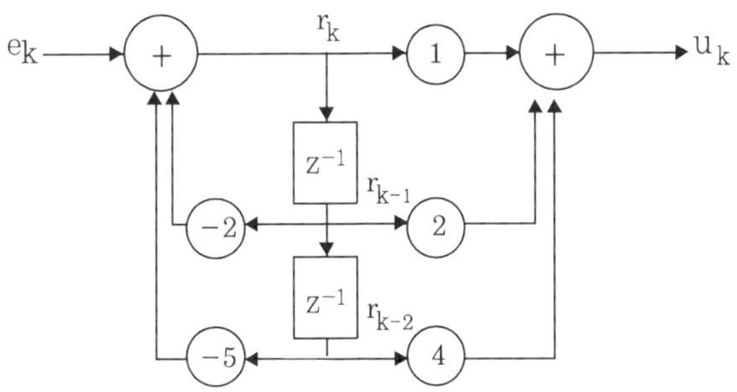

[그림 10.2] 예제 10.1을 실현하는 블록 선도

10.1.2 비표준형 직접 구조

식 (10.2)에서 등식의 양쪽에 있는 분모와 분자를 서로 곱하면

$$U(z)\sum_{j=0}^{n} b_j z^{-j} = E(z)\sum_{j=0}^{n} a_j z^{-j} \tag{10.10}$$

을 얻을 수 있고, 이때 $b_0 = 1$을 고려하여 이를 다시 쓰면

$$U(z) = \sum_{j=0}^{n} a_j z^{-j} E(z) - \sum_{j=1}^{n} b_j z^{-j} U(z) \tag{10.11}$$

와 같다. 따라서 식 (10.11)을 다음과 같이 시간역 표현으로 나타내어 직접 구조에 대한 비표준형(noncanonical form)의 기본 식으로 사용한다.

$$u_k = \sum_{j=0}^{n} a_j e_{k-j} - \sum_{j=1}^{n} b_j u_{k-j} \tag{10.12}$$

여기서 식 (10.12)를 블록 선도로 실현하면 [그림 10.3]과 같은데 덧셈기는 1개이지만 지연 요소(곱수도 역시)가 $2n$개나 필요한 것을 확인할 수 있다.

예제 10.2

디지털 제어기의 전달 함수를 다음과 같이 찾았을 때 이를 직접 구조를 이용한 비표준형의 블록 선도로 나타내어라.

$$D(z) = \frac{1 + 2z^{-1} + 4^{-2}}{1 + 2z^{-1} + 5z^{-2}}$$

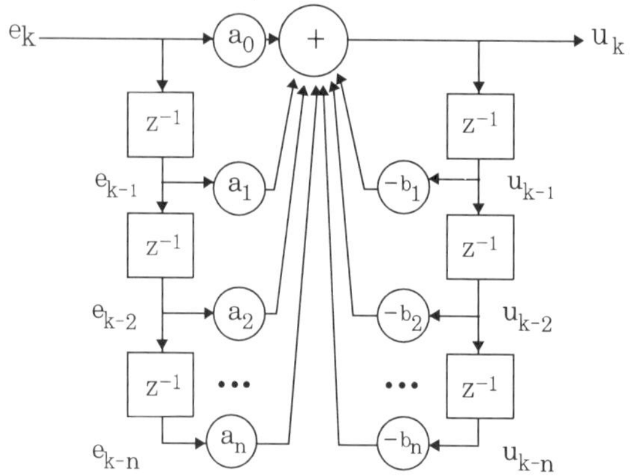

[그림 10.3] 직접 구조를 이용한 비표준형의 블록 선도

풀이

식 (10.12)와 [그림 10.3]을 참조하면 이의 블록 선도를 [그림 10.4]와 같이 나타낼 수있다.

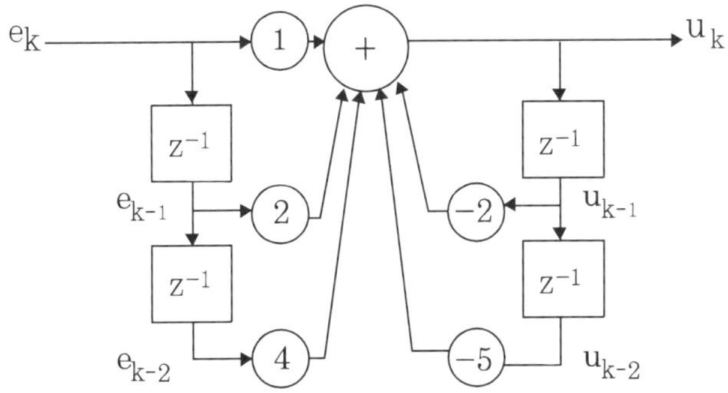

[그림 10.4] 예제 10.2을 실현하는 블록 선도

10.2 직렬 구조 실현

직렬 구조(cascade structure)의 실현은 제어기의 전달 함수를 1차나 2차 전달 함수 형태로 나누어 이를 서로 곱한 형식으로 구현한다. 따라서 제어기의 전달 함수 형태를

$$D(z) = P(z)\prod_{i=1}^{m} Q_i(z) \qquad (n\text{이 홀수}) \tag{10.13}$$

또는

$$D(z) = \prod_{i=1}^{m} Q_i(z) \qquad (n\text{이 짝수}) \tag{10.14}$$

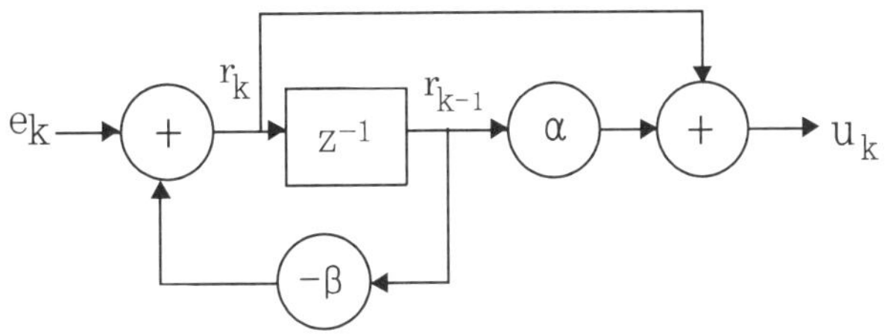

[그림 10.5] P(z)의 실현 구조

로 나타낸다. 여기서 m은 $n/2$보다 같거나 큰 수 중에서 가장 작은 정수이고 $P(z)$는 [그림 10.5]와 같이 실현되는 1차 전달 함수로

$$P(z) = \frac{1+\alpha z^{-1}}{1+\beta z^{-1}} \tag{10.15}$$

이며 이를 시간역 표현으로 나타내면

$$r_k = e_k - \beta r_{k-1} \tag{10.16}$$

$$u_k = r_k - \alpha r_{k-1} \tag{10.17}$$

와 같다. 그리고 식 (10.13)와 (10.14)에 있는 $Q(z)$는 [그림 10.6]과 같이 실현되는 2차 전달 함수로

$$Q(z) = \frac{a_0 + a_1 z^{-1} + a_2 z^{-2}}{1 + b_1 z^{-1} + b_2 z^{-2}} \tag{10.18}$$

이며 이를 역시 시간역 표현으로 나타내면

$$r_k = e_k - b_1 r_{k-1} - b_2 r_{k-2} \tag{10.19}$$

$$u_k = a_0 r_k + a_1 r_{k-1} + a_2 r_{k-2} \tag{10.20}$$

와 같다.

제어기를 직렬 구조로 실현하면 보통 파라미터에 대한 감도를 덜 받게 할 수 있다고 알려져 있는데 이는 제어기의 차수에 맞추어 식 (10.18)과 같은 2차 시스템을 직렬로 연결하여 사용하기 때문이다. 여러 개가 직렬로 연결되었다는 분명한 표시를 위해 [그림 10.6]을 [그림 10.7]처럼 흔히 수직 방향으로 그리기도 한다

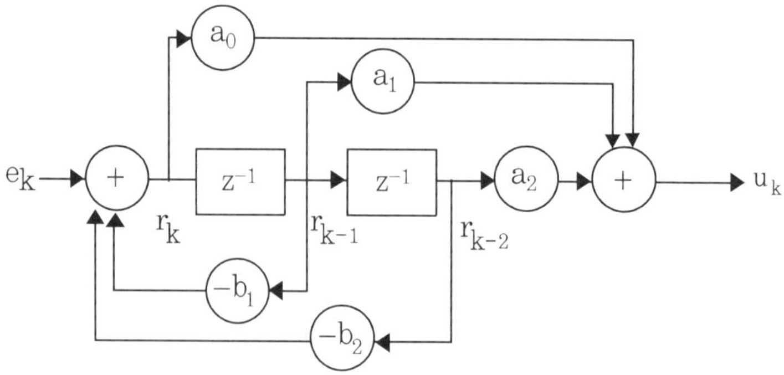

[그림 10.6] Q(z)의 실현 구조

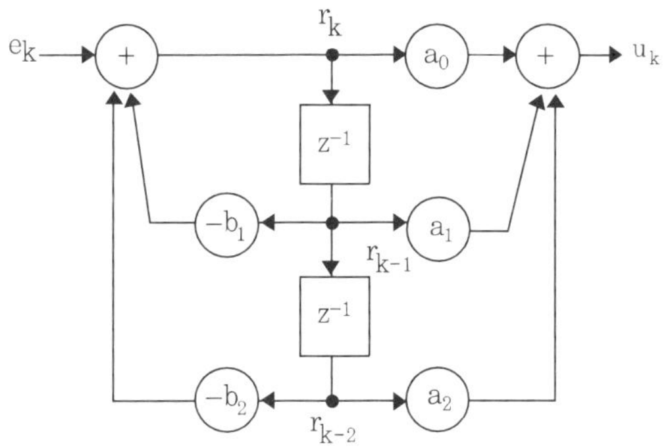

[그림 10.7] Q(z)의 또다른 표현

예제 10.3

디지털 제어기의 전달 함수가 다음과 같을 때 이를 두 개의 1차 시스템을 사용하여 직렬 구조로 실현하라.

$$D(z) = \frac{3(z+1)(z+2)}{z^2+0.4z+0.03}$$

풀이

전달 함수를 인수로 나누면

$$D(z) = \frac{3(z+1)(z+2)}{(z+0.1)(z+0.3)} = \frac{3(1+z^{-1})(1+2z^{-1})}{(1+0.1z^{-1})(1+0.3z^{-1})}$$

이므로 [그림 10.8]과 같은 직렬 구조로 실현할 수 있다.

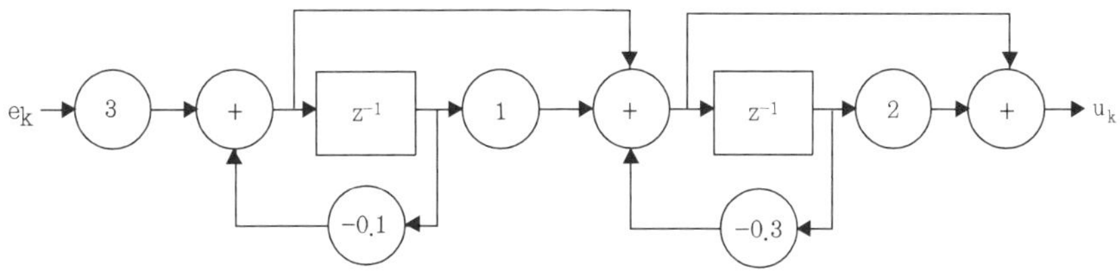

[그림 10.8] 예제 10.3의 직렬 구조 실현

예제 10.4

디지털 제어기의 전달 함수가 다음과 같을 때 이를 1차 및 2차 시스템을 각각 1개씩 사용하여 직렬 구조로 실현하라.

$$D(z)=\frac{(1+0.6z^{-1})(1+2z^{-1}+4z^{-2})}{(1+0.4z^{-1})(1+0.1z^{-1}+0.3z^{-2})}$$

풀이

전달 함수가 이미 인수로 나누어져 있기 때문에 이를 바로 이용하면 [그림 10.9]와 같은 직렬 구조로 실현할 수 있다.

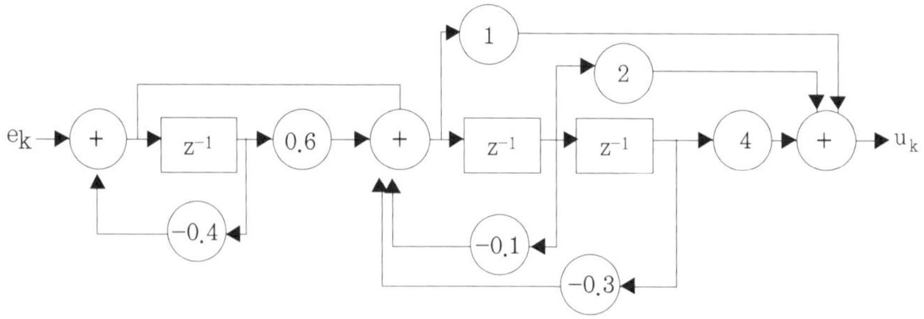

[그림 10.9] 예제 10.4의 직렬 구조 실현

10.3 병렬 구조 실현

병렬 구조(parallel structure)의 실현 역시 파라미터에 대한 감도를 줄일 수 있는데 이 방법은 제어기의 전달 함수를 1차나 2차 시스템인 여러 항으로 나누어 이를 서로 더하여 구현한다. 즉, 제어기의 전달 함수를

$$D(z)=\alpha_0+D_1(z)+D(z)+\cdots+D_m(z) \qquad 1<m<n$$

와 같이 구분한다. 여기서 항이 1차 시스템이면 [그림 10.10]과 같이 실현할 수 있는

$$D_1(z)=\frac{\alpha}{1+\beta z^{-1}} \tag{10.21}$$

의 형태로 이의 시간역 표현은 다음과 같다.

$$r_k=e_k-\beta r_{k-1} \tag{10.22}$$

$$u_k = \alpha r_k \tag{10.23}$$

그리고 항이 2차 시스템이면 [그림 10.11]과 같이 실현할 수 있는

$$D_2(z) = \frac{a_0 + a_1 z^{-1}}{1 + b_1 z^{-1} + b_2 z^{-2}} \tag{10.24}$$

의 형태로 이의 시간역 표현은

$$r_k = e_k - b_1 r_{k-1} - b_2 r_{k-2} \tag{10.25}$$

$$u_k = a_0 r_k + a_1 r_{k-1} + r_{k-2} \tag{10.26}$$

와 같다.

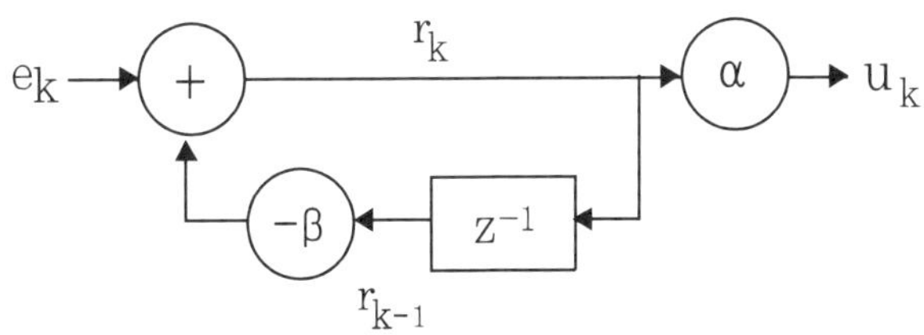

[그림 10.10] 1차 시스템을 병렬 구조로 실현

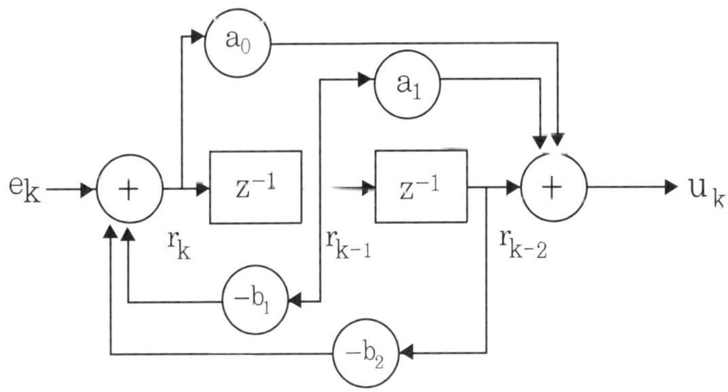

[그림 10.11] 2차 시스템을 병렬 구조로 실현

예제 10.5
디지털 제어기의 전달 함수가 다음과 같을 때 이를 1차 시스템을 사용하여 병렬 구조로 실현하라.

$$D(z) = \frac{(1+z^{-1})(1+2z^{-1})}{(1+3z^{-1})(1+4z^{-1})}$$

풀이

전달 함수를 1차 시스템으로 나누기 위해

$$D(z) = \frac{(1+z^{-1})(1+2z^{-1})}{(1+3z^{-1})(1+4z^{-1})} = \frac{A}{1+3z^{-1}} + \frac{B}{1+4z^{-1}} + C$$

와 같이 부분 분수로 전개하면 $A = -2/3$, $B = 3/2$, 그리고 $C = 1/6$이므로

$$D(z) = \frac{2}{3(1+3z^{-1})} + \frac{3}{2(1+4z^{-1})} + \frac{1}{6}$$

로 나타낼 수 있다. 따라서 [그림 10.10]을 참조하면 이를 [그림 10.12]와 같이 실현할 수 있다.

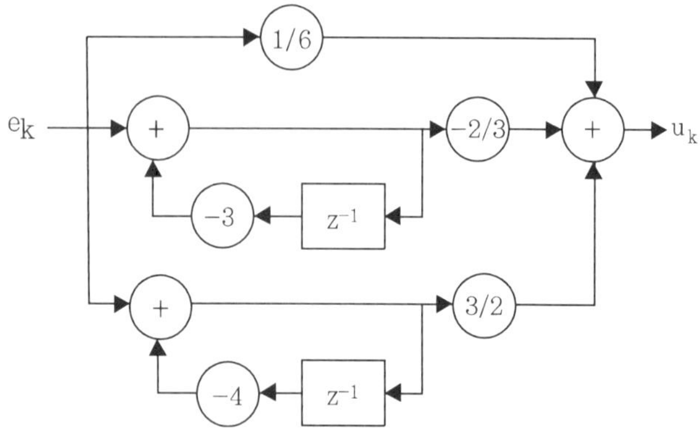

[그림 10.12] 예제 10.4의 병렬 실현 구조

10.4 PID 제어기의 실현

PID 제어기가 산업 현장의 여러 곳에서 자주 볼 수 있는 제어기인 것을 고려하여 이 절에서는 이의 실현 구조에 대하여 알아보기로 한다. 우선, PID 제어기의 z－변환 형태인 식 (9.19)를 다음과 같이 다시 나타낸다.

$$D(z) = K_p + \frac{K_p T}{T_i(1-z^{-1})} + \frac{K_p T_d(1-z^{-1})}{T} \qquad (10.27)$$

그러면 이 식은 앞에서 살펴보았듯이 각 항(비례, 적분 및 미분 항)이 합으로 구성되어 있기 때문에 [그림 10.13]과 같이 병렬 구조로 실현할 수 있을 것이고, 이때 이의 시간역 표현(차분 방정식)은 비례 제어에서

$$w_k = K_p e_k \qquad (10.28)$$

적분 제어에서

$$p_k = \alpha e_k + p_{k-1} \qquad (10.29)$$

그리고 미분 제어에서

$$q_k = \beta(e_k - e_{k-1}) \qquad (10.30)$$

이므로 제어기의 출력은 이를 다 합한

$$w_k = w_k + p_k + q_k \qquad (10.31)$$

와 같다.

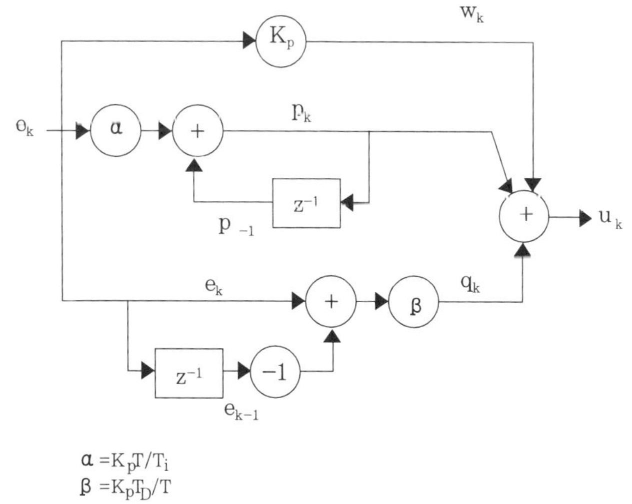

[그림 10.13] 병렬 구조로 실현한 PID 제어기

PID 제어기의 또 다른 구현 방법으로 식 (10.27)의 각 항을 통분하여 2차 시스템으로 만들어 앞에서 배운 직접 구조로 실행할 수도 있다. 즉, 식 (10.27)은

$$\begin{aligned} D(z) &= \frac{K_p(1-z^{-1}) + K_pT/T_i + (K_pT_d/T)(1-z^{-1})^2}{1-z^{-1}} \\ &= \frac{K_p - K_pz^{-1} + K_pT/T_i + K_pT_d/T + (K_pT_d/T)z^{-2} - 2(K_pT_d/T)z^{-1}}{1-z^{-1}} \\ &= \frac{K_p + K_pT/T_i + K_pT_d/T - (K_p + 2K_pT_d/T)z^{-1} + (K_pT_d/T)z^{-2}}{1-z^{-1}} \end{aligned}$$

이므로 형태가

$$\frac{a_0 + a_1z^{-1} + a_2z^{-2}}{1 + b_1z^{-1} + b_2z^{-2}} \tag{10.32}$$

와 같아서 [그림 10.14]와 같이 실현할 수도 있다. 여기서

$$a_0 = K_p(1 + T/T_i + T_d/T) \qquad a_1 = -K_p(1 + 2T_d/T) \qquad a_2 = K_pT_d/T$$

와

$$b_1 = -1 \quad b_2 = 0$$

이다.

속도 형식의 PID 제어기도 현장에서는 많이 쓰고 있으므로 이의 실현 구조를 살필 필요가 있다. 하지만 이 형식은 이미 출력이 차분 방정식 형태(식 (9.20) 참조)로 구해져 있기 때문에 그대로 사용하면 되는데 다만 표현을 간단하게 하기 위해 kT를 첨자 k로 대체하기로 한다. 즉,

$$u_k = u_{k-1} + K_p[e_k - e_{k-1}] + \frac{K_pT}{T_i}e_k + \frac{K_pT_d}{T}[e_k - 2e_{k-1} + e_{k-2}] \tag{10.33}$$

또는

$$u_k = u_{k-1} + \left[K_p + \frac{K_pT}{T_i} + \frac{K_pT_d}{T}\right]e_k - \left[K_p + \frac{2K_pT_d}{T}\right]e_{k-1} + \frac{K_pT_d}{T}e_{k-2}$$

와 같은데 이를 다음과 같이 간단한 모습으로 다시 바꾸어 쓴다.

$$u_k = u_{k-1} + ae_k + be_{k-1} + ce_{k-2} \tag{10.34}$$

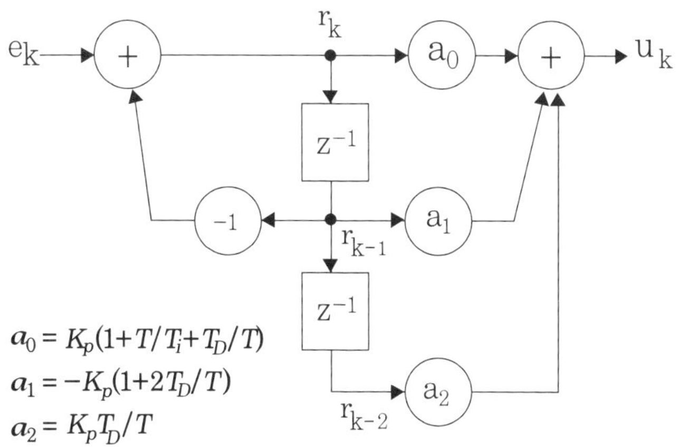

[그림 10.14] 표준형 직접 구조로 실현한 PID 제어기

여기서

$$a = K_p + \frac{K_p T}{T_i} + \frac{K_p T_d}{T} \qquad b = -\left[K_p + \frac{2K_p T_d}{T}\right] \qquad c = \frac{K_p T_d}{T}$$

이다. 따라서 식 (10.34)를 $z-$변환하여

$$U(z) = z^{-1}U(z) + aE(z) + bz^{-1}E(z) + cz^{-2}E(z)$$

또는

$$D(z) = \frac{U(z)}{E(z)} = \frac{a + bz^{-1} + cz^{-2}}{1 - z^{-1}} \tag{10.35}$$

로 바꾸면 앞에서 배운 직접 구조로 쉽게 실현할 수 있다. 만약 PI 제어만 필요하다면 T_d를 0으로 놓아

$$D(z) = \frac{U(z)}{E(z)} = \frac{a + bz^{-1}}{1 - z^{-1}} \tag{10.36}$$

로 표현할 수 있으므로 이는 1차 시스템의 직렬 구조로 실현할 수 있다. 여기서

$$a = K_p + \frac{K_p T}{T_i} \qquad b = -K_p$$

이다.

10.5 마이크로제어기의 실현

디지털 제어 시스템의 설계를 마무리 짓는 마지막 단계는 제어 알고리즘(혹은 차분 방정식)을 컴퓨터로 옮기는 일이다. 이 절에서는 제어 알고리즘을 PIC 마이크로제어기에 심는 작업에 대하여 알아 보게 될 것인데 PIC16F877에 초점을 맞춘다. 이는 PIC16F877이 자체에 A/D 변환기를 가지고 있을 뿐만 아니라 프로그램 및 데이터 메모리도 대체로 풍부하기 때문이다. 물론 이 계열의 다른 마이크로제어기도 A/D 변환기가 탑재되어 있고 성능도 비슷하기 때문에 이를 사용한다 해도 이식 방법이 전혀 다르지 않다.

마이크로제어기는 예부터 어셈블리 언어로 프로그램을 작성해 왔다. 하지만 오늘날에는 어셈블리 언어를 옛날만큼 많이 사용하지 않는 편인데 어셈블리 언어로 생산한 코드는 목표로 삼은 해당 마이크로제어기에만 실행된다는 대표적인 약점 때문이다. 예를들어, PIC 마이크로제어기를 위해 개발한 어셈블리 언어는 인텔의 8051 마이크로제어기에는 사용할 수 없다. 또한, 어셈블리 언어는 개발하기도 검사하고 유지 및 관리하기도 어렵다는 단점이 있어 적극 추천할 만한 언어는 못 된다.

이 절에서는 Hi-Tech 회사에서 만든 PICC 언어(제4장 참조)로 제어 알고리즘을 이식할 것이다. 알고리즘을 이식하는 방법은 1.6절에서 설명했듯이 몇 가지가 있는데 가장 흔히 쓰는 방법으로 반복 루프로 필요한 만큼 지연시킬 수 있는 타이머 인터럽트를 사용하는 것이다. 이 방법은 소프트웨어를 두 부분 즉, [그림 10.15]와 같이 주 프로그램과 인터럽트 서비스 루틴(ISR)으로 나누어 작성한다. 주 프로그램에서는 여러 필요한 변수나 A/D 변환기와 타이머 인터럽트와 관련한 변수들을 초기화 하는데 타이머는 디지털 제어기의 샘플링 주기와 같은 시간에 인터럽트가 걸리도록 해 둔다. 주 프로그램의 마지막은 타이머 인터럽트가 일어날 때까지 기다릴 수 있는 루프를 작성하는데 여기에는 인터럽트가 발생하면 즉시 ISR로 프로그램 제어가 옮겨갈 수 있도록 되어 있고 그래서 제어기 알고리즘이 실제로 이식되는 부분은 바로 이 ISR이 되는 것이다. 즉, 오차 신호를 기준 입력과 출력 사이의 차로 계산하고 이를 이용해 제어기의 출력을 현재 샘플링 시간에서 구하여 플랜트(혹은 D/A 변환기)로 내보내게 된다. 이 이후는 다음 샘플링이 일어날 때까지 미리 여러 변수를 새로 고쳐 놓고 주 프로그램으로 돌아가 처음과 똑같이 인터럽트를 기다리는 과정을 반복한다.

10.5.1 2차 시스템의 이식

10.2절에서 2차 시스템을* 덧셈기와 곱수, 지연 요소로 실현하는 방법을 배웠는데

---

* 마이크로제어기에 탑재되는 제어 알고리즘은 각각의 ISR로 처리되기 때문에 시스템이라는

실제 모습은 [그림 10.16]과 같았고 이 모듈에 대한 차분 방정식은 식 (10.19)와 (10.20)이었다. 하지만 이를 마이크로제어기에 이식하기 위해 간단한 형태로 만들 필요가 있어 우선

$$M_1 = -b_1 r_{k-1} - b_2 r_{k-2} \qquad M_2 = a_1 r_{k-1} + a_2 r_{k-2}$$

로 둔다. 그러면 2차 모듈에 대한 차분 방정식은

$$r_k = e_k + M_1 \qquad u_k = a_0 r_k + M_2$$

와 같은데 이를 계산하는 순서를 담은 흐름도는 [그림 10.17]과 같다. 이 흐름도는 여러 기본 변수(M_1, M_2, r_1, r_2 따위)와 A/D, I/O 포트에 대한 초기화 작업은 보여 주지 않고 있는데 이는 이런 작업들은 주 프로그램에서 하는 일이므로 ISR에서는 신경 쓰지 않아도 되기 때문이다. 다음 예제를 통해 2차 모듈을 PIC 마이크로제어기에 이식하는 작업을 좀더 자세히 살펴보기로 하자.

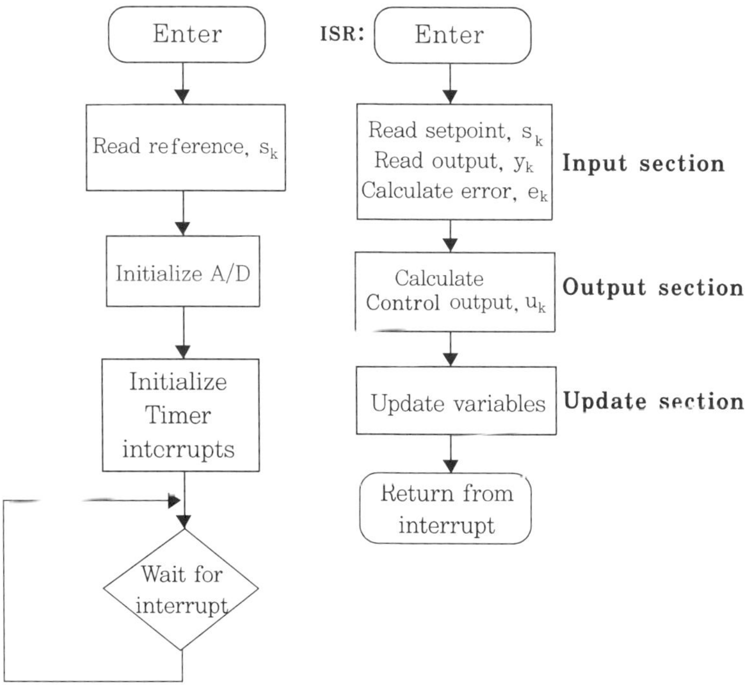

[그림 10.15] 제어기의 이식: 주 프로그램(왼쪽)과 인터럽트 서비스 루틴(오른쪽)

말보다 함수나 루틴, 또는 모듈(module)과 같은 용어를 더 많이 사용한다.

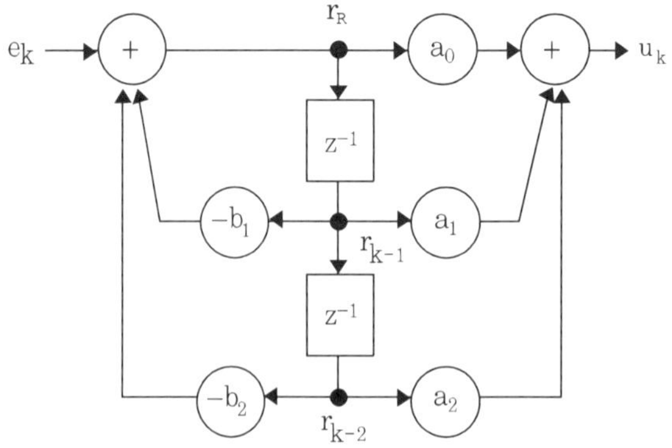

[그림 10.16] 2차 모듈의 실현 구조

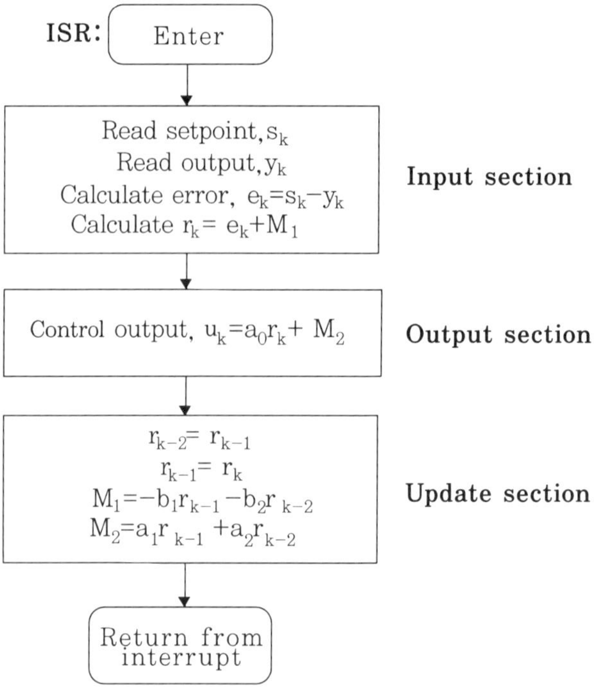

[그림 10.17] 2차 모듈에 대한 흐름도

예제 10.6

디지털 제어 시스템의 회로 선도가 [그림 10.18]과 같은데 PIC16F877 마이크로제어기를 디지털 제어기로 사용한다. 기준 입력 s는 프로그램에 코드로 입력되어 있고 출력 y는 아날로그로 마이크로제어기의 A/D 채널인 AN0(포트 A의 0 비트)와 연결되어 있으며, 또 마이크로제어기는 그림에 있는 것과 같이 수정발진기를 통해 4MHz로 작동하고 마이크로제어기의 출력(포트 B)은 0차 홀딩 장치로 생각할 수 있는 D/A 변환기에 연결되어 플랜트를 구동할 수 있는 아날로그 출력으로 바뀐다. 다음과 같은 디지털 제어기를 2차 모듈 형식으로 이식할 수 있는 C 프로그램을 작성하라. 단, $T = 0.01s$이다.

$$D(z) = \frac{1 + 0.8z^{-1} + 1.2z^{-2}}{1 + 1.85z^{-1} + 0.92z^{-2}}$$

즉, 제어기의 파라미터가 $a_0 = 1$, $a_1 = 0.8$, $a_2 = 1.2$, $b_1 = 1.85$ 그리고 $b_2 = 0.92$인 셈이다.

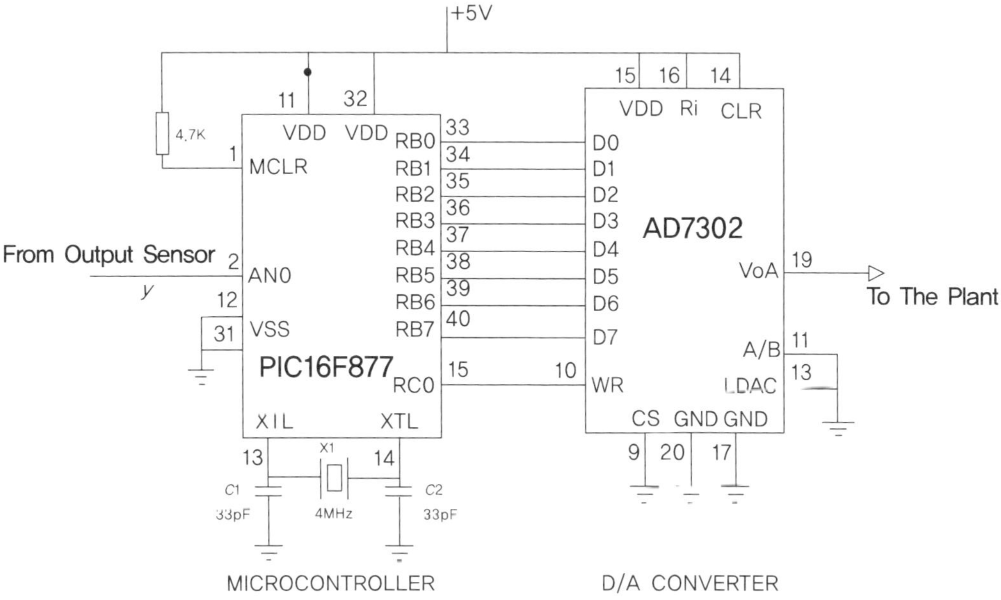

[그림 10.18] 마이크로제어기의 회로 선도

풀이

제어기의 하드웨어는 PIC16F877 마이크로제어기이다. 이 제어기는 OSC1과 OSC2 핀에 연결된 수정 발진기를 통해 4MHz로 작동하므로 클럭의 기본 빠르기는 $1\mu s$이다. (클럭의 원래 주기는 $0.25\mu s$이지만 내부적으로 4개 클럭을 한 명령 사이클로 보기 때문에 기본 빠르기는 4를 곱하여 계산한다) 플랜트의 아날로그 출력(y)은 마이크로제어기의

AN0 핀에 연결된 A/D 변환기를 통해 들어오고 이의 디지털 출력은 포트 B를 통해 AD7302 형식의 D/A 변환기로 나간다. D/A 변환기의 작동 원리는 아주 간단하다. 즉, 쓰기제어 핀인 WR이 1(높음)의 논리값을 갖게 되면 8개의 데이터 입력 핀인 D0-D7에 디지털 데이터가 들어가고, 이때 마이크로제어기의 RC0 핀이 관리하고 있는 WR이 0(낮음)의 논리값으로 바뀌는 순간 출력 핀인 VoA를 통해 아날로그 데이터가 나가게 된다. D/A 변환기의 최대 출력 전압은 +5V이고, 또 이의 해상도는 8 비트 즉, $2^8 = 256$만큼의 이산화 수준(quantization level)이 가능하기 때문에 5000/256 = 19.53mV이다. 다시 말하면, 비트 형식으로 '00000001'는 19.53mV을, 그리고 '00000010'는 2×19.53 = 39.06mV을 출력한다는 말이다.

```
*****************************************************************************
                              디지털 제어기
                              ============
이 프로그램은 2차의 디지털 제어기를 PIC16F877 마이크로제어기에 이식한다.
마이크로제어기는 4MHz로 작동하고 아날로그 입력 핀인 AN0는 플랜트의 출력
에,그리고 포트 B의 출력 핀은 AD7302 형식의 D/A 변환기에 연결되어 있다.
이때, D/A 변환기의 쓰기제어 핀인 WR는 마이크로제어기의 RC0 핀이 관리한
다. 샘플링 주기는 0.01s(10ms)이다.

    파일: Second_Order_Module.C
    작성일: 2005년 7월
*****************************************************************************
#include <pic.h>
#define  DA_Write  RC0

float DA_LSB, AD_LSB, a0, a1, a2, b1, b2, M1, M2, rk, rk_1, rk_2;
float ek, sk, yk, uk;

/* A/D 변환기 초기화 함수 */
void Initialize_AD(void)
{
}
/* 타이머 TMR0의 초기화 함수 */
void Initialize_Timer(void)
{
}
/* A/D 변환기에서 데이터를 읽는 함수 */
```

```
void Read_AD_Input(void)
{
}
/* 인터럽트 서비스 루틴: 10ms마다 이를 호출한다 */
void interrupt ISR(void)
{
    Read_AD_Input(); /* A/D 변환기로부터 데이터 읽음 */

    ek = sk - yk;           /* 오차 항을 계산 */
    rk = ek + M1;
    yk = a0*rk + M2;        /* 출력을 계산 */
    uk = yk*DA_LSB;
    PORTB = uk;             /* 출력을 포트 B로 전송 */
    DA_Write = 0;           /* D/A 변환기로 데이터 쓰기 */
    DA_Write = 1;

    rk_2 = rk_1;            /* 데이터 새로 갱신 */
    rk_1 = rk;
    M1 = -b1*rk_1 - b2*rk_2;
    M2 = a1*rk_1 + a2*rk_2;

    T0IF = 0;               /* 타이머 인터럽트를 다시 활성화 */
}

/* 주 프로그램: 프로그램에서 사용할 변수와 A/D 변환기, D/A 변환기 따위를
초기화 하고 10ms마다 발생하는 타이머 인터럽트를 처리하기 위해 루프 안에서
대기한다 */
main(void)
{
    a0 = 1;  a1 = 0.8; a2 = 1.2; b1 = 1.85; b2 = 0.92;
    M1 = 0; M2 = 0; rk = 0; rk_1 = 0; rk_2 = 0; sk = 1.0;
    DA_LSB = 5000.0/1024.0;

    TRISA = 1;              /* 핀 RA0는 입력 */
    TRISB = 0;              /* 포트 B는 출력 */
    TRISC = 0;              /* RC0도 출력 */

    DA_Write = 1;           /* D/A 변환기 작동 끔 */
```

```
        Initialize_AD();              /* A/D 변환기 초기화 */
        Initialize_Timer();           /* 타이머 인터럽트 초기화 */
        ei();                         /* 인터럽트 활성화 */
        for(;;);                      /* 인터럽트 대기 */
    }
```

[그림 10.19] 예제 10.6에 대한 개략 프로그램

이런 기본 지식을 바탕으로 프로그램을 대강 작성하면 [그림 10.19]와 같다. 프로그램은 주 프로그램과 함수(*Initialize_AD, Initialize_Timer, Read_AD_Input,* 그리고 *ISR*)로 구성되어 있으며, 또 각 프로그램 코드에 설명문을 달아 놓았다.

주프로그램 : 제어기의 각 계수를 지정하고 여러 함수를 호출한다. 그리고 인터럽트를 사용할 수 있도록 준비해 놓고 타이머 인터럽트가 일어날 때까지 기다리기 위해 무한 루프를 갖는다.

ISR : 인터럽트 서비스 루틴이다. 프로그램의 제어는 10ms마다 *ISR*로 이동하는데 여기서는 A/D 변환기로부터 데이터를 읽고 오차 항 ek를 계산하며, 또 출력 값 yk를 D/A 변환기로 보내는 일을 한다. *ISR*의 마지막 부분은 다음 샘플링을 위해 여러 변수들을 새로 마련하고 타이머 인터럽트가 재가동할 수 있도록 준비해 둔다.

Initialize_Timer : 타이머 인터럽트가 10ms마다 걸리도록 TMR0를 초기화 한다. 3장에서 설명했듯이 타이밍 시간은 클럭 주파수나 미리 조정해 놓은 스케일링 값, TMR0 레지스터의 값에 따라 다른데 이를 하나의 공식으로 적어 보면 다음과 같다.

타이밍 시간 = 4*클럭_주기*스케일링_값*(256 - TMR0_값)

따라서 타이밍 시간이 결정되면 TMR0의 값은

TMR0_값 = 256 - 타이밍_시간/(4*클럭_주기*스케일링_값)

로 추정할 수 있다. 예를들어, 클럭 주파수가 4MHz이므로 주기는 $0.25\mu s$이고, 또 스케일링 값을 64로 선택한다면 타이밍 시간 10ms(혹은 $10000\mu s$)에 대한 타이머 레지스터의 값은

TMR0_값 = 256 - 10000(4*0.25*64) = 99.75

로 계산할 수 있고 이와 가장 가까운 값인 100을 프로그램을 짤 때 쓰면 되겠다. 이런 정보를 바탕으로 *Initialize_Timer* 함수를 간략히 작성하면 다음과 같다.

```
/* 타이머 레지스터 TMR0를 초기화 하여 인터럽트가 10ms마다 발생하도록 한다 */
```

```
void Initialize_Timer(void)
{
        T0CS = 0                    /* TMR0의 F/4를 선택 */
        PSA = 0;                    /* 스케일링 값을 지정 가능 */
        PS0 = 1;                    /* 스케일링 값을 64로 지정 */
        PS1 = 0;
        PS2 = 1;                    /* 스케일링 핀 PS0-PS1-PS2은 101 */
        TMR0 = 100;                 /* TMR0에 100을 탑재 */
        T0IE = 1;                   /* TMR0 인터럽트 활성화 */
        T0IF = 0;                   /* TMR0 인터럽트 표시자(flag)를 지움 */
}
```

Initialize_AD: A/D 변환기를 초기화 하여 아날로그 데이터를 마이크로제어기의 AN0 핀으로 받아들일 수 있도록 한다. 3장에서 설명했듯이 A/D 변환기의 초기화는 기준 전압을 정하고 ADCON1 레지스터를 이용하여 출력 데이터의 형식을 결정하고, 또 ADCON0 레지스터로 변환기의 클럭 빠르기를 선택하는 것이다. 따라서 AN0 핀을 사용하기 위해서 0x8E을 ADCON1에, 그리고 0x41을 ADCON0 레지스터에 보낸다. 이런 정보를 바탕으로 함수 *Initialize_AD*를 간략히 작성하면 다음과 같다.

```
/* A/D 변환기를 초기화 하여 마이크로제어기의 AN0 핀으로 아날로그 데이터를 받는다
*/
void Initialize_AD(void)
{
        ADCON1 = 0x8E;              /* AN0 핀을 +5V 기준 전압에 맞춤 */
        ADCON0 = 0x41;              /* A/D 변환기의 클럭을 지정 */
}
```

Read_AD Input: A/D 변환기를 작동시켜 데이터를 읽는다. 변환기에서 데이터 변환은 ADCON0 레지스터의 GO/DONE 비트가 1일 때 시작하므로 데이터를 읽기 전에 GO/DONE 비트가 0이 될 때까지 즉, 변환이 완전히 끝날 때까지 기다려야 한다. 변환된 데이터는 10 비트인데 위쪽 2개 비트는 ADRESH에, 그리고 아래쪽 8개 비트는 ADRESL 레지스터에 저장된다. 따라서 이를 읽어서 변수 yk에 저장하는 일로 이 함수의 구실은 끝난다. 이런 정보를 바탕으로 *Read_AD_Input*을 간략히 작성하면 다음과 같다.

```
/* A/D 변환기에서 데이터를 읽어 변수 yk에 저장한다 */
```

```
void Read_AD_Input(void)
{
        ADCON0 = 0x45;                  /* A/D 변환 시작 */
        while((ADCON0 & 4) != 0)        /* 변환이 끝날 때까지 대기 */
        y_high = ADRESH;                /* 위쪽 2개 비트 읽음 */
        y_low = ADRESL;                 /* 아래쪽 8개 비트 읽음 */
        yk = 256.0*y_high + y_low;      /* 변환 데이터를 yk에 저장 */
        yk = yk*AD_LSB;                 /* 변환 데이터를 mV로 바꿈 */
}
```

여기서 AD_LSB는 A/D 변환기의 값을 mV로 바꾸는 환산계수로 주 프로그램에 따로 정의되어 있다. 예제 10.6의 완성된 프로그램은 [그림 10.20]과 같다.

```
*****************************************************************************
                              디지털 제어기
                              ============
이 프로그램은 2차의 디지털 제어기를 PIC16F877(또는 이와 비슷한) 마이크로
제어기에 이식한다. 마이크로제어기는 4MHz로 작동하고 아날로그 입력 핀인
AN0는 플랜트의 출력에, 그리고 포트 B의 출력 핀은 AD7302 형식의 D/A 변환
기에 연결되어 있다. 이때, D/A 변환기의 쓰기제어 핀인 WR는 마이크로제어기의
RC0 핀이 관리한다. 샘플링 주기는 0.01s(10ms)로 타이머 인터럽트를 이용하여
시간을 맞춘다.

    파일: Second_Order_Module.C
    작성일: 2005년 7월
*****************************************************************************
#include <pic.h>
#define  DA_Write  RC0

float DA_LSB, AD_LSB, a0, a1, a2, b1, b2, M1, M2, rk, rk_1, rk_2, ek, sk;
float yk, uk, y_high, y_low;

/* A/D 변환기를 초기화 하여 아날로그 데이터를 마이크로컴퓨터의 AN0 핀을
통해 받는다 */
void Initialize_AD(void)
{
     ADCON1 = 0x8E;      /* AN0 핀을 +5V 기준 전압에 맞춤 */
```

```
    ADCON0 = 0x41;          /* A/D 변환기의 클럭을 지정 */
}

/* 타이머 TMR0를 초기화 하여 인터럽트를 10ms마다 만든다 */
void Initialize_Timer(void)
{
   T0CS = 0;        /* TMR0의 F/4를 선택 */
    PSA = 0;        /* 스케일링 값을 지정할 수 있도록 함 */
    PS0 = 1;        /* 스케일링 값을 64로 지정 */
    PS1 = 0;
    PS2 = 1;        /* 스케일링 핀 PS0-PS1-PS2의 값은 101 */
    TMR0 = 100;     /* TMR0에 100을 탑재 */
    T0IE = 1;       /* TMR0 인터럽트 활성화 */
    T0IF = 0;       /* TMR0 인터럽트 표시자(flag)를 지움 */
}

/* A/D 변환기에서 데이터를 읽어 변수 yk에 저장한다 */
void Read_AD_Input(void)
{
    ADCON0 = 0x45;                  /* A/D 변환 시작 */
    while((ADCON0 & 4) != 0);       /* 변환이 끝날 때까지 대기 */
    y_high = ADRESH;                /* 위쪽 2개 비트 읽음 */
    y_low = ADRESL;                 /* 아래쪽 8개 비트 읽음 */
    yk = 256.0*y_high + y_low;      /* 변환 데이터를 yk에 저장 */
    yk = yk*AD_LSB;                 /* 변환 데이터를 mV로 바꿈 */
}

/* 인터럽트 서비스 루틴: 10ms마다 이를 호출한다 */
void interrupt ISR(void)
{
      TMR0 = 100;
      Read_AD_Input();       /* A/D 변환기로부터 데이터 읽음 */

     ek = sk - yk;           /* 오차 항을 계산 */
     rk = ek + M1;
     yk = a0*rk + M2;        /* 출력을 계산 */
     uk = yk*DA_LSB;
     PORTB = uk;             /* 출력을 포트 B로 전송 */
```

```
    DA_Write = 0;           /* D/A 변환기로 데이터 쓰기 */
    DA_Write = 1;
    rk_2 = rk_1;            /* 데이터를 새로 갱신 */
    rk_1 = rk;
    M1 = -b1*rk_1 - b2*rk_2;
    M2 = a1*rk_1 + a2*rk_2;

    T0IF = 0;               /* 타이머 인터럽트를 다시 활성화 */
}

/* 주 프로그램: 프로그램에서 사용할 변수와 A/D 변환기, D/A 변환기 따위를
초기화 하고 10ms 마다 발생하는 타이머 인터럽트를 처리하기 위해 루프 안에서
대기한다 */
main(void)
{
    a0 = 1; a1 = 0.8; a2 = 1.2; b1 = 1.85; b2 = 0.92;
    M1 = 0; M2 = 0; rk = 0; rk_1 = 0; rk_2 = 0;
    sk = 1.0;
    DA_LSB = 256.0/5000.0;
    AD_LSB = 5000.0/1024.0;

    TRISA = 1;              /* 핀 RA0는 입력 */
    TRISB = 0;              /* 포트 B는 출력 */
    TRISC = 0;              /* RC0도 출력 */

    DA_Write = 1;           /* D/A 변환기 작동 끔 */

    Initialize_AD();        /* A/D 변환기 초기화 */
    Initialize_Timer();     /* 타이머 인터럽트 초기화 */
    ei();                   /* 인터럽트 활성화 */
    for(;;);                /* 인터럽트 대기 */
}
```

[그림 10.20] 예제 10.6의 완성 프로그램

10.5.2 1차 시스템의 이식

10.2절에서 제어기의 1차 모듈을 덧셈기와 곱수, 지연 요소로 실현하는 방법을 배웠는데 이의 구조는 [그림 10.21]과 같았기에 이 모듈에 대한 차분 방정식을 유도하면

$$r_k = e_k - b_1 r_{k-1}$$
$$u_k = a_0 r_k + a_1 r_{k-1}$$

와 같다. 따라서

$$M_1 = - b_1 r_{k-1}$$
$$M_2 = a_1 r_{k-1}$$

로 두면

$$r_k = e_k + M_1$$
$$u_k = a_0 r_k + M_2$$

와 같이 2차 모듈의 식과 똑같이 나타낼 수 있고, 그래서 마이크로제어기에 작성할 프로그램도 다시 재사용할 수 있을 것인데 이는 다음의 예제를 통해 살펴보기로 한다.

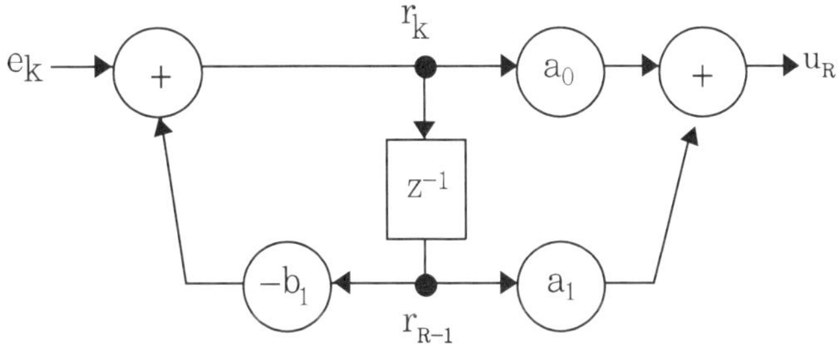

[그림 10.21] 1차 모듈의 실현 구조

예제 10.7

디지털 제어 시스템의 회로 선도는 [그림 10.18]과 같은데 PIC16F877 마이크로제어기를 디지털 제어기로 사용한다. 기준 입력 s는 프로그램에 코드로 입력되어 있고 출력 y는 아날로그로 마이크로제어기의 A/D 채널인 AN0(포트 A의 0 비트)와 연결되어 있으며, 또 마이크로제어기는 그림에 있는 것과 같이 수정 발진기를 통해 4MHz로 작동하고 마이크로제어기의 출력(포트 B)은 0차 홀딩 장치로 생각할 수 있는 D/A 변환기에 연결되어 플랜트를 구동할 수 있는 아날로그 출력으로 바뀐다. 다음과 같은 디지털 제어기를 1차 모듈 형식으로 이식할 수 있는 C 프로그램을 작성하라. 단, $T = 0.01s$이다.

$$D(z) = \frac{1+0.8z^{-1}}{1+1.85z^{-1}}$$

즉, 제어기의 파라미터가 $a_0 = 1, a_1 = 0.8$, 그리고 $b_1 = 1.85$인 셈이다.

풀이

1차 모듈의 이식은 2차인 경우와 아주 닮아서 프로그램을 [그림 10.22]로 제시하는 것 외에는 따로 설명하지 않기로 한다.

```
******************************************************************************
                              디지털 제어기
                              ============
이 프로그램은 1차의 디지털 제어기를 PIC16F877(또는 이와 비슷한) 마이크로제어
기에 이식한다. 마이크로제어기는 4MHz로 작동하고 아날로그 입력 핀인 AN0는 플랜
트의 출력 센서에, 그리고 포트 B의 출력 핀은 AD7302 형식의 D/A 변환기에 연결되
어 있다. 이때, D/A 변환기의 쓰기제어 핀인 WR는 마이크로제어기의 RC0 핀이 관리
한다. 샘플링 주기는 0.01s(10ms)로 타이머 인터럽트를 이용하여 시간을 맞춘다.

    파일: First_Order_Module.C
    작성일: 2005년 7월
******************************************************************************
#include <pic.h>
#define  DA_Write  RC0

float DA_LSB, AD_LSB, a0, a1, b1, M1, M2, rk, rk_1, rk_2, ek, sk, yk, uk;
float y_high, y_low;

/* A/D 변환기를 초기화 하여 아날로그 데이터를 마이크로컴퓨터의 AN0 핀을 통해
받는다 */
void Initialize_AD(void)
{
    ADCON1 = 0x8E;        /* AN0 핀을 +5V 기준 전압에 맞춤 */
    ADCON0 = 0x41;        /* A/D 변환기의 클럭을 지정 */
}

/* 타이머 TMR0를 초기화 하여 인터럽트를 10ms마다 만든다 */
void Initialize_Timer(void)
```

```
{
    T0CS = 0;                  /* TMR0의 F/4를 선택 */
    PSA = 0;                   /* 스케일링 값을 지정할 수 있도록 함 */
    PS0 = 1;                   /* 스케일링 값을 64로 지정 */
    PS1 = 0;
    PS2 = 1;                   /* 스케일링 핀 PS0-PS1-PS2의 값은 101 */
    TMR0 = 100;                /* TMR0에 100을 탑재 */
    T0IE = 1;                  /* TMR0 인터럽트 활성화 */
    T0IF = 0;                  /* TMR0 인터럽트 표시자(flag)를 지움 */
}

/* A/D 변환기에서 데이터를 읽어 변수 yk에 저장한다 */
void Read_AD_Input(void)
{
    ADCON0 = 0x45;                     /* A/D 변환 시작 */
    while((ADCON0 & 4) != 0)           /* 변환이 끝날 때까지 대기 */
    y_high = ADRESH;                   /* 위쪽 2개 비트 읽음 */
    y_low = ADRESL;                    /* 아래쪽 8개 비트 읽음 */
    yk = 256.0*y_high + y_low;         /* 변환 데이터를 yk에 저장 */
    yk = yk*AD_LSB;                    /* 변환 데이터를 mV로 바꿈 */
}

/* 인터럽트 서비스 루틴: 10ms마다 이를 호출한다 */
void interrupt ISR(void)
{
    TMR0 = 100;
    Read_AD_Input();           /* A/D 변환기로부터 데이터 읽음 */

    ek = sk - yk;              /* 오차 항을 계산 */
    rk = ek + M1;
    yk = a0*rk + M2;           /* 출력을 계산 */
    uk = yk*DA_LSB;
    PORTB = uk;                /* 출력을 포트 B로 전송 */

    DA_Write = 0;              /* D/A 변환기로 데이터 쓰기 */
    DA_Write = 1;

    rk_1 = rk;                 /* 데이터를 새로 갱신 */
```

```
    M1 = -b1*rk_1;
    M2 = a1*rk_1;

    T0IF = 0;                       /* 타이머 인터럽트를 다시 활성화 */
}

/* 주 프로그램: 프로그램에서 사용할 변수와 A/D 변환기, D/A 변환기 따위를 초기화
하고 10ms마다 발생하는 타이머 인터럽트를 처리하기 위해 루프 안에서 대기한다 */
main(void)
{
    a0 = 1;     a1 = 0.8;    b1 = 1.85
    M1 = 0;     M2 = 0;      rk = 0;       rk_1 = 0;
    sk = 1.0;
    DA_LSB = 256.0/5000.0;
    AD_LSB = 5000.0/1024.0;

    TRISA = 1;              /* 핀 RA0는 입력 */
    TRISB = 0;              /* 포트 B는 출력 */
    TRISC = 0;              /* RC0도 출력 */

    DA_Write = 1;           /* D/A 변환기 작동 끔 */

    Initialize_AD();        /* A/D 변환기 초기화 */
    Initialize_Timer();             /* 타이머 인터럽트 초기화 */
    ei();                   /* 인터럽트 활성화 */
    for(;;);                /* 인터럽트 대기 */
}
```

[그림 10.22] 예제 10.7의 완성 프로그램

10.5.3 고차 시스템의 이식

제어기가 고차 모듈이면 1차나 2차 모듈을 직렬로 연결하여 이식할 수 있다. 예를들어, 4차의 제어기는 [그림 10.23]과 같이 두 개의 2차 시스템을 서로 직렬로 연결하여 쓰면 된다.

10.6 샘플링 시간

디지털 제어 시스템을 설계할 때는 반드시 샘플링 시간(sampling interval)을 합당하게 선정해야 한다. 샘플링 시간을 잘못하여 좀 크게 선정하게 되면 실제 데이터의 정보를 충분히 반영하지 못할 뿐만 아니라 시스템이 불안정해질 수 있기 때문이다. 또한, 연속 시스템을 이산 시스템으로 바꿀 때 발생하는 오차도 샘플링 시간이 커지면 여기에 따라서 증가하기도 한다.

샘플링 시간을 점점 줄여서 0으로 가게 하면 이산 시스템이 이와 등가인 연속 시스템으로 바뀔 수 있다고 생각할 수 있지만 실제적인 측면에서 보면 그렇지 않다. 즉, 샘플링 시간이 아무리 작더라도 샘플링 과정을 거치게 되면 이웃한 두 샘플 데이터의 차는 컴퓨터(제어기)의 해상도보다 보통 작은데 이를 표현하지 못하면 결국 정보의 손실이 발생하기 때문이다. 그래서 샘플링 시간을 짧게 하면 할수록 제어기의 워드 길이를 함께 늘려서 이웃한 두 샘플 데이터를 서로 구분할 수 있도록 해야 한다.

디지털 제어를 압력 제어나 온도 제어, 유량 제어 따위와 같은 산업 응용에 접목할 때는 샘플링 시간을 1(s)로 잡는 것이 일반적이지만 전기기계 시스템(모터 등)과 같이 응답이 빨라야 하는 산업 응용에는 이보다 더 짧게(보통 10^{-3}단위) 한다. 샘플링 시간을 정하는 일과 관련한 여러 규칙들은 모두 실제적인 경험과 시뮬레이션 결과를 밑바탕에 깔고 있는데 몇 가지를 요약하면 다음과 같다.

- 플랜트의 대표 극점(dominant pole)에 대한 시상수가 T_p이면 샘플링 시간 T를 $T < T_p/10$로 선정한다.
- 플랜트가 Ziegler-Nichols의 개루프 선날 함수인

$$G(s) = \frac{e^{-sT_1}}{1+sT_2}$$

  의 형태이면 샘플링 시간 T를 $T < T_1/4$로 선정한다.
- 폐루프 시스템이 정착 시간은 T_{ss}, 그리고 고유 진동수는 ω_n가 되어야 한다면 샘플링 시간 T와 샘플링 주기 $\omega_s = 2\pi/T$는 각각 $T < T_{ss}/10$와 $\omega_s > 10\omega_n$로 선정해야 한다.

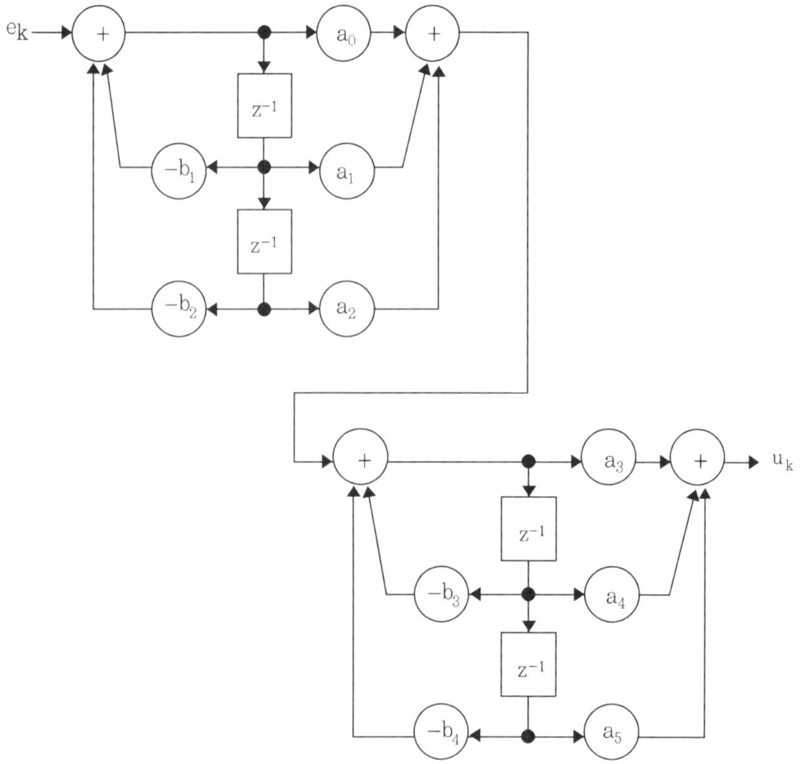

[그림 10.23] 4차 모듈의 실현 구조

10.7 연습문제

1. 디지털 제어기의 전달 함수가 다음과 같을 때 표준형 직접 구조의 실현에 대한 블록 선도를 그려 보라.

$$D(z) = \frac{1 + 2z^{-1} + 3z^{-2}}{1 + 4z^{-1} + 5z^{-2}}$$

2. 문제 1을 비표준형 직접 구조로 반복하라.
3. 문제 1과 2의 실현 구조를 서로 견주어 보라.
4. 디지털 제어기의 전달 함수가 다음과 같을 때 비표준형 직접 구조의 실현에 대한 블록 선도를 그려 보라.

$$D(z) = \frac{1 + 2z^{-1} + 5z^{-2}}{1 + 3z^{-1} + 7z^{-2}}$$

5. 디지털 제어기의 전달 함수가 다음과 같을 때 이를 두 개의 1차 모듈을 사용하여 (직렬 연결) 실현해 보라.

$$D(z) = \frac{2(z+2)(z+3)}{z^2 + 0.4z + 0.03}$$

6. 디지털 제어기의 전달 함수가 다음과 같을 때 이를 1차 및 2차 모듈을 각각 한 개씩 사용하여(직렬 연결) 실현해 보라.

$$D(z) = \frac{(1 + 0.2z^{-1})(1 + 2z^{-1} + 4z^{-2})}{(1 + 0.3z^{-1})(1 + 0.2z^{-1} + 0.4z^{-2})}$$

7. 디지털 제어기의 전달 함수가 다음과 같을 때 이를 1차 모듈을 사용하여(병렬 연결) 실현해 보라.

$$D(z) = \frac{(1 + 2z^{-1})(1 + 3z^{-1})}{(1 + z^{-1})(1 + 5z^{-1})}$$

8. PID 제어기를 병렬로 실현한 구조의 블록 선도를 그려라.
9. PID 제어기를 표준형 직접 구조로 실현할 때 이의 블록 선도를 그려라.
10. 임의의 실현 구조에 대해 이를 마이크로제어기에 이식하는 방법을 설명하라.
11. PID 알고리즘을 마이크로제어기에 실현하는 순서를 담은 흐름도를 그려 보고, 또 이 알고리즘을 PIC 제어기에 이식하는 프로그램을 C 언어로 작성하라.
12. 디지털 제어기의 전달 함수가 다음과 같을 때 이를 마이크로제어기에 실현하는 순서를 담은 흐름도를 그리고, 또 이를 PIC 제어기에 이식하는 프로그램을 C 언어로 작성하라.

$$D(z) = \frac{1 + 2z^{-1} + 5z^{-2}}{1 + 3z^{-1} + 4z^{-2}}$$

13. 2차 전달 함수를 C 언어로 PIC 제어기에 이식하는 방법을 순서대로 보여 주는 흐름도를 그려라.
14. 2차 모듈의 표준형 직접 구조를 여러 개 직렬로 연결하여 고차 모듈의 실현 구조를 만드는 방법에 대하여 설명하라.
15. 1차 시스템의 샘플링 시간을 선정하는 방법에 대하여 설명하라.
16. 문제 15를 2차 시스템에 대하여 반복하라.
17. 샘플링 시간을 아주 크게 잡거나 아주 작게 잡았을 때 일어날 수 있는 문제에 대

하여 언급해 보라.

18. 샘플링 시간이 증가할 때 시스템의 안정도에 어떤 영향을 주는지 언급해 보라.

더 읽어 볼 책

Astrom, K. and Hagglund, T., *PID controller: Theory, design, and tuning,* 2nd International Society for Measurement and Control, Research Triangle Park, NC, 1995.

Cannon, R. H. Jr., *Dynamics of Physical Systems,* McGraw-Hill, New York, 1967.

Cochin, I., *Analysis and Design of Dynamic Systems*, Harper & Row, New York, 1980.

Crochiere, R. E. and Oppenheim, A. V., *Analysis of Linear Digital Networks,* Proc. IEEE, 63, April 1975, pp. 581-595.

D'Souza, A., *Design of Control Systems,* Prentice-Hall, Englewood Cliffs, NJ, 1988.

Fettweis, A., *Some principles of designing digital filters imitating classical filter structure,* IEEE Trans. Circuits Theory, March 1971, pp. 314-316.

Franklin, G. F. and Powell, J. D., *Feedback Control of Dynamic Systems*, Addison-Wesley, Reading, MA, 1986.

Houpis, C. H. and Lamont, B., *Digital Control Systems: Theory, Hardware, Software,* 2nded., McGraw-Hill, New York, 1992.

Hwang, S. Y., *An optimization of cascade fixed-point digital filters,* IEEE Trans. Circuits Syst. (Letters), CAS-21, January 1974, pp. 163-166.

Jackson, L. B., *Roundoff-noise analysis for fixed-point digital filters in cascade or parallel form,* IEEE Trans. Audio Electroacoust, AU-18, June 1970, pp. 107-122.

Katz, P., *Digital Control Using Microprocessors*, Prentice-Hall, Englewood Cliffs, NJ, 1981.

Leigh, J. R., *Applied Digital Control,* Prentice-Hall, Englewood Cliffs, NJ, 1985.

Nagle, H. T. Jr. and Nelson, V. P., *Digital filter implementation on 16-bit microcomputers,* IEEE MICRO, 1, Febuary 1981, pp. 23-41.

Ogata, K., *Modern Control Engineering*, 2nd ed., Prentice-Hall, Englewood Cliffs, NJ, 1990.

Phillips, C. L. and Nagle, H. T. Jr., *Digital Control Systems: Analysis and Design,* 2nd ed., Prentice-Hall, Englewood Cliffs, NJ, 1990.

수위 조절 디지털 제어 시스템: 사례 연구

제11장

이 장에서는 수위 조절 제어 시스템(liquid level control system)을 대상으로 디지털 제어기를 설계하는 문제를 살펴볼 것이다. 이 장치는 산업 응용에 많이 쓰이는데 탱크 속의 액체 수위를 조절하는 전형적인 모습은 [그림 11.1]과 같다. 액체는 펌프를 통해 탱크로 들어가서 적당한 처리를 거쳐 다시 탱크 바닥의 구멍을 통해 빠져 나가는데 펌프가 공급하는 단위 시간의 액체의 양(혹은 유량)을 제어하여 탱크 속의 액체를 항상 바람직한 수준이 되도록 유지하는 것이 이 장치의 목표이다.

이 장치의 모델은 스텝 응답을 간단히 조사하여 찾게 될 것이다. 다시 말하면, 펌프의 작동 전압을 일정하게 하여 탱크로 들어가는 유량이 스텝 입력처럼 들어간다고 보고 탱크 안의 유체를 측정하여 그림으로 나타내어 바로 이 그림(응답 곡선)으로 시스템의 모델을 유도한다는 말이다.* 그리고 이런 방법으로 모델을 얻게 되면 이 모델을 바탕으로 탱크 속의 액체 수위를 제어하는 적당한 제어기를 설계한다.

11.1 시스템 개요

이 장의 사례 연구로 쓸 수위 조절 제어 시스템의 개략도는 [그림 11.2]와 같은데 물 탱크와 물 펌프, 수위 센서, 마이크로제어기, D/A 변환기 및 증폭기로 구성되어 있다.

물 탱크 : 수위를 제어할 물이 담겨 있는 곳이다. 물은 펌프를 통해 탱크 위로 들어가고 탱크 안에는 수위 센서가 물의 높이를 잰다. 그리고 마이크로제어기는 펌프를 제어하

---

* 시스템의 모델을 찾는 과정을 모델링(modeling)이라 하는데 보통은 물리 법칙(Newton의 운동 법칙이나 Kirchhoff의 전류 및 전압 법칙 따위)을 적용하여 수학적으로 유도하지만 여기서처럼 실험 장치를 미리 꾸며 놓고 이의 응답을 보고 모델의 식을 거꾸로 찾을 수도 있는데 이를 시스템 식별(system identification)이라 한다.

여 물이 바람직한 높이에 머물도록 한다. 이 사례 연구에서 사용할 탱크는 플라스틱으로 만들었으며 크기는 12cm×10cm×10cm이다.

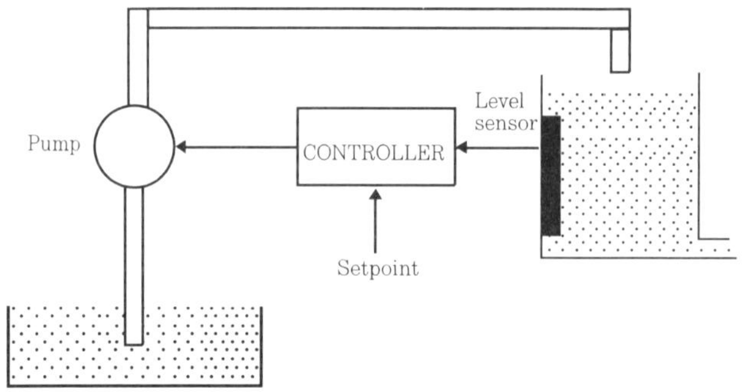

[그림 11.1] 전형적인 수위 조절 제어 시스템

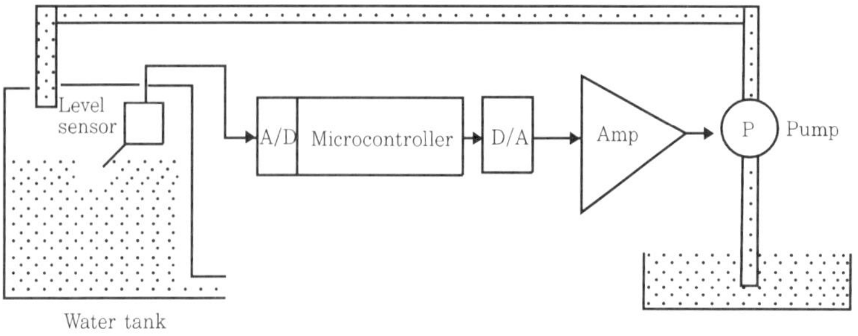

[그림 11.2] 수위 조절 시스템의 개략도

물 펌프 : 펌프는 소형으로 12V짜리인데 전압을 최대로 사용하여 작동할 때 약 3A의 전류가 흐른다. 이 사례 연구에서 쓸 펌프는 [그림 11.3]과 같다.

수위 센서 : [그림 11.4]와 같은 회전식 전위차계 형식(rotary potentiometer type)으로 회전식 전위차계의 미끄럼 팔과 물 속에서 뜰 수 있도록 만든 팔(부력 팔)을 서로 연결해 놓았다. 즉, 부력 팔의 높이가 변하면 저항도 따라 변하여(그래서 전위차계의 미끄럼 팔에 걸리는 전압이 변함) 탱크 속의 물의 높이를 측정할 수 있다. 저항은 부력 팔이 바닥에 있을 때 즉, 탱크 속에 물이 없을 때 430Ω에서 탱크 위쪽에 있을 때 40Ω까지 변한다.

마이크로제어기 : 이 사례 연구에서는 PIC16F877을 디지털 제어기로 쓰는데 이는 8 채널 10 비트의 A/D 변환기를 자체에 탑재하고 있다.

D/A 변환기 : 8 비트의 AD7302 형식의 D/A 변환기를 사용한다.

전원 증폭기 : D/A 변환기의 출력 전원은 대개 수백 mW로 제한되기 때문에 펌프를 구동하는데 충분하지 않다. 그래서 D/A 변환기의 출력 전원을 높일 수 있도록 LM675 형식의 전원 증폭기(power amplifier)를 사용하는데 출력 전원은 보통 30W 정도이다.

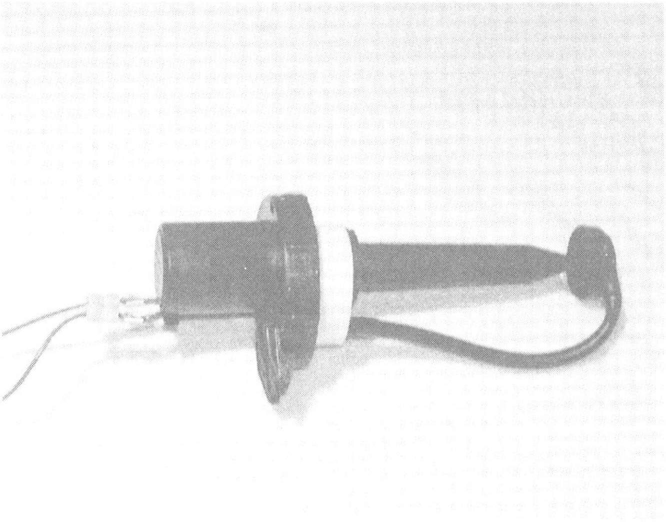

[그림 11.3] 사례 연구에서 쓸 펌프

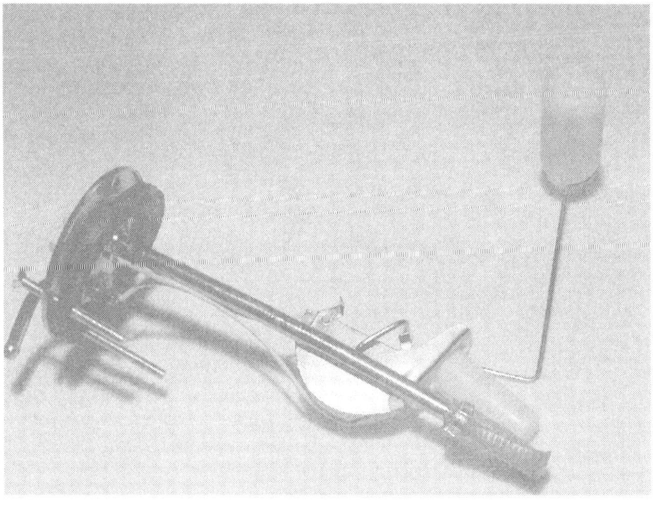

[그림 11.4] 사례 연구에서 쓸 수위 센서

11.2 시스템 모델

수위 조절 시스템은 기본적으로 1차 시스템이다. 즉, 탱크가 유체 커패시터(fluid capacitor)인 셈이다. 그러면 탱크로 들어오고 나가는 유체에 질량 보존식을 적용하면

$$Q_{in} = Q + Q_{out} \tag{11.1}$$

인데, 여기서 Q_{in}은 탱크로 들어오는 유량, Q는 탱크에 남아 있는 유량, 그리고 Q_{out}은 탱크를 빠져 나가는 유량이다. 이때, 탱크의 단면적을 A, 그리고 탱크 속의 물 높이를 h라고 하면 식 (11.1)은

$$Q_{in} = A\frac{dh}{dt} + Q_{out} \tag{11.2}$$

와 같다. 한편, 탱크를 나가는 유량은 탱크 출구의 방출 계수와 탱크 안의 물 높이, 중력 가속도, 그리고 탱크의 출구 면적 따위에 영향을 받는데 식으로 나타내면 다음과 같다.

$$Q_{out} = C_d a\sqrt{2gh} \tag{11.3}$$

여기서 C_d는 탱크 출구의 방출 계수(discharge coefficient), a는 탱크 출구의 면적, 그리고 g는 중력 가속도로 9.8(m/s^2)이다. 따라서 식 (11.2)와 (11.3)로부터

$$Q_{in} = A\frac{dh}{dt} + C_d a\sqrt{2gh} \tag{11.4}$$

을 얻을 수 있다.

식 (11.4)는 유량과 탱크 속의 물의 높이 사이가 비선형 관계인 것을 보여 주고 있다. 따라서 이 식을 제대로 써먹기 위해서는 작동점 근처에서 작은 섭동(perturbation)을 주어 선형화 하는 작업이 먼저 이루어져야 한다. 입력 유량 Q_{in}이 일정하면 출력 유량은 정상상태의 값 즉, $Q_{out} = Q_0$로 볼 수 있고, 또 물의 높이도 일정한 값인 h_0를 유지하게 될 것이므로

$$Q_{out} = Q_0 = C_d a\sqrt{2gh_0} \tag{11.5}$$

와 같다. 그리고 입력 유량을 정상상태 값 근처에서 작은 섭동을 주어 관계식을 찾으면

$$\delta Q_{in} = Q_{in} - Q_0 \tag{11.6}$$

이고, 아울러 물의 높이에 대해서도

$$\delta h = h - h_0 \tag{11.7}$$

로 나타낼 수 있다. 따라서 식 (11.6)과 (11.7)을 식 (11.4)에 넣으면

$$A\frac{d\delta h}{dt} + C_d a\sqrt{2g(\delta h + h_0)} = \delta Q_{in} + Q_0 \tag{11.8}$$

와 같이 유량과 높이에 대한 섭동 관계식을 구할 수 있고 이를 Taylor 전개하여* 첫번째 항만 취하면

$$A\frac{d\delta h}{dt} + \frac{Q_0}{2h_0}\delta h = \delta Q_{in} \tag{11.9}$$

와 같이 선형화 할 수 있다.

탱크의 전달 함수는 식 (11.9)를 Laplace 변환하여

$$\frac{h(s)}{Q_{in}(s)} = \frac{1}{As + Q_0 / 2h_0} \tag{11.10}$$

로 구할 수 있다. 그리고 펌프와 수위 센서, 전원 증폭기는 입력과 출력의 단위를 바꾸는 비례 게인 이외에는 어떤 동역학도 갖지 않으므로 [그림 11.5]와 같은 수위 제어 시스템의 전체 차수에는 아무런 영향도 주지 못한다. 즉, 펌프는

$$Q_p = K_p V_p$$

이고 수위 센서는

$$V_l = K_l h$$

---

* 임의의 함수 $f(x)$을 x_0근방에서 Taylor 전개하면

$$f(x) - f(x_0) + \left.\frac{df}{dx}\right|_{x=x_0}\frac{(x - x_0)}{1!} + \left.\frac{d^2 f}{dx^2}\right|_{x=x_0}\frac{(x \quad x_0)^2}{2!} + \cdots$$

인데, 여기서 미분의 첫 항까지만 뽑아내면

$$f(x) - f(x_0) \approx \left.\frac{df}{dx}\right|_{x=x_0}(x - x_0)$$

또는

$$\delta f(x) \approx \left.\frac{df}{dx}\right|_{x=x_0}\delta x$$

와 같다. 하지만 본문처럼 식 (11.8)에 Taylor 전개를 하는 것은 이상하다. 식 (11.4)의 원식에 바로 Taylor 전개하여 앞에서 구한 섭동 관계식을 대입하는 것이 맞고, 또 이것이 훨씬 더 쉽다.

그리고 전원 증폭기의 입력-출력 관계식은

$$V_0 = K_0 V_i$$

와 같다. 여기서 Q_p는 펌프에서 나오는 유량, V_p는 펌프를 작동하는 전압, V_l은 수위 센서의 출력 전압, V_0는 전원 증폭기의 출력 전압, V_i는 전원 증폭기의 입력 전압, 그리고 K_p와 K_l, K_0는 각 경우에 적용되는 상수이다.

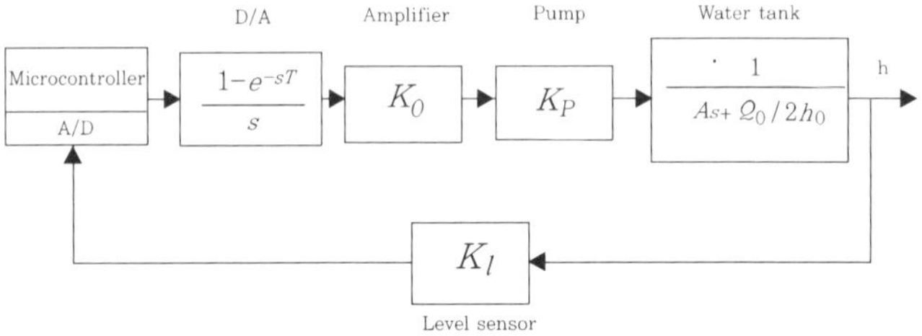

[그림 11.5] 수위 제어 시스템의 블록 선도

11.3 시스템 식별

앞에서 수위 조절 시스템의 모델은 스텝 응답을 간단히 살펴서 확인할 수 있다고 설명한 바 있는데 [그림 11.6]이 이런 스텝 응답을 만들 수 있도록 꾸민 하드웨어 구성이다. 마이크로제어기의 포트 B를 D/A 변환기의 데이터 입력 핀에 연결해 놓고 RC0 핀으로 데이터 변환의 시작과 중지를 관리한다. 그리고 D/A 변환기의 출력은 LM675 형식의 전원 증폭기를 거쳐 펌프로 전달되는데, 이때 스텝의 크기를 200으로 하였다. 즉, D/A의 출력 전압으로 따지면 5×200/256 = 3.9V에 해당한다. 탱크 안의 물의 높이(수위 센서의 출력)는 DrDaq 데이터 기록 장치와 Picolog라는 데이터 획득 소프트웨어를 사용하여 실시간으로 기록한다. 이 둘은 모두 PICO Technology 회사의 제품으로 DrDaq는 PC의 병렬 포트에 꼽아 쓸 수 있도록 만든 카드(card)인데 여기에는 소리나 전압, 습도, 온도 따위와 같은 물리적인 양을 측정할 수 있는 센서가 구비되어 있다. 또, Picolog는 PC에서 돌아가는 소프트웨어로 DrDaq가 측정한 값을 실시간으로 기록하는데 쓰고 그래픽 환경으로 사용할 수 있도록 되어 있어 기록된 값을 그래프로 바로 볼 수도 있다.

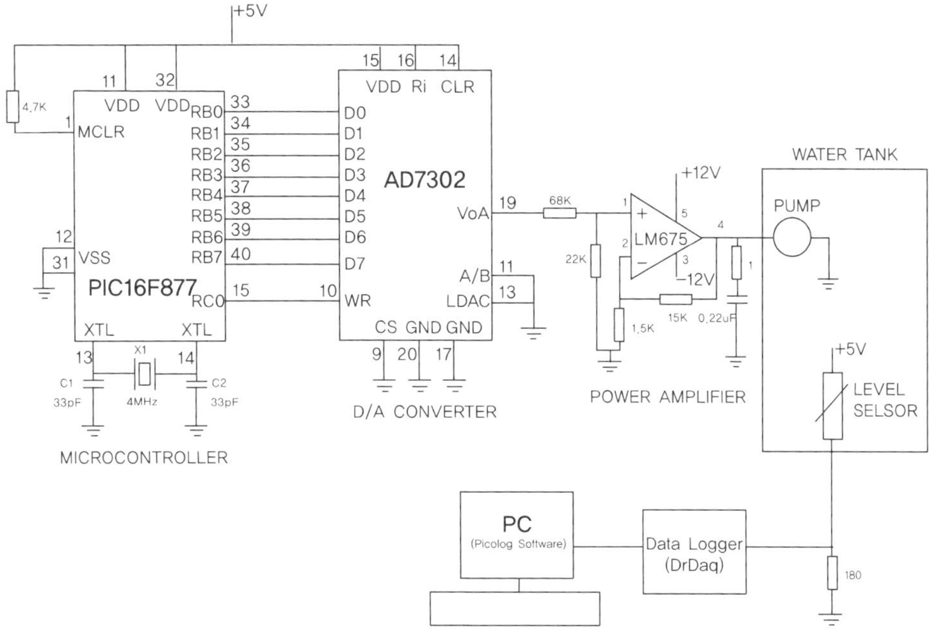

[그림 11.6] 스텝 응답을 기록할 수 있도록 꾸민 하드웨어 구성

스텝 신호를 D/A 변환기로 보내도록 작성한 마이크로제어기 프로그램은 [그림 11.7]과 같다. 앞 부분에 입출력 포트를 미리 구성해 두고 스텝 신호(200)를 포트 B로 보낸다. D/A 변환기는 WR 핀의 입력을 0으로 두면 활성화 되고 1로 두면 작동을 멈춘다. 따라서 데이터를 D/A 변환기로 다 보낸 다음에는 WR = 1로 하여 이의 출력이 예상치 못하게 바뀌는 일이 없도록 하는 것이 좋다. 프로그램의 끝 부분에는 무한 루프로 들어가 대기하는 코드를 마련해 놓았다.

```
*****************************************************************
                          스텝 응답
                          =========
이 프로그램은 스텝 신호를 D/A 변환기에 보내는데 크기는 200으로
D/A의 출력 전압으로 따지면 5×200/256 = 3.9V와 같다. D/A 변환
기는 게인이 G = 2.5인 전원 증폭기와 연결되어 있으므로 펌프에 전
달되는 스텝 전압은 3.9×2.5 = 9.75V이다. 사용한 하드웨어는
PIC16F877이며, 이의 포트 B는 AD7302 형식의 D/A 변환기, 그리고
D/A 변환기의 출력은 LM675 형식의 전원 증폭기에 연결되어 있다.
```

```
     파일: STEP.C
     작성일: 2005년 7월
*****************************************************
#include <pic.h>
#define  AD7302_WR  RC0

/* 주 프로그램 */
main(void)
{
     TRISB = 0;                 /* 포트 B는 출력 */
     TRISC = 0;                 /* RC0 핀은 출력 */
     AD7302_WR = 1;             /* D/A 변환기의 작동을 중지 */

     PORTB = 200;               /* 스텝 신호를 D/A로 보냄 */
     AD7302_WR = 0;             /* D/A 변환기를 활성화 */
     AD7302_WR = 1;             /* D/A 변환기의 작동 중지 */

     wait: goto wait;           /* 무한정 대기 */
}
```

[그림 11.7] 스텝 신호를 D/A로 보내는 프로그램

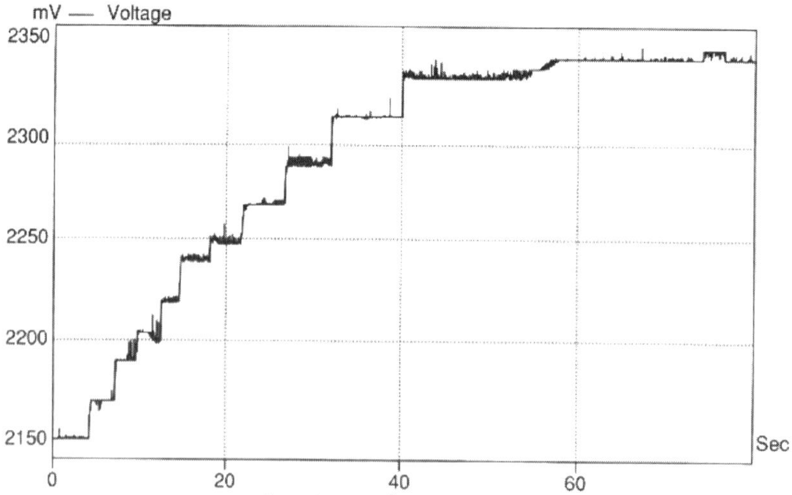

[그림 11.8] 스텝 응답

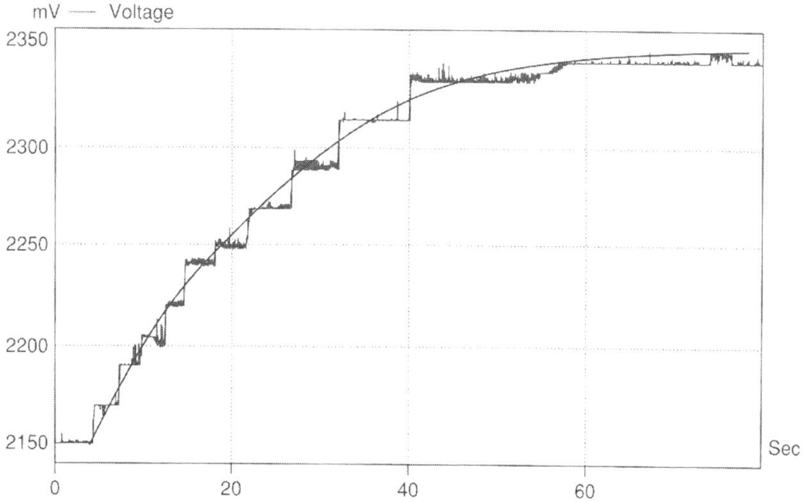

[그림 11.9] 부드러운 곡선을 첨가해 놓은 스텝 응답

[그림 11.8]은 이 시스템의 스텝 응답인데 전형적인 1차 시스템의 응답과 같은 것을 확인할 수 있다. 하지만 응답에 잡음(noise)이 섞여 있을 뿐만 아니라 DrDaq가 8 비트짜리로 기준 입력 +5V에 대한 해상도가 약 19.5mV밖에 되지 않아 응답에 불연속점이 생겨 있다. (이는 높은 해상도를 갖는 데이터 기록 장치로 바꾸거나 수위 센서의 출력을 좀더 증폭하면 해결할 수 있다) [그림 11.9]는 불연속점인 각 계단의 중간을 연결하여 만든 부드러운 곡선을 [그림 11.8]에 함께 첨가하여 그려 놓은 그림이다.

11.4 제어기 설계

수위 제어를 위한 폐루프 시스템의 회로 선도는 [그림 11.10]과 같다. 즉, 수위 센서의 출력을 마이크로제어기의 아날로그 입력 핀인 AN0에 연결하여 폐루프 시스템으로 형성하였고, 이때 제어 알고리즘은 마이크로제어기 안에 이식되어 있다.

이 사례 연구의 기본적인 요구 사항 중의 하나는 정상상태 오차를 0으로 하는 것인데 이는 제어기에 적분 요소를 넣어 달성할 수 있으므로 Ziegler-Nichols의 PI 제어기로 제어 알고리즘을 작성한다. 다시 말하면, [그림 11.11]의 스텝 응답에 맞는 Ziegler-Nichols의 플랜트 모델((식 9.21) 참조)을 찾아 9장에서 설명한 표를 이용해 제어기의 파라미터를 결정하는데 자세한 진행 과정은 이렇다. 우선, [그림 11.11]을 보고 시상수와 지연 시간을 확인하면 $T_1 = 31(s)$와 $T_D = 2(s)$이고, 또 플랜트 게

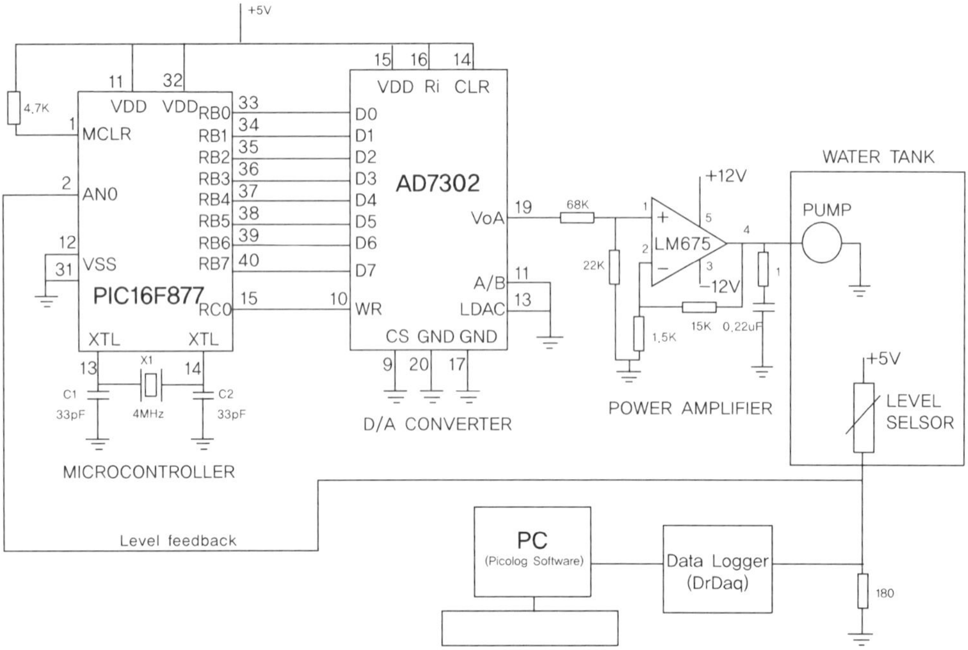

[그림 11.10] 수위 제어 시스템의 회로 선도

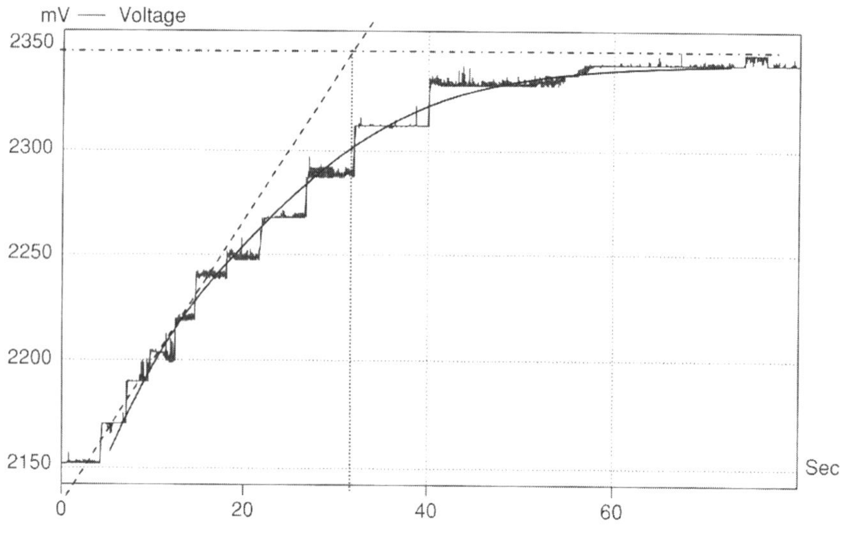

[그림 11.11] 스텝 응답에서 플랜트 전달 함수 식별하기

인 K는

$$K = \frac{2345 - 2150}{200 \times 5000/256} = 0.05$$

이므로 플랜트 전달 함수를

$$G(s) = \frac{0.05e^{-2s}}{1+31s} \tag{11.11}$$

로 둔다. 그리고 샘플링 시간은 10.6절에서 살펴보았듯이 시상수의 1/10보다 작도록 선택해야 하므로 $T < 3.1(s)$이 되어야 하는데 이 사례 연구에서는 100ms 즉, $T = 0.1(s)$로 한다. 따라서 Ziegler–Nichols의 PI 제어기에 대한 게인은 [표 9.1]을 참조하여

$$K_p = \frac{0.9T}{KT_D} = \frac{0.9 \times 31}{0.05 \times 2} = 279$$

$$T_i = 3.3T_D = 3.3 \times 2 = 6.6$$

와 같이 정하고, 이때 PI 제어기의 전달 함수는

$$D(z) = K_p + \frac{K_p T}{T_i(1 - z^{-1})}$$

이고 이의 실현 구조는 [그림 11.12]와 같다.

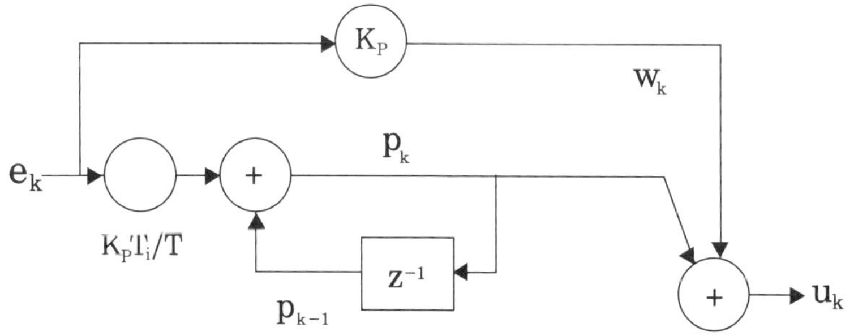

[그림 11.12] PI 제어기의 실현 구조

[그림 11.13]은 PI 제어기를 마이크로제어기에 이식하는 프로그램으로 *Initialize_AD, Initialize_Timer, Read_AD_Input,* 그리고 *인터럽트 서비스 루틴(ISR)*과 같은 함수로 구성되어 있다. A/D 변환기를 초기화 하여 AN0 핀으로 아날로그 데이터를 함수 *Read_AD_Input*로 읽어서 변수 yk에 저장한다. 타이머도 초기화를 거쳐 10ms마다 작

동한다. *ISR*에서는 PI 알고리즘을 타이머 인터럽트가 10번 일어날 때마다 한번씩 즉, 100ms(샘플링 시간과 같은 시간)마다 실현될 수 있도록 한다. 그리고 *ISR*은 D/A에 데이터를 보내고 나면 타이머 인터럽트를 다시 조정해 놓고 다음 인터럽트가 일어날 때까지 대기한다.

[그림 11.14]는 마이크로제어기를 탑재한 수위 조절 시스템의 폐루프 스텝 응답이다. 기준 입력이 2280인데 잡음이 많이 실려 있긴 하지만 응답 역시 정상상태 오차 없이 이 기준 입력을 잘 추종하고 있는 것을 확인할 수 있다.

```
***************************************************************************
                    Ziegler-Nichols의 PI 제어기
                    ========================
이 프로그램은 1차의 디지털 제어기를 4MHz로 작동하는 마이크로제어기
PIC16F877에 이식한다. 마이크로제어기의 아날로그 입력 핀인 AN0는 플랜트
의 센서 출력(y)에, 그리고 포트 B의 출력 핀은 AD7302 형식의 D/A 변환기
에 연결되어 있고, 이때 WR 입력 핀은 제어기의 RC0 핀이 관리한다. 샘플링
시간은 0.1s(100ms)이며 타이머 인터럽트를 통해 정확하게 시간을 맞춘다.

    파일: ZIEGLER-NICHOLS.C
    작성일: 2005년 7월
***************************************************************************
#include <pic.h>
#define  DA_Write  RC0

volatile unsigned int time_now = 0;
float AD_LSB, DA_LSB, wk, kp, T, Ti, b, pk, pk_1, ek, sk, yk, y_high, y_low;
unsigned char uk;

/* A/D 변환기를 초기화 하여 AN0 핀으로 아날로그 데이터를 받는다 */
void Initialize_AD(void)
{
    ADCON1 = 0x8E;          /* +5V 기준 입력에 맞춰 AN0 핀을 조정*/
    ADCON0 = 0x41;          /* A/D 변환기 클럭을 지정 */
}
/* 타이머를 초기화 하여 10ms마다 인터럽트가 발생하도록 한다 */
void Initialize_Timer(void)
{
    T0CS = 0;               /* TMR0의 F/4 핀을 선택 */
```

```
    PSA = 0;        /* 스케일링 값을 지정하도록 함 */
    PS0 = 1;        /* 스케일링 값을 64로 지정 */
    PS1 = 0;        /* PS 핀(PS0-PS1-PS2)은 101로 */
    PS2 = 1;
    TMR0 = 100;     /* TMR0에 100을 탑재 */
    T0IE = 1;       /* TMR0의 인터럽트를 활성화 */
    T0IF = 0;       /* TMR0의 인터럽트 표시자(flag)를 지움 */
}
/* A/D 변환기에서 데이터를 읽어 변수 yk에 저장한다 */
void Read_AD_Input(void)
{
    ADCON0 = 0x45;                 /* A/D 변환 시작 */
    while(ADCON0 & 4) != 0);       /* A/D 변환이 완성할 때까지 대기 */
    y_high = ADRESH;               /* 변환 데이터의 위쪽 비트를 읽음 */
    y_low = ADRESL;                /* 변환 데이터의 아래쪽 비트를 읽음 */
    yk = 256.0*y_high + y_low;     /* 데이터를 yk에 저장 */
    yk = yk*AD_LSB;                /* 데이터를 mV로 변환 */
}
/* 인터럽트 서비스 루틴(ISR): 10ms마다 타이머 인터럽트를 발생한다 */
void interrupt ISR(void)
{
    TMR0 = 100;                    /* TMR0에 다시 100 탑재 */
    /* 타이머의 기본 빠르기는 10ms이므로 알고리즘을 구현하기 전에
    10개의 인터럽트가 발생했는지 확인해야 한다 */
    time_now++;
    if(time_now == 10)
    {
        time_now = 0;
        Read_AD_Input();    /* 데이터 읽음 */
        ek = sk - yk;       /* 오차 항을 계산 */
        pk = b*ek + pk_1;
        wk = kp*ek;
        yk = wk + pk;       /* 제어기 출력 계산 */
        yk = yk*AD_LSB;
        if(yk > 255)
            uk = 255;
        else
            uk = (unsigned char)yk;
```

```
            PORTB = uk;
            DA_Write = 0;   /* D/A 변환기에 데이터 쓰기 */
            DA_Write = 1;
            pk_1 = pk;
        }
        T0IF = 0;           /* 타이머 인터럽트를 다시 활성화 */
}
/* 주 프로그램 */
main(void)
{
        kp = 279.0; T = 0.1; Ti = 6.6; b = kp*T/Ti;
        pk = 0.0; pk_1 = 0.0;
        AD_LSB = 5000.0/1024.0;
        DA_LSB = 256.0/5000.0;

        TRISA = 1;
        TRISB = 0;                  /* 포트 B는 출력 */
        TRISC = 0;                  /* RC0 핀도 출력 */

        sk = 2280.0;                /* 기준 입력 */
        DA_Write = 1;               /* D/A 변환기 작동 중지 */
        Initialize_AD();            /* A/D 변환기 초기화 */
        Initialize_Timer();         /* 타이머 인터럽트 초기화 */
        ei();                       /* 인터럽트 활성화 */
        for(;;);                    /* 다음 인터럽트를 대기 */
}
```

[그림 11.13] 수위 제어 시스템의 이식 프로그램

11.5 결론

이 사례 연구가 비록 간단한 경우이기는 하나 시스템의 식별에서 제어 알고리즘을 하드웨어에 이식하는 것까지 디지털 제어기를 설계하는데 필요한 기본 지식은 다 담고 있다. 하지만 이 연구에서 살피지 못한 내용으로 제어기의 이식과 관련한 실제적인 문제가 몇 가지 있는데 요약하면 대강 다음과 같다.

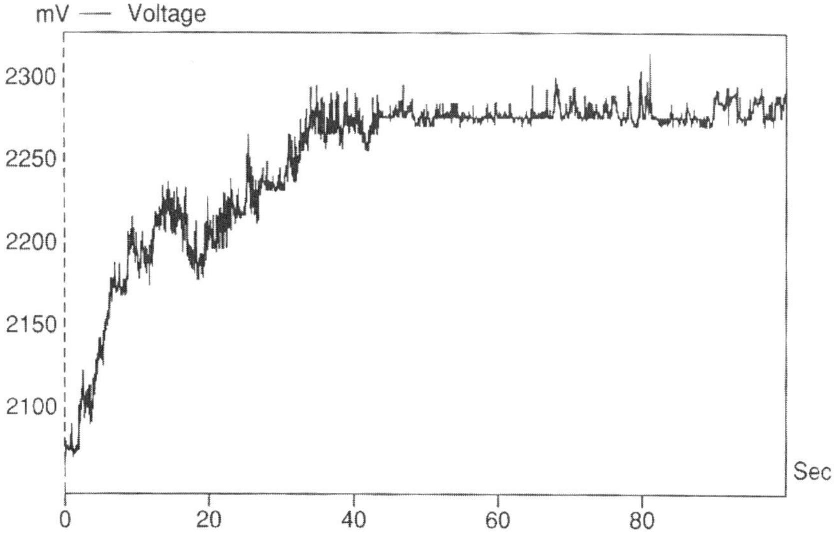

[그림 11.14] 수위 제어 시스템의 폐루프 스텝 응답

- PID 제어기의 적분 와인드업(integral wind-up)
- PID 제어기의 미분 반동(derivative kick)
- 컴퓨터 메모리의 워드 길이가 한정되어 있어 수의 표현이나 계산에서 발생하는 정량화 오차(quantization error)
- A/D 및 D/A 변환기의 한정된 워드 길이 때문에 발생하는 오차

정량화 오차는 디지털 제어기를 고정 소수점 연산을 통해 이식하는 경우에 중요한 문제를 일으킬 수 있다. 컴퓨터에서 다루고 표시하는 수는 메모리의 워드 길이 때문에 근사화 될 수밖에 없고, 이런 근사화는 A/D 변환 단계에서도 발생한다. 예를들어, A/D 변환기가 +5V를 8이나 12 비트, 혹은 16 비트로 나타낼 때 각 경우의 해상도는 19.53mV와 4.88mV, 혹은 0.076mV인데, 이때 8 비트의 A/D 변환기를 사용하면 신호의 변화가 19.53mV보다 작을 때는 시스템이 이를 인식하지 못하여 아무런 반응도 일어나지 않는다. D/A 변환 과정도, 그리고 알고리즘 안에서 제어기 출력 따위를 계산하는 과정에서도 마찬가지이다. 특히, 곱셈이 들어 있을 때는 절단 오차(truncation error)나 마무리 오차(roundoff error)가 심하게 발생할 수 있어 주의해야 한다. 제어기의 파라미터도 정수가 아니어서 이를 알고리즘에 저장해 놓고 쓸 때 정량화 오차가 발생한다.

8 비트 마이크로제어기에서 C 언어로 부동 소수점 연산을 할 때는 수의 정밀도를

아주 높여 저장할 수 있고, 그래서 수학 계산으로 발생하는 정량화 오차를 크게 줄일 수 있다. 하지만 A/D나 D/A 변환기의 제한된 해상도 때문에 이런 정량화 오차는 여전히 나타나 어떤 때는 시스템의 거동을 전혀 예기치 못하게 바꾸기도 있다.

찾아보기

저자약력 – 박전수

1996. 2 부산대학교 대학원 (공학박사)
1999. 2 창원대학교 메카트로닉스 공학과
2001. 2 부산대학교 기계공학부
2006. 2 부산대학교 전자기계 공학과
현　재 부산대학교 기계기술 연구소

주요저서

MATLAB® 프로그래밍 언어(아진출판사)
Simulink® 프로그래밍 언어(아진출판사)
MATLAB/Simulink를 이용한 강인제어 시스템 설계 (아진출판사)

마이크로제어기를 이용한 디지털 제어

A-JIN

지은이와 협의 인지 생략

인　쇄 : 2008년 4월 10일
발　행 : 2008년 4월 15일
역　자 : 박전수
발 행 처 : 노서출반 아진
135-010
서울시 강남구 논현동 148-9 한미빌딩 201호
TEL:02-737-0663 FAX:02-737-0664
Homepage:ajin.to
E-mail:kgb@ajin.to
발 행 인 : 김 근 배
등록번호 : 제300-1995-56호
ISBN : 978-89-5761-240-8　　93560

가격 22,000원